工业和信息化部“十四五”规划教材
名校名师精品系列教材

MySQL
Database Foundation

MySQL 数据库基础实例教程

第3版 | 微课版

周德伟 ◉ 主编
程东升 任仙怡 吴瑜 董纯铿 ◉ 副主编

人 民 邮 电 出 版 社
北 京

图书在版编目（CIP）数据

MySQL数据库基础实例教程 ： 微课版 / 周德伟主编
. -- 3版. -- 北京 : 人民邮电出版社, 2024.7
名校名师精品系列教材
ISBN 978-7-115-64402-2

Ⅰ. ①M… Ⅱ. ①周… Ⅲ. ①SQL语言－数据库管理系统－教材 Ⅳ. ①TP311.132.3

中国国家版本馆CIP数据核字(2024)第093890号

内 容 提 要

本书以 MySQL 数据库管理系统为平台，较全面地介绍数据库的基础知识及其应用。全书共 9 个单元，包括认识数据库、数据库设计、数据定义、数据操作、数据查询、数据视图、索引与分区、数据库编程和数据安全。全书采用案例教学方式，设有应用举例、商业实例、综合实训、实战演练 4 个部分，分别采用 4 个不同的数据库项目贯穿始末。大部分单元先以应用举例的方式讲解知识要点，再分析商业实例，给出解决问题的完整方案，并提供与商业实例相对应的综合实训，以便读者在实践中模拟操作，最后通过实战演练帮助读者巩固所学的内容。

本书可以作为职业院校相关专业的数据库基础和数据库开发课程的教材，也适合作为计算机软件开发人员、从事数据库管理与维护工作的专业人员和广大计算机爱好者的自学参考书，还可以作为全国计算机等级考试二级“MySQL 数据库程序设计”和“1+X”Web 前端开发（中级）职业技能等级证书的考试参考书。

◆ 主　　编　周德伟
　副 主 编　程东升　任仙怡　吴　瑜　董纯铿
　责任编辑　初美呈
　责任印制　王　郁　焦志炜
◆ 人民邮电出版社出版发行　　北京市丰台区成寿寺路 11 号
　邮编　100164　　电子邮件　315@ptpress.com.cn
　网址　https://www.ptpress.com.cn
　大厂回族自治县聚鑫印刷有限责任公司印刷
◆ 开本：787×1092　1/16
　印张：13.75　　2024 年 7 月第 3 版
　字数：383 千字　　2025 年 6 月河北第 7 次印刷

定价：54.80 元

读者服务热线：(010)81055256　印装质量热线：(010)81055316
反盗版热线：(010)81055315

前 言

数据库技术是现代信息科学与技术的重要组成部分，是计算机数据处理与信息管理系统的核心，是计算机相关专业重要的基础课程之一。本书以当前流行的开源数据库 MySQL 为平台，以职业院校的学生为读者对象，介绍数据库的设计、定义、操作、编程和管理技术。为适应企业发展需要，本书结合职业院校学生的能力水平和学习特点，依照“实用为主，必需和够用为度”的原则进行编写。

本书以网络图书销售系统（Bookstore）数据库为主线组织教学内容。通过对 Bookstore 数据库的设计与管理，逐一介绍认识数据库、数据库设计、数据定义、数据操作、数据查询、数据视图、索引与分区、数据库编程和数据安全等内容。本书分别采用 4 个不同的数据库项目贯穿始末，先以 Bookstore 数据库项目为例讲解知识点，再引入宠物商店（Petstore）中的数据库作为商业实例进行分析，并给出完整的项目解决方案，供学生进行系统性学习。为使教学过程依据“教、学、做”的原则逐步深入，本书采用图书借阅数据库 LibraryDB 作为综合实训项目，让学生在实践中模拟操作，并辅以学生成绩管理系统数据库 SchoolDB 作为实战演练项目。全书采用“引导—示范—模仿—实践”的教学模式，使教学过程循序渐进，不断深入。

本次改版落实了《职业院校教材管理办法》的要求。在单元首页的“问题引入”和“学习目标”中，本书将工匠精神、爱国奉献等思政元素融入教材，通过介绍开源软件、数据库设计与管理中的数据安全保障体系建设、大数据处理服务于人口普查、《中华人民共和国数据安全法》等，将理想信念教育、培养创新意识、弘扬科学家精神、增强全民法治观念等教育理念有机融入教学。同时，通过重大工程数据表的收集、载人航天飞船信息表的录入、高铁运行数据表的统计分析和人口普查数据的分区处理、志愿者服务管理系统的设计以及本土开源项目 OpenHarmony 的调研等一系列练习，引导学生了解我国建设制造强国、质量强国、航天强国、交通强国、网络强国、数字中国等现代化产业体系的成就，展现我国科技企业创新驱动发展的成果，培养学生的爱国主义情怀，加强学生的社会责任意识，强化学生的自主创新、乐于奉献的精神。

数据库技术日新月异，为适应数据库技术的更新要求，本书采用 MySQL 8.0 和 Navicat for MySQL 15.0。在教学内容上，本书兼顾全国计算机等级考试和“1+X”职业技能等级证书考试的要求，实现以证促建，课证融通。本次改版，丰富了教材内容，在每单元开始，增加了“问题引入”板块，更新了教学案例数据，丰富了微课视频，完善了配套习题，使教学资源更加丰富、全面。

本书作为教材使用时，参考学时为 50～64 学时，建议采用理论、实践一体化教学模式。各单元的参考学时见下面的学时分配表。

学时分配表

单元	课程内容	学时
单元 1	认识数据库	4～6
单元 2	数据库设计	6～8
单元 3	数据定义	8～10
单元 4	数据操作	4～5

续表

单元	课程内容	学时
单元5	数据查询	10～12
单元6	数据视图	4～5
单元7	索引与分区	3～4
单元8	数据库编程	6～8
单元9	数据安全	5～6
总计		50～64

为方便读者自学，本书对重点、难点内容提供了微课视频。此外，本书还专门为授课教师提供了多媒体课件、演示案例、实训项目源代码、习题答案等教学资源，教师可以登录人邮教育社区（www.ryjiaoyu.com）下载。

本书由周德伟任主编，程东升、任仙怡、吴瑜、董纯铿任副主编；为落实产教融合、校企合作开发，特邀联想教育科技（北京）有限公司的工程师参与了本书的修订工作。在编写过程中，编者还得到了深圳信息职业技术学院多位老师的大力支持和帮助，他们提出了许多宝贵的意见和建议，在此向他们表示衷心的感谢。

由于编者水平有限，书中疏漏之处在所难免，敬请广大读者批评指正。

编　者

2023年11月

目 录

单元 1

单元 2

单元3

单元 4

单元 5

单元 6

单元 7

单元 8

单元 9

单元1 认识数据库

01

问题引入

数据是大数据时代重要的资源。数据库按照特定的规律，组织和存储数据，是信息技术的重要组成部分。目前市场上存在成千上万种数据库软件。在学习数据库技术时，我们应该选择哪种数据库软件呢？在众多的选择中，开放、平等、协作、共享的开源模式能够集聚智慧、借鉴经验，加速软件迭代升级，促进产业协同创新，推动产业生态的完善。这种模式已成为全球软件技术和产业创新的主导模式。MySQL 以其开源、高效稳定、安全透明和低使用成本等特点，成为当前广受欢迎的关系数据库管理系统之一。对于我国中小企业，MySQL 是首选的数据库软件，因为它能够帮助企业降低运营成本、节约社会资源，并获得竞争优势。本书将以 MySQL 为基础介绍数据库的相关知识。

学习目标

◆ 知识点
- 了解数据库的基础知识。
- 理解结构化查询语言的特点。

◆ 技能点
- 掌握 MySQL 数据库的安装与配置方法。
- 能使用多种方式连接、启动和运行 MySQL 服务器。

◆ 素养点
- 加强科技强国教育，增强学生的忧患意识。
- 提高学生的自主探索能力。

思维导图

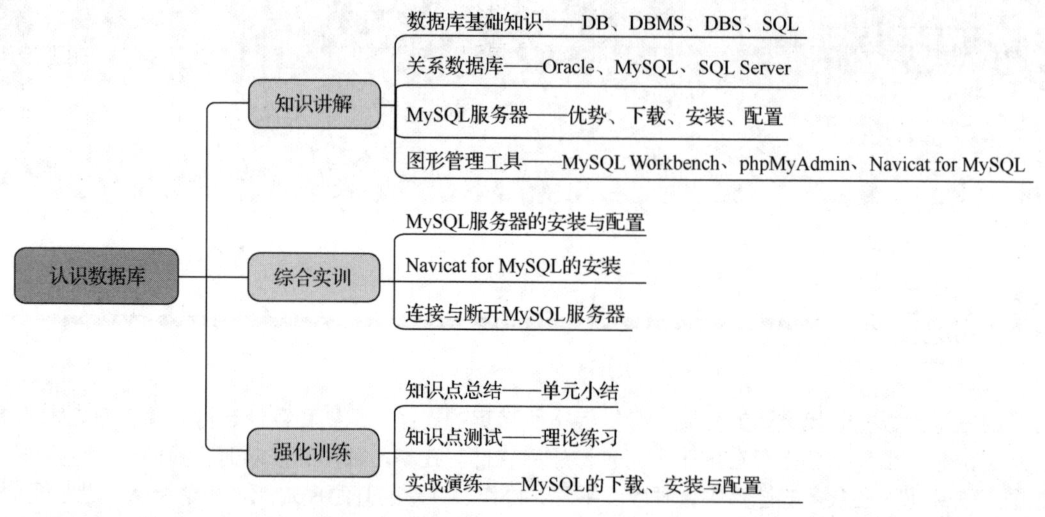

相关知识

1.1 数据库概述

无论是传统的软件，还是互联网网站，或者是移动端的应用，都要处理数据。数据库技术研究如何有效地管理和存取大量的数据资源。数据库技术不仅应用于事务处理，还应用于情报检索、人工智能、专家系统、计算机辅助设计等领域。数据库的建设规模、数据库信息量的规模以及使用频率已成为衡量一个企业、一个组织乃至一个国家信息化程度高低的重要指标。

在大数据时代，数据库技术与人们的生活息息相关。下面以小张同学新学期第一天的学习、生活为例，来说明这样一个时代背景。早上起床，小张想知道今天要上哪些课，所以他登录了学校的“教务管理系统”，他利用该系统在“选课数据库”中查询到他今天的上课信息，包括课程名称、上课时间、上课地点、授课教师等；接着，小张走进食堂买早餐，当他刷餐卡时，学校的“就餐管理系统”根据他的卡号在“餐卡数据库”里读取“卡内金额”，并将“消费金额”等信息写入数据库；课后，小张去图书馆借书，首先，他登录“图书管理系统”，通过“图书借阅数据库”查询书籍信息，选择要借阅的书籍，然后当他办理借阅手续时，该系统将小张的借阅信息（包括借书证号、姓名、图书编号、借阅日期等）写入数据库；晚上，小张去超市购物，“超市结算系统”根据条形码在“商品数据库”中查询物品名称、单价等信息并计算结算金额、找零等数据。由此可见，数据库技术的应用已经深入人们生活的方方面面，研究如何科学地管理数据来为人们提供可共享的、安全的、可靠的数据显得非常重要。

v1-1　数据与数据库

1.1.1　数据与数据库

1．数据

数据是人们为反映客观世界而记录下来的可以鉴别的物理符号。今天，数据的概念不再局限于狭义的数值数据，还包括文字、声音、图形等一切能被计算机接收和处理的符号。

2. 数据处理

数据是重要的资源，人们对收集到的大量数据进行加工、整理、转换，可以从中获取有价值的信息。数据处理正是指将数据转换成信息的过程，是对各种形式的数据进行收集、存储、加工和传播的一系列活动的总和。

3. 数据管理

数据处理的中心是数据管理。数据管理是指对数据做分类、组织、编码、存储、检索与维护等操作。

4. 数据库

数据库（Database，DB）是存储在一起的、相互有联系的数据集合。数据库中的数据是集成的、可共享的、最小冗余的、能为多种应用服务的。

5. 数据库技术

数据库技术研究如何科学地组织和存储数据，如何高效地获取和处理数据。数据库技术的特点是面向整体组织数据的逻辑结构，具有较高的数据和程序独立性，具有统一的数据控制功能（完整性控制、安全性控制、并发控制）。

1.1.2 数据库技术的发展

v1-2 数据库技术的发展

1. 人工管理阶段

20 世纪 50 年代中期以前，计算机主要用于科学计算，硬件方面只有卡片、纸带、磁带等，没有可以直接访问、直接读写数据的外部存储设备，也没有专门管理数据的软件；数据由程序自行携带，数据不能独立于程序且不能长期保存。此阶段数据与程序的关系如图 1-1 所示。

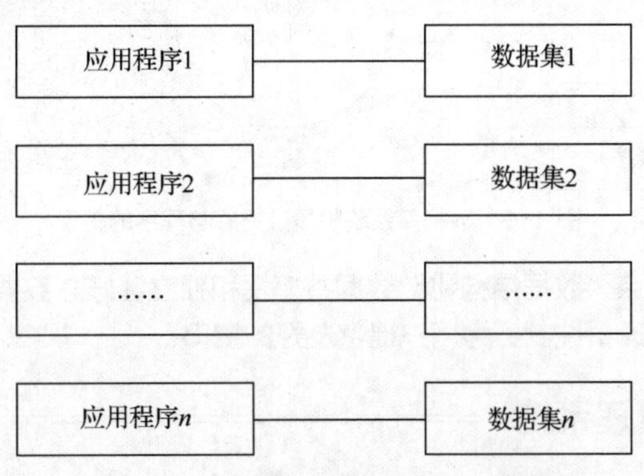

图 1-1 人工管理阶段数据与程序的关系

人工管理阶段的特点：不能长期保存数据；没有专门的数据管理软件；数据面向应用，基本上没有文件的概念。

2. 文件系统阶段

20 世纪 50 年代中期到 20 世纪 60 年代中后期，计算机大量应用于数据处理，在硬件方面出现了可以直接读写的磁盘、磁鼓，在软件方面则出现了高级语言和操作系统，以及专门管理外部存储设备（外存）的数据管理软件，实现了按文件访问的管理技术。此阶段数据与程序的关系如图 1-2 所示。

文件系统阶段的特点：数据与程序有了一定的独立性，可以分开，文件系统提供数据与程序之间的读写方法；数据文件可以长期保存在外存上，可以对其做诸如查询、修改、插入、删除等操作；数据冗余量大，缺乏独立性，无法集中管理；文件之间缺乏联系，相互孤立，不能反映现实世界各种事物之间错综复杂的关系。

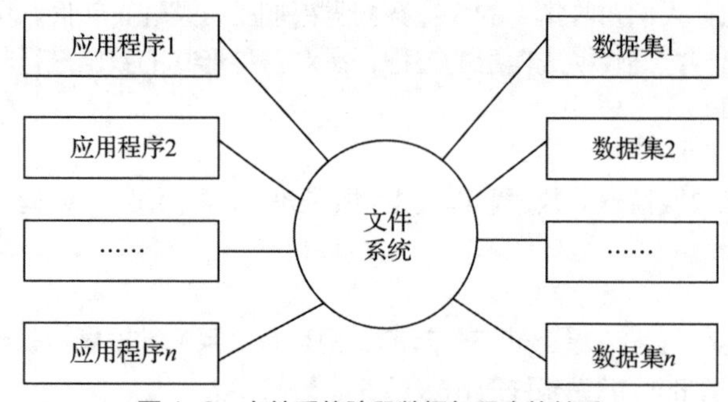

图 1-2　文件系统阶段数据与程序的关系

3. 数据库系统阶段

从 20 世纪 60 年代后期开始，根据实际需要，数据库技术出现了。数据库是通用化的相关数据集合，它不仅包括数据本身，也包括数据之间的联系。为了让多种应用程序并发地使用数据库中具有最小冗余的共享数据，数据与程序必须具有较高的独立性。这就需要有一个软件系统专门管理数据，统一控制安全性和完整性等，方便用户以交互命令或编程的方式操作数据库。为数据库的建立、使用和维护而配置的软件称为数据库管理系统。此阶段数据库与程序的关系如图 1-3 所示。

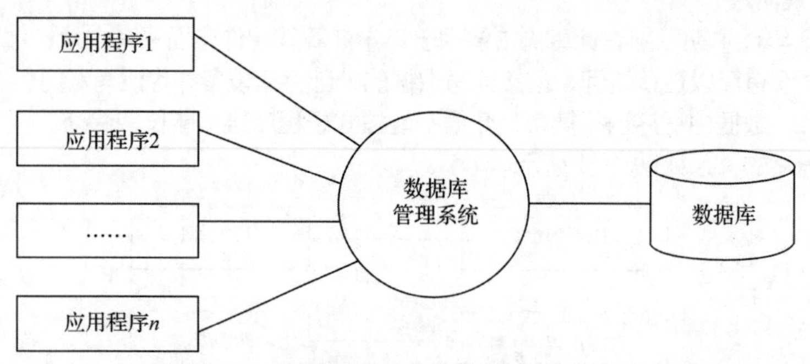

图 1-3　数据库系统阶段数据库与程序的关系

数据库系统阶段的特点：数据结构化；数据共享性和独立性好；数据存取粒度小；数据库管理系统对数据进行统一的管理和控制，为用户提供友好的接口。

1.1.3　数据库管理系统

v1-3　数据库管理系统

数据库管理系统（Database Management System，DBMS）是位于操作系统与用户之间的数据管理软件，是数据库系统的核心。数据库管理系统负责对收集到的大量数据做整理、加工、归并、分类、计算及存储等处理，进而产生新的数据。数据库管理系统的核心工作是管理数据库的运行，具体功能包括数据库安全性控制、数据库完整性控制、并发控制和数据库恢复。

1. 数据库安全性控制功能

数据库管理系统应该具备创建用户账号和相应的口令，以及设置权限等功能。这样就可以使每个用户只能访问有权限访问的数据，从而防止未经授权的访问和潜在的数据泄露风险，以保障数据库中数据的安全。

2. 数据库完整性控制功能

数据库完整性控制功能是确保数据准确性和一致性的关键。为了防止数据库中存在不符合定义的数据，防止错误信息输入和输出，可以由数据库管理员（Database Administrator，DBA）或应用开发者预定义一组数据需要遵守的规则，进而保证数据的准确性和一致性。

3. 并发控制功能

数据库是由多个用户共享的，用户对数据的存取可能是并发的，即多个用户可能同时使用同一个数据库，因此数据库管理系统的并发控制功能可对多个用户的并发操作加以控制、协调。

4. 数据库恢复功能

数据库中的数据除了可能受到人为破坏以外，还可能受到意外事件的破坏，因此数据库管理系统需要为用户提供准确、方便的备份和恢复功能。这样，用户就可以根据需要备份数据，并且在意外事件导致数据丢失的情况下，将损失降至最低。

数据库管理系统中数据操纵过程如图 1-4 所示。

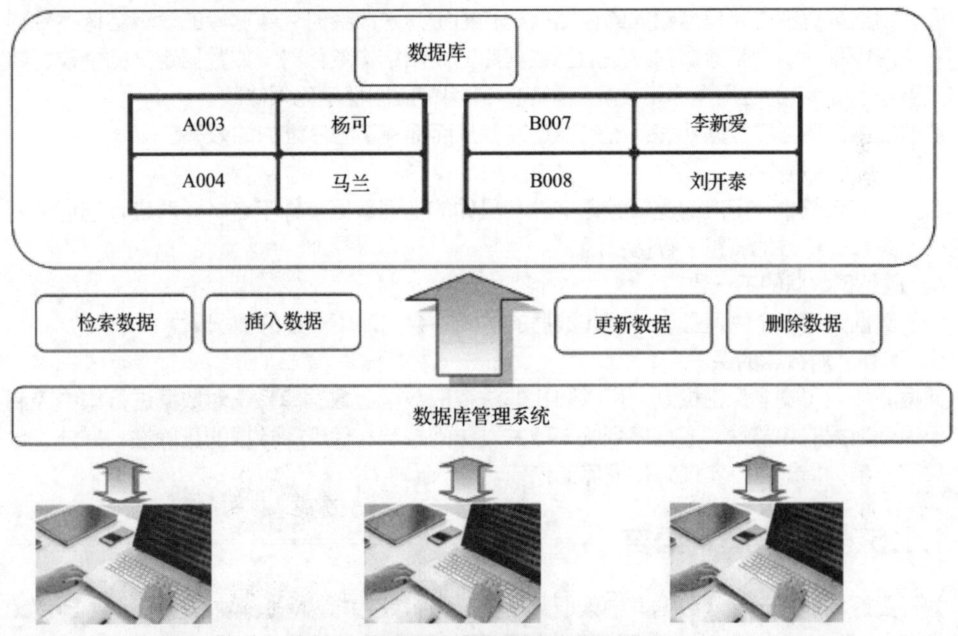

图 1-4　数据库管理系统中数据操纵过程

现在比较常用的数据库管理系统有 Oracle、MySQL、Microsoft SQL Server 等。

1.1.4　数据库系统

数据库系统（Database System，DBS）实际上是指引入数据库技术的计算机应用系统，数据、数据库、数据库管理系统、操作数据库的应用开发工具和应用程序，以及与数据库有关的人员一起构成了一个完整的数据库系统。图 1-5 所示的是数据库系统的构成。

数据库系统的出现是计算机数据处理技术的重大进步，其特点如下所述。

1. 数据共享

数据共享即允许多个用户同时存取数据而互不影响。数据共享包括 3 个方面：所有用户可以同时存取数据；数据库不仅可以为当前的用户服务，也可以为将来的新用户服务；可以使用多种语言实现与数据库的接口。

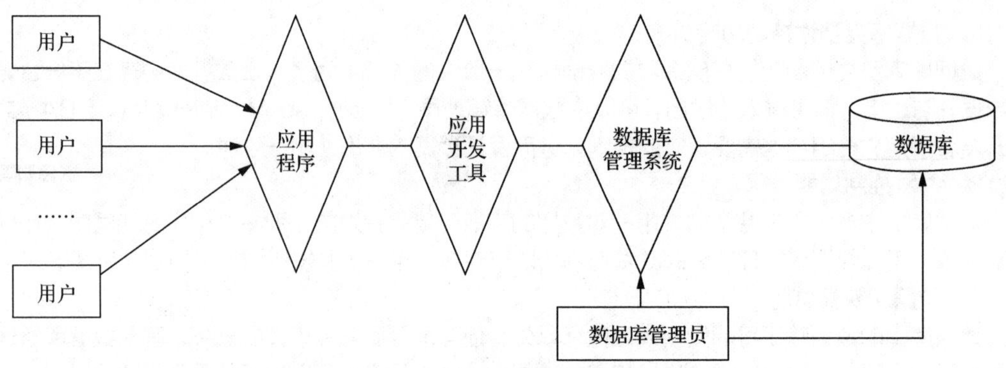

图 1-5 数据库系统的构成

2. 数据独立

数据独立是指应用程序不随数据存储结构的改变而变化，包括物理数据独立和逻辑数据独立两个方面。物理数据独立是指当数据的存储格式和组织方法改变时，数据库的逻辑结构不受影响，从而不影响应用程序。逻辑数据独立是指当数据库的逻辑结构变化时（如数据定义的修改、数据间联系的变更等），用户的应用程序不会受到影响，即用户应用程序无须修改。

数据独立性增强了数据处理系统的稳定性，从而提高了程序维护的效率。

3. 数据冗余度小

在数据库系统中，用户的逻辑数据文件和具体的物理数据文件不必一一对应，它们之间存在着多对一的关系，有效地节省了存储资源。

4. 避免了数据的不一致

由于数据只有一个物理备份，因此数据的访问不会出现不一致的情况。

5. 加强了对数据的保护

数据库加入了安全保密机制，可以防止非法存取数据。数据库系统对数据进行集中控制，因此有利于保证数据的完整性。数据库系统采取并发访问控制，保证了数据的正确性。另外，数据库系统还采取一系列措施，以实现对数据库的恢复。

1.1.5 结构化查询语言

为了更好地提供一种从数据库中读取数据的简单有效的方法，1974 年博伊斯（Boyce）和钱柏林（Chamberlin）研究出了一种被称为“SEQUEL”的结构化查询语言。1976 年，IBM 公司在研究关系数据库管理系统 System R 时将其修改为 SEQUEL2，即目前的结构查询语言（Structure Query Language，SQL）。SQL 是一种专门用来与数据库通信的标准语言。

SQL 集数据查询（Data Query）、数据操纵（Data Manipulation）、数据定义（Data Definition）和数据控制（Data Control）功能于一体，充分体现了关系数据语言的特点。其主要特点如下所述。

1. 综合统一

SQL 不是某个特定数据库供应商专有的语言，所有关系数据库都支持 SQL。SQL 集数据定义语言（Data Definition Language，DDL）、数据操纵语言（Data Manipulation Language，DML）、数据控制语言（Data Control Language，DCL）于一体，语言风格统一；可以独立完成数据库生命周期中的全部活动，包括定义关系模式，录入数据以建立数据库，查询、更新、维护、重构数据库，数据库安全性控制等一系列操作，为数据库应用系统的开发提供了良好的环境。如在数据库投入运行后，用户还可在不影响数据库运行的情况下根据需要随时、逐步修改模式，从而使系统具有良好的可扩展性。

2. 高度非过程化

非关系数据模型的数据操纵语言是面向过程的，用其完成某项请求时，必须指定存取路径。而用 SQL 操作数据时，用户只需提出“做什么”，而不必指明“怎么做”，因此用户无须了解存取路径，存取路径的选择和 SQL 语句的操作过程由系统自动完成。这不但大大减轻了用户负担，而且有利于提高数据的独立性。

3. 面向集合的操作方式

SQL 采用面向集合的操作方式，不仅查找的结果可以是元组的集合，而且插入、删除、更新操作的对象也可以是元组的集合。非关系数据模型采用的是面向记录的操作方式，任何一个操作的对象都是一条记录，如查询所有平均成绩高于 80 分的学生姓名，用户必须说明完成该请求的具体处理过程，即如何用循环结构按照某条路径一条一条地把满足条件的学生记录读出来。

4. 以同一种语法结构提供两种使用方式

SQL 既是自含式语言，又是嵌入式语言。作为自含式语言，它能够独立地用于联机交互，用户可以在终端通过键盘直接输入 SQL 语句，对数据库进行操作。作为嵌入式语言，SQL 语句能够嵌入高级语言（如 C、Java）程序中，供程序员在设计程序时使用。在两种不同的使用方式下，SQL 的语法结构基本是一致的。这种以统一的语法结构提供两种不同的使用方式的特点，为用户提供了极大的灵活性与便利。

5. 语言简洁，易学易用

SQL 非常简洁。虽然 SQL 功能很强大，但它完成核心功能只需使用 6 个命令，即 SELECT、CREATE、INSERT、UPDATE、DELETE、GRANT（REVOKE）。另外，SQL 的语法也非常简单，它很接近英语自然语言，因此容易学习、掌握。SQL 目前已成为应用最广的关系数据库语言。

1.1.6 大数据时代的数据库管理系统

数据库作为基础软件之一，是企业架构中不可缺少且很难被替代的工具，企业 90%的业务应用系统都是围绕数据库开发的，即使是在大数据云计算时代，数据库服务依旧是云计算巨头[如亚马逊云服务（Amazon Web Service，AWS）、阿里云]的必争之地。随着时代发展，应用场景不断变化，数据库也从关系数据库的“一家独大”发展到如今的“群雄逐鹿”，这些数据库根据所使用的语言可以划分为三大类：SQL 类数据库、NoSQL 类数据库、NewSQL 类数据库。

SQL 类数据库指关系数据库管理系统（Relational Database Management System，RDBMS），它是建立在关系模型基础上的数据库，借助集合、代数等数学概念和方法来处理数据库中的数据。20 世纪 70 年代以来，它一直是主要的数据库解决方案。其主要优点如下。

- 不同的角色（开发者、用户、数据库管理员）使用相同的语言。
- 不同的 RDBMS 使用统一的标准语言 SQL。
- 坚持 ACID 准则（原子性 A、一致性 C、隔离性 I、持久性 D），这一准则保证了数据库，尤其是每个事务的稳定性、安全性和可预测性。

随着大数据时代的到来，出现了阿里巴巴等需要处理惊人数据量数据的巨头，以前的 RDBMS 的设计不能满足现代数据库每秒处理的事务数量要求，于是出现了 NoSQL 和 NewSQL 类数据库。

NoSQL（Not Only SQL）类数据库也叫非关系数据库，采用 Key-Value 方式存储数据。它以放宽 ACID 准则为代价，采取最终一致性原则。这极大地增加了可用时间并提高了伸缩性，使 NoSQL 类数据库更加适合互联网数据，但也有可能导致数据丢失。

NewSQL 类数据库旨在使用现有的编程语言和以前不可用的技术将 SQL 和 NoSQL 中优秀的部分结合起来。NewSQL 的目标是将 SQL 的 ACID 准则与 NoSQL 的可扩展性和高性能结合起来。从这点看，NewSQL 很有前途；然而，目前大多数 NewSQL 类数据库都是专有软件或仅适用于特定场景，这显然限制了新技术的普及和应用。

当前主要的 SQL、NoSQL 和 NewSQL 类数据库产品分类如图 1-6 所示。

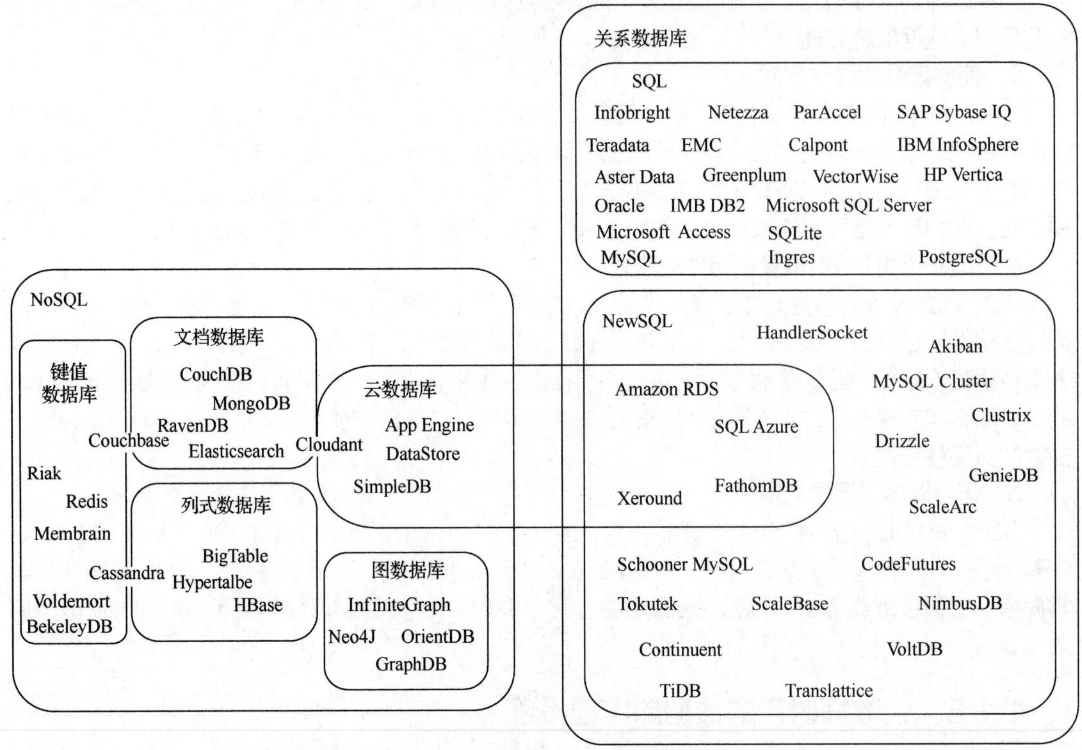

图 1-6　SQL、NoSQL 和 NewSQL 类数据库产品分类

数据库流行度排行榜 DB-Engines Ranking 如图 1-7 所示。从中可以看到，在关系数据库中，Oracle、MySQL、Microsoft SQL Server 排前三位，流行度远远超过其他数据库。在非关系数据库中，比较流行的有 MongoDB、Redis、Elasticsearch 等。

Rank			DBMS	Database Model	Score		
Nov 2023	Oct 2023	Nov 2022			Nov 2023	Oct 2023	Nov 2022
1.	1.	1.	Oracle	Relational, Multi-model	1277.03	+15.61	+35.34
2.	2.	2.	MySQL	Relational, Multi-model	1115.24	-18.07	-90.30
3.	3.	3.	Microsoft SQL Server	Relational, Multi-model	911.42	+14.54	-1.09
4.	4.	4.	PostgreSQL	Relational, Multi-model	636.86	-1.96	+13.70
5.	5.	5.	MongoDB	Document, Multi-model	428.55	-2.87	-49.35
6.	6.	6.	Redis	Key-value, Multi-model	160.02	-2.95	-22.03
7.	7.	7.	Elasticsearch	Search engine, Multi-model	139.62	+2.48	-10.70
8.	8.	8.	IBM DB2	Relational, Multi-model	136.00	+1.13	-13.56
9.	9.	↑10.	SQLite	Relational	124.58	-0.56	-10.05
10.	10.	↓9.	Microsoft Access	Relational	124.49	+0.18	-10.53

图 1-7　数据库流行度排名

图 1-8 所示是数据库流行趋势排名，从图中可以看出，MySQL 的人气直逼 Oracle，而非关系数据库的发展也非常迅猛。

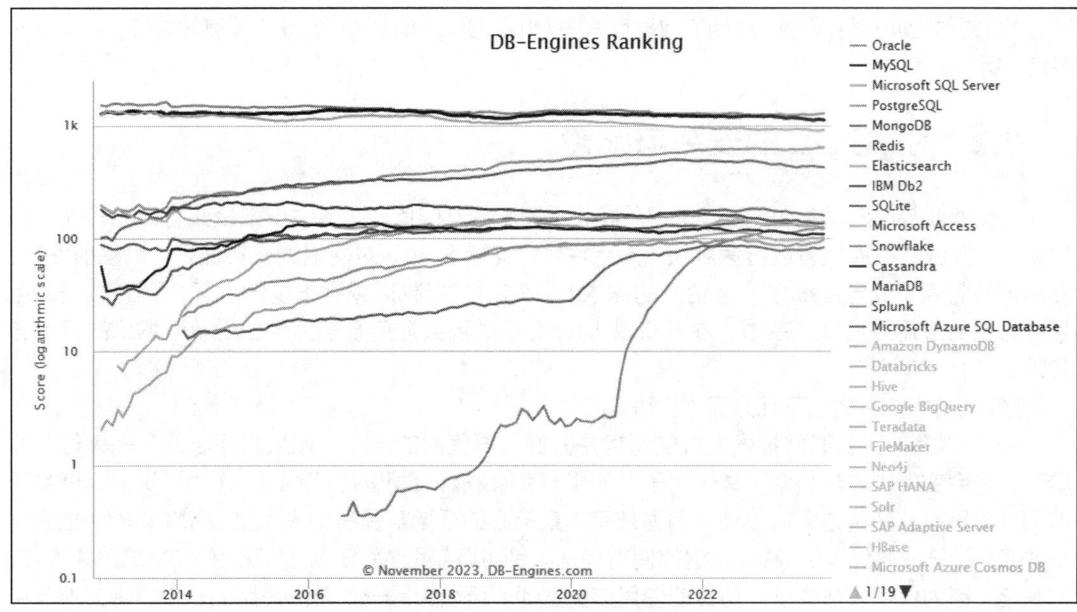

图 1-8 数据库流行趋势排名

下面对图 1-7 中排名前三的数据库做简单介绍。

（1）Oracle

Oracle 是 1983 年推出的、世界上第一个开放式商品化关系数据库管理系统。它采用标准的 SQL，支持多种数据类型，提供存储面向对象的功能，具有第 4 代语言开发工具，支持 UNIX、Windows NT、OS/2、Novell 等多种平台。除此之外，它还具有并行处理功能。Oracle 产品主要由 Oracle 服务器产品、Oracle 开发工具、Oracle 应用软件组成，也有基于微机的数据库产品。Oracle 主要用于满足银行、金融、保险等企事业单位开发大型数据库的需求。

（2）MySQL

MySQL 是一个中小型关系数据库管理系统，开发者为瑞典 MySQL AB 公司，目前是 Oracle 旗下产品。MySQL 作为当前最流行的关系数据库管理系统之一，被中小型网站广泛使用。由于其具有体积小、速度快、总体成本低，以及开放源码的特点，所以许多中小型网站为了降低网站总体成本会选择 MySQL 作为网站数据库。目前 Internet 上流行的网站架构方式是 LAMP（Linux+Apache+MySQL+PHP），即使用 Linux 作为操作系统，Apache 作为 Web 服务器，MySQL 作为数据库，页面超文本预处理器（Page Hypertext Preprocessor，PHP）作为服务器端脚本解释器。这 4 个软件都是遵循通用公共许可协议（General Public License，GPL）的开放源码软件，因此使用这种方式不用花一分钱就可以建立起一个稳定、免费的网站系统。MySQL 数据库最令人欣赏的特性之一是，它采用开放式的架构，甚至允许第三方开发自己的数据存储引擎，这吸引了大量第三方公司的注意并使他们投身于此。

（3）Microsoft SQL Server

Microsoft SQL Server 是微软公司开发的大型关系数据库系统。SQL Server 的功能比较全面，效率高，可以作为大中型企业的数据库平台。同时，该产品继承了微软产品界面友好、易学易用的特点，与其他大型数据库产品相比，在操作性和交互性方面独树一帜。SQL Server 可以与 Windows 操作系统紧密集成，这使得 SQL Server 能充分利用操作系统所提供的特性，不论是应用程序开发速度，还是系统事务处理运行速度，都得到较大的提升。另外，SQL Server 可以借助浏览器实现数据库查询功能，并支持内容丰富的可扩展标记语言（Extensible Markup Language，

XML），提供全面支持 Web 功能的数据库解决方案。SQL Server 的缺点是其只能在 Windows 系统下运行。

1.2 MySQL 的安装与配置

大型商业数据库虽然功能强大，但价格也非常昂贵，因此，许多中小型企业将目光转向开源数据库。开源数据库具有运行速度快、易用性好、支持 SQL、对网络的支持性好、可移植性好、费用低等特点，完全能满足中小企业的需求。在知识产权越来越受重视的今天，开源数据库更加成为企业应用数据库的首选。本书将以 MySQL 关系数据库系统为平台讲解数据库的设计与实现。

MySQL 数据库有以下几方面的优势。

- 技术趋势。互联网技术发展的趋势是开源，再优秀的产品，如果是闭源的，在大行业背景下，也会变得越来越小众。举个例子，如果一个互联网公司选择 Oracle 作为数据库，就会牵涉到技术壁垒，使用方会很被动，因为最基本最核心的框架掌握在别人手里。和 Oracle 相比，MySQL 是开放源代码的数据库，这就使得任何人都可以获取 MySQL 的源代码，并修正 MySQL 的缺陷。因为任何人都能以任何目的使用该数据库，所以这是一款自由使用的软件。因此很多互联网公司选择使用 MySQL，这是一个化被动为主动的过程，无须再因为依赖其他封闭的数据库产品而受牵制。
- 成本因素。任何人都可以从官方网站下载 MySQL，社区版本的 MySQL 都是免费的，即使有些附加功能需要收费，也非常便宜。相比之下，Oracle、DB2 和 SQL Server 价格不菲，如果再考虑到搭载的服务器和存储设备，它们之间的成本差距是巨大的。
- 跨平台性。MySQL 不仅可以在 Windows 操作系统上运行，还可以在 UNIX、Linux 和 macOS 等操作系统上运行。因为很多网站都选择 UNIX、Linux 作为网站的服务器，所以 MySQL 具有跨平台的优势。虽然 Microsoft SQL Server 数据库是一款很优秀的商业数据库，但是其只能在 Windows 操作系统上运行。
- 性价比高。MySQL 是一个真正的多用户、多线程 SQL 数据库服务器，能够快速、高效、安全地处理大量的数据。MySQL 和 Oracle 的性能并没有太大的区别，在低硬件配置环境下，MySQL 分布式的方案同样可以解决问题，而且成本也较低；从产品质量、成熟度、性价比上来讲，MySQL 是非常不错的。另外，MySQL 的管理和维护非常简单，初学者很容易上手，学习成本较低。
- 集群功能。当一个网站的业务量变得越来越大时，Oracle 的集群已经不能很好地支撑整个业务了，架构解耦势在必行。这意味着要拆分业务，继而要拆分数据库。如果业务只需要十几个或几十个集群就能承载，Oracle 则可以胜任；但是大型互联网公司的业务常常需要成百上千台计算机来承载，对于这样的规模，MySQL 这样的轻量级数据库更合适。

MySQL 从 5.7 版本直接跳跃到 8.0 版本，可见这是一个令人兴奋的里程碑式的版本。MySQL 8.0 在功能上做了显著的改进与增强，不仅在速度上有了改善，还具有一些新特性，为用户带来了更好的性能和更棒的体验。下面简单介绍一下 MySQL 8.0 的部分新特性。

- 更简便的 NoSQL 支持。NoSQL 泛指非关系数据库和数据存储。随着互联网平台规模的飞速发展，传统的关系数据库已经越来越不能满足需求。从 5.6 版本开始，MySQL 就支持简单的 NoSQL 存储功能。MySQL 8.0 对这一功能做了优化，以更灵活的方式实现 NoSQL 存储功能，不再依赖模式（schema）。
- 更好的索引。在查询中，正确地使用索引可以提高查询的效率。MySQL 8.0 中新增了隐藏索引和降序索引功能。隐藏索引可以用来测试去掉索引对查询性能的影响，验证索引的必要性时不需要删除索引，而是先将索引隐藏；如果不影响优化器性能，就可以真正地删除索引。降序索引允许优化器对多个列进行排序，并且允许排序顺序不一致。在查询中存在多列索引时，使用降序索引可以提高查询的性能。

- 安全和账户管理。MySQL 8.0 中新增了 caching_sha2_password 授权插件、角色、密码历史记录和联邦信息处理标准（Federal Information Processing Standards，FIPS）模式支持，这些特性提高了数据库的安全性和性能，使数据库管理员能够更灵活地进行账户管理工作。
- InnoDB 的变化。InnoDB 是 MySQL 默认的存储引擎，是事务型数据库的首选引擎，支持事务的 ACID 特性，支持行锁定和外键。在 MySQL 8.0 中，InnoDB 在自增、索引、加密、死锁、共享锁等方面做了大量的改进和优化，并且支持原子数据定义语言，提高了数据安全性，为事务提供了更好的支持。
- 字符集支持。MySQL 8.0 中默认的字符集由 latin1 更改为 utf8mb4，并首次增加了日语使用的集合：utf8mb4_ja_0900_as_cs。

1.2.1 MySQL 服务器的安装与配置

v1-4 MySQL 服务器的安装与配置

1. MySQL 服务器的安装

（1）下载 MySQL 软件

MySQL 针对个人用户和商业用户提供不同版本的产品。MySQL 社区版是供个人用户免费下载的开源数据库；而对于商业用户，MySQL 有标准版、企业版、集成版等多个版本可供选择，以满足特殊的商业和技术需求。

MySQL 是开源软件，个人用户可以登录其官方网站直接下载相应的版本，下载页面如图 1-9 所示。

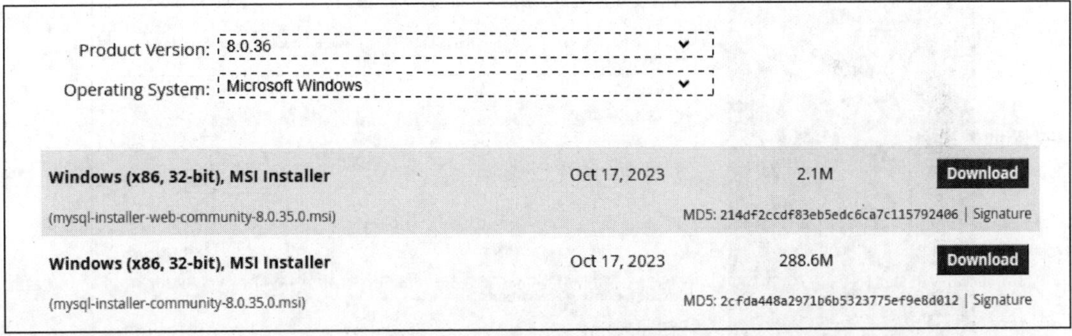

图 1-9 MySQL 软件下载页面

在图 1-9 中，注意虚线框中的选项：平台选择 Microsoft Windows，安装方式有 MSI Installer 和 ZIP Archive 两种，本书选择 MSI Installer 安装方式。单击“Download”按钮，下载扩展名为.msi 的安装包。

（2）MySQL 软件的安装

双击安装包，进入安装向导中的产品类型选择界面，如图 1-10 所示。

图 1-10 所示的产品类型包括“Server only”（服务器）、“Client only”（客户端）、“Full”（全部产品）、“Custom”（客户选装）4 个选项。鉴于读者是 MySQL 初学者，这里选择“Server only”（服务器）。单击“Next”按钮，进行 MySQL 服务器的安装，如图 1-11 所示。

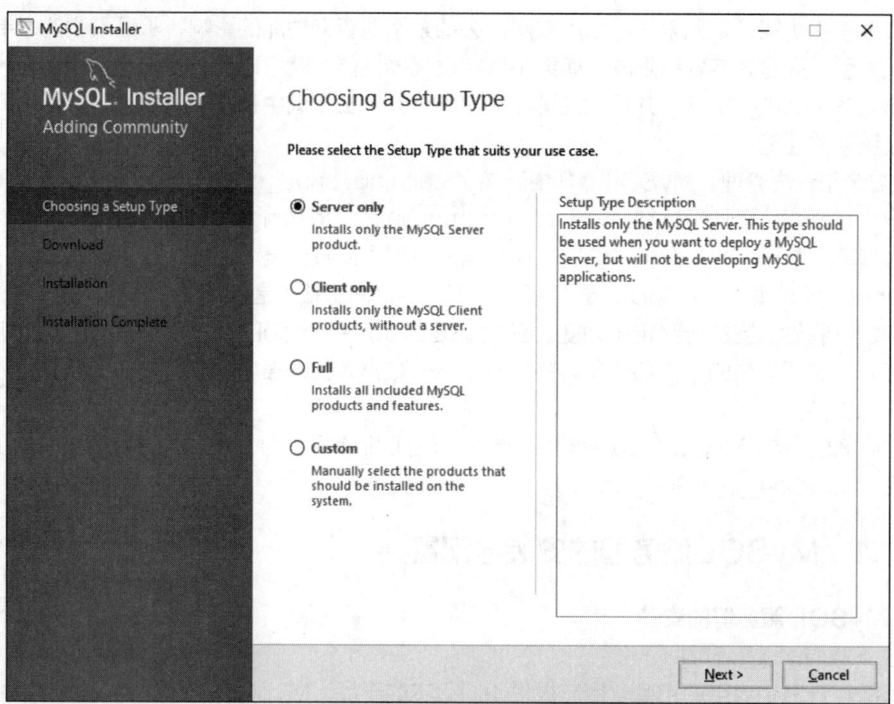

图 1-10　MySQL 8.0 安装向导-产品类型选择

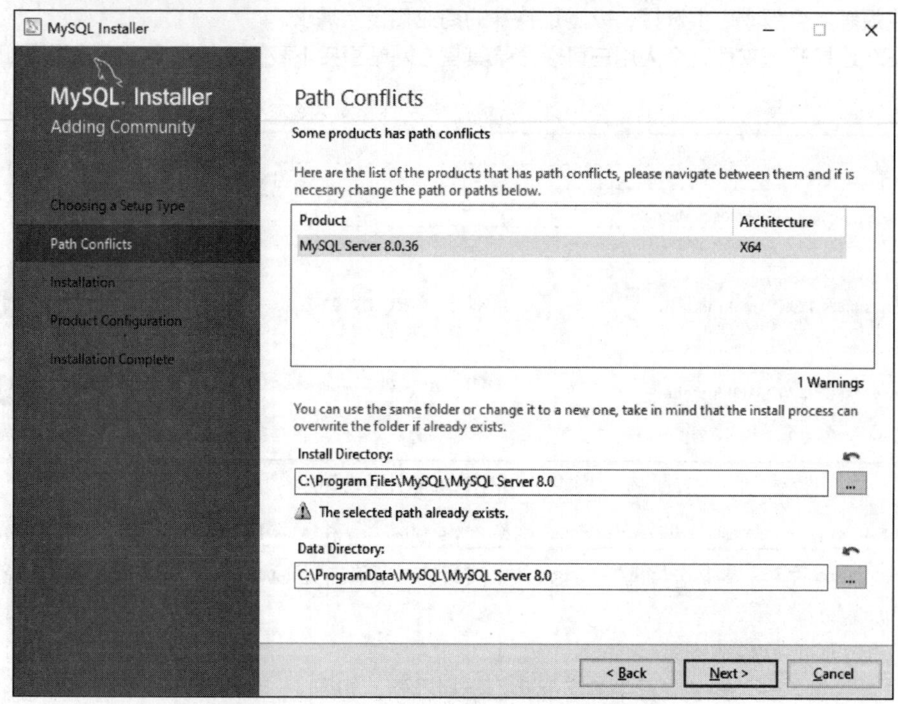

图 1-11　MySQL 8.0 安装向导-服务器安装

2. MySQL 服务器的配置

单击图 1-11 所示的“Next”按钮，安装完毕后，进入服务器配置向导界面，可以设置 MySQL 8.0 的各种参数，如图 1-12 所示。

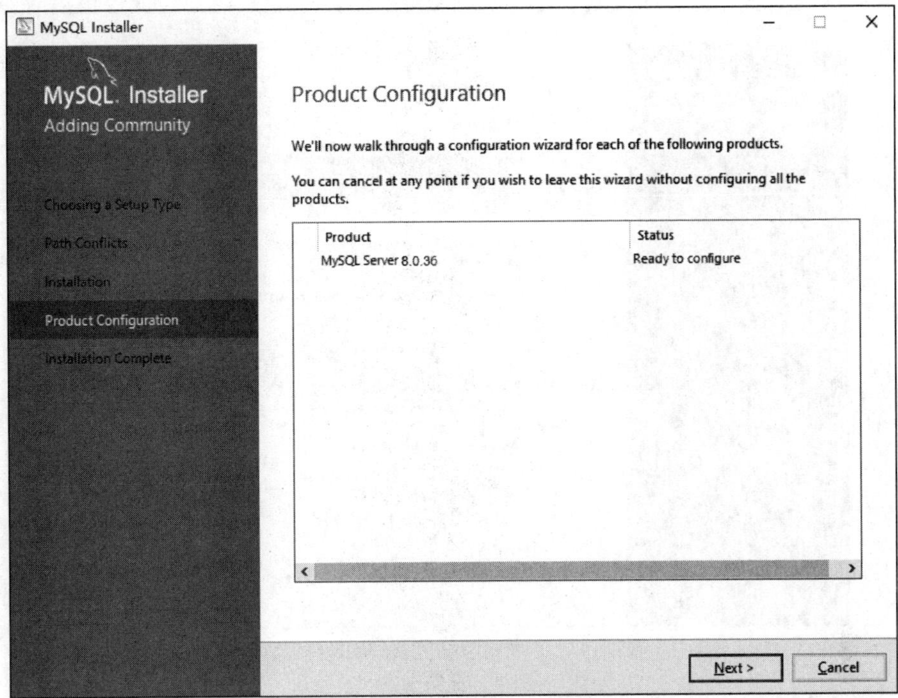

图 1-12　MySQL 8.0 配置向导界面

单击“Next”按钮，进入图 1-13 所示的服务器类型配置界面，选择默认设置（图 1-13 中框线所示）即可。

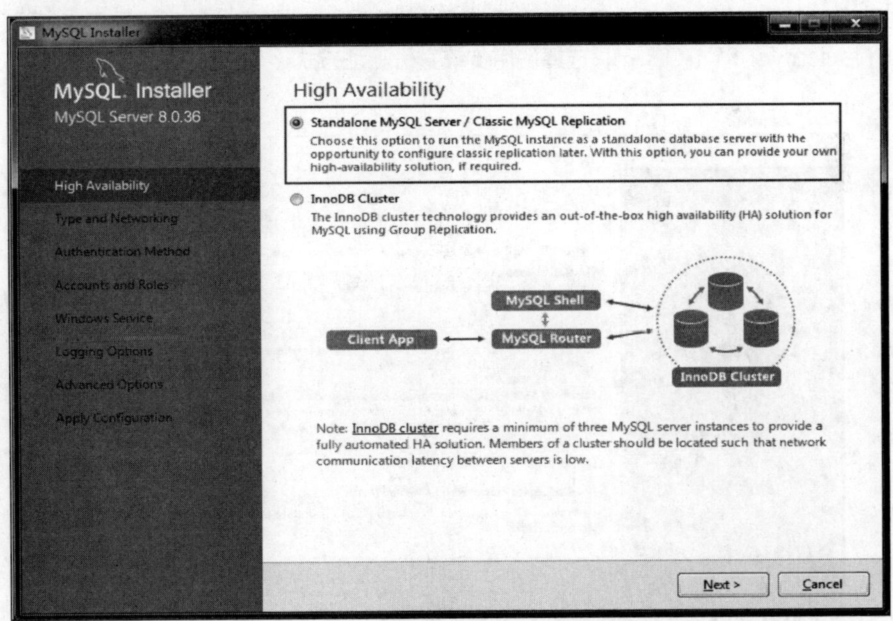

图 1-13　配置向导-服务器类型配置

单击“Next”按钮，进入图 1-14 所示的产品类型和网络配置界面。在虚线方框所示的产品类型下拉列表中选择“Server Computer”。网络没有冲突的话，网络配置参数采用默认设置就可以了。如果默认网络端口“3306”被占用，可以改为其他参数，如“3307”等。

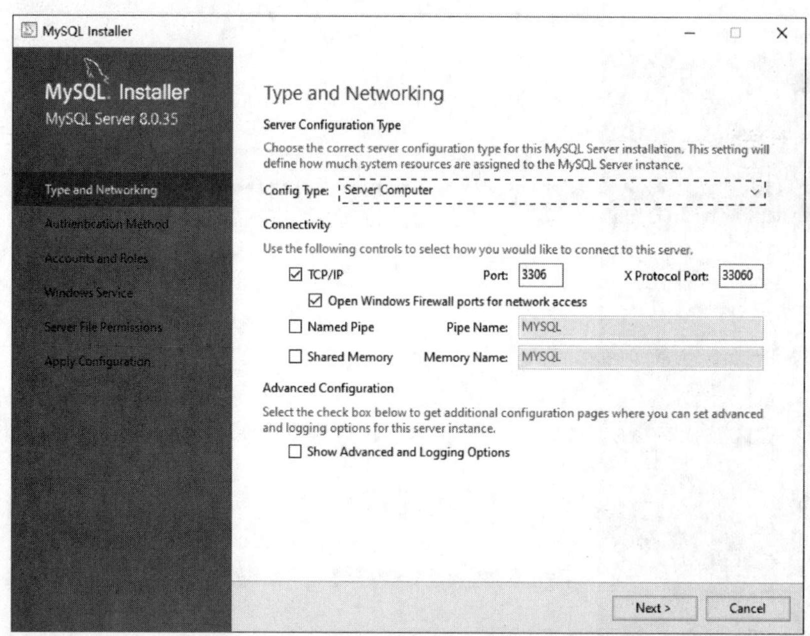

图 1-14　配置向导-产品类型和网络配置

单击“Next”按钮，进入图 1-15 所示的身份验证方式配置界面，系统提供了两种身份认证方式，“Use Strong Password Encryption for Authentication (RECOMMENDED)”（使用强密码身份验证，推荐使用）和“Use Legacy Authentication Method (Retain MySQL 5.x Compatibility)”（使用传统身份验证，与 MySQL 5.x 兼容）。如果第三方图形化管理工具支持强密码身份验证（如 Navicat for MySQL 15），选择推荐设置（第一项）；如果第三方图形化管理工具不支持强密码身份验证（如 Navicat for MySQL x），选择使用传统身份验证方式（第二项），否则会连不上 MySQL 服务器。

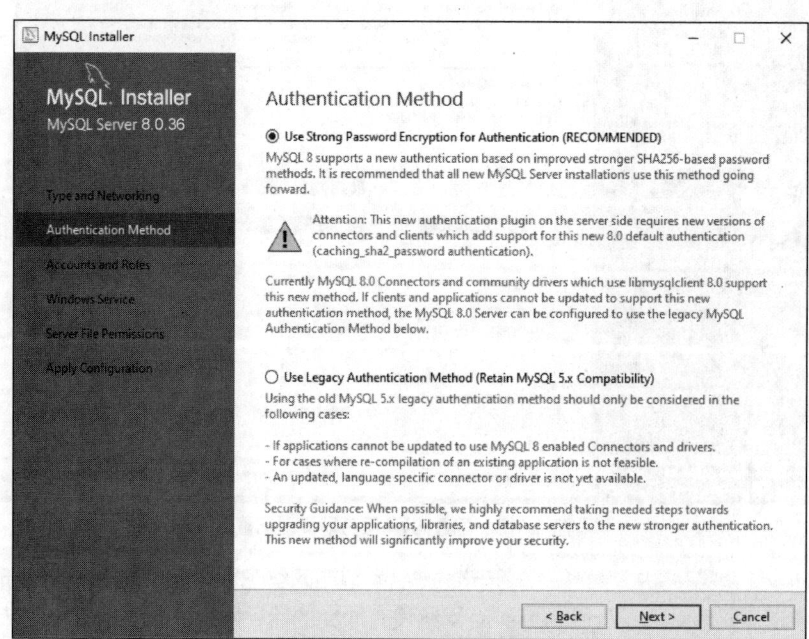

图 1-15　身份验证方式配置

单击“Next”按钮，进入图 1-16 所示的账号和角色配置界面，这里需要为 MySQL 的超级用户 root 设置密码。

> **注意** 在启动 MySQL 和下载 MySQL 服务器时都需要提供 root 密码，如果密码不正确，将不能启动服务器；如果服务器安装不成功，想下载后重装，也需要提供正确的 root 密码，请牢记这里设置的 root 密码。

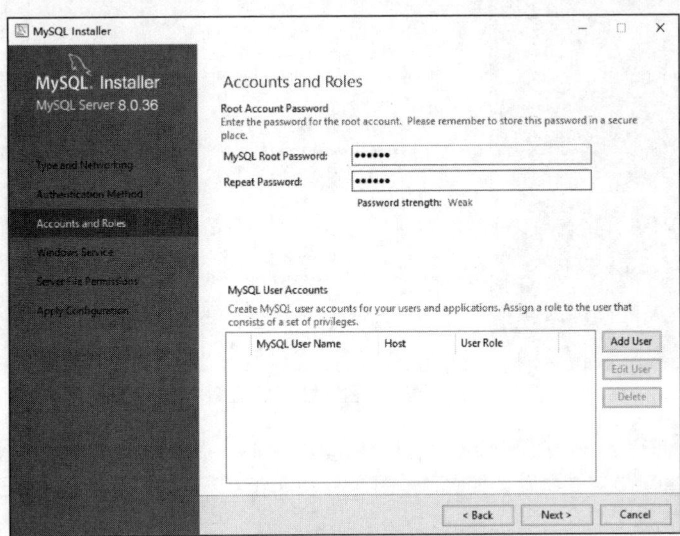

图 1-16 配置向导-账号和角色配置

单击“Next”按钮，进入图 1-17 所示的 Windows 服务配置界面，采用默认设置即可。

> **注意** 在 Windows 操作系统中，MySQL 服务的名称为“MySQL80”，如果 Windows 操作系统中安装有多个 MySQL 服务器，可以修改默认的“MySQL80”名称，以免冲突。

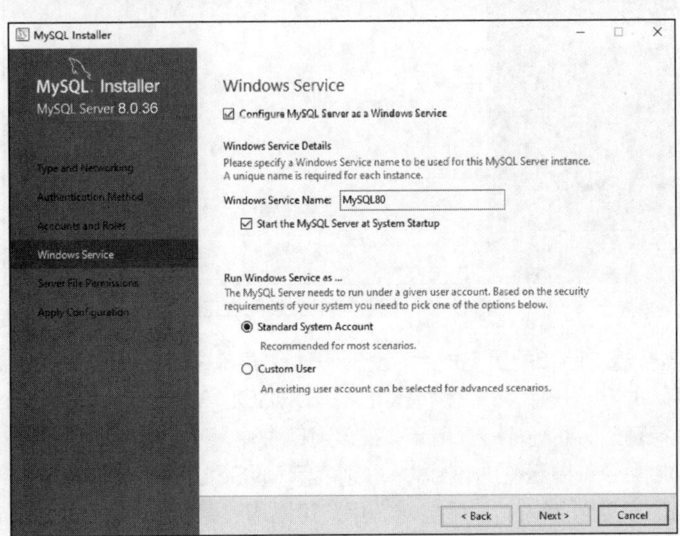

图 1-17 配置向导-Windows 服务配置

MySQL 8.0 服务器的各种参数配置完毕，单击“Next”按钮，安装程序将按所选参数配置服务器，服务器的配置文件为 my.ini。应用配置界面如图 1-18 所示。

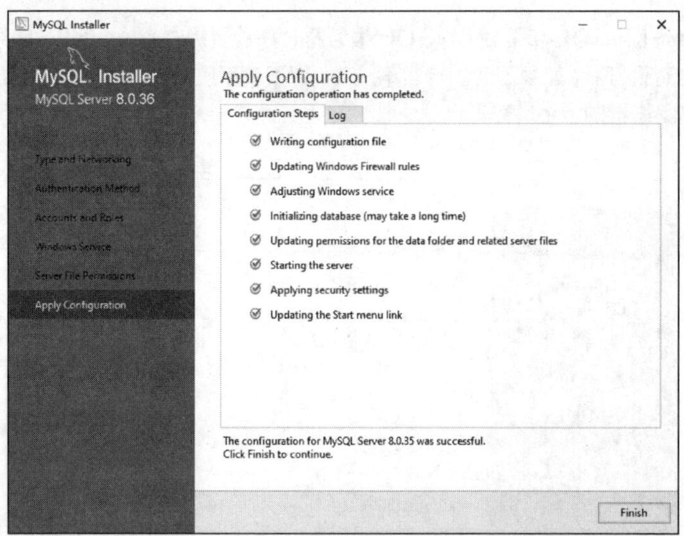

图 1-18　配置向导-应用配置

单击“Finish”按钮，进入“Product Configuration”界面，直接单击“Next”按钮，进入 MySQL 8.0 服务器配置完成界面，如图 1-19 所示。单击“Finish”按钮，MySQL 8.0 服务器安装与配置工作全部完成。

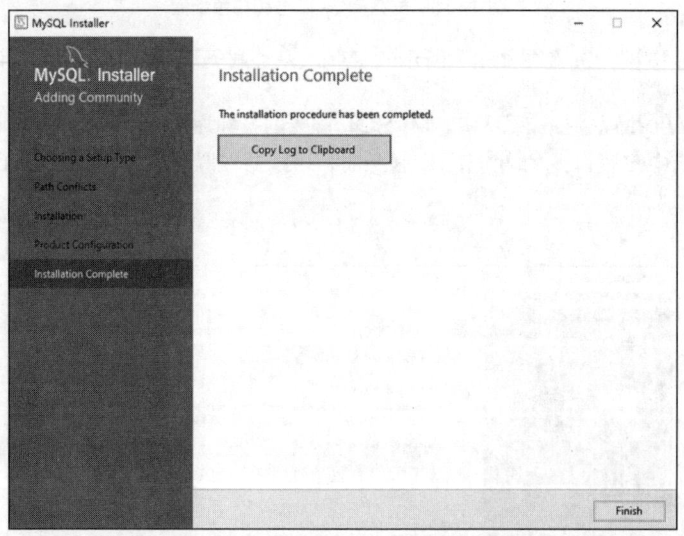

图 1-19　配置向导-安装配置完成

MySQL 8.0 服务器安装和配置完成后，会在“开始”菜单中生成一个“MySQL 8.0 Command Line Client”选项。执行“开始”→“MySQL”→MySQL 8.0 Command Line Client”命令，进入 MySQL 命令行窗口，如图 1-20 所示。在该窗口中输入安装时为 root 用户设置的密码，如果窗口中出现 MySQL 命令行提示符“mysql>”，则表示 MySQL 服务器安装成功，已经启动；终端以 root 用户的身份成功连接到 MySQL 服务器，用户可以通过此窗口输入 SQL 语句操作 MySQL 数据库。

```
选择 MySQL 8.0 Command Line Client
Enter password: ******
Welcome to the MySQL monitor.  Commands end with ; or \g.
Your MySQL connection id is 10
Server version: 8.0.36 MySQL Community Server - GPL

Copyright (c) 2000, 2023, Oracle and/or its affiliates.

Oracle is a registered trademark of Oracle Corporation and/or its
affiliates. Other names may be trademarks of their respective
owners.

Type 'help;' or '\h' for help. Type '\c' to clear the current input statement.

mysql>
```

图 1-20　MySQL 命令行窗口

1.2.2　MySQL 图形化管理工具

绝大多数关系数据库都有两个截然不同的部分，一是后端，作为数据仓库；二是前端，即用于实现数据组件通信的用户界面。这种设计非常巧妙，它并行处理两层编程模型，将数据层从用户界面中分离出来，使得数据库软件制造商可以将它们的产品专注于数据层，即数据存储和管理；同时为第三方创建大量的应用程序提供了便利，使各种数据库间的交互性更强。

MySQL 服务器只提供命令行客户端（MySQL Command Line Client）管理工具，用于数据库的管理与维护，但是第三方提供的管理工具非常多，其中大部分都是图形化管理工具。图形化管理工具通过软件对数据库中的数据进行操作，在操作时采用菜单方式，用户不需要记住操作命令。这里介绍几个常用的 MySQL 图形化管理工具。

1. MySQL Workbench

MySQL Workbench 是一款由 MySQL 开发的跨平台、可视化的数据库工具，在一个开发环境中集成了 SQL 的开发、管理，数据库设计、创建以及维护功能。这款软件在 MySQL 官方网站上可以下载。图 1-21 所示为 Workbench 图形化管理工具界面。

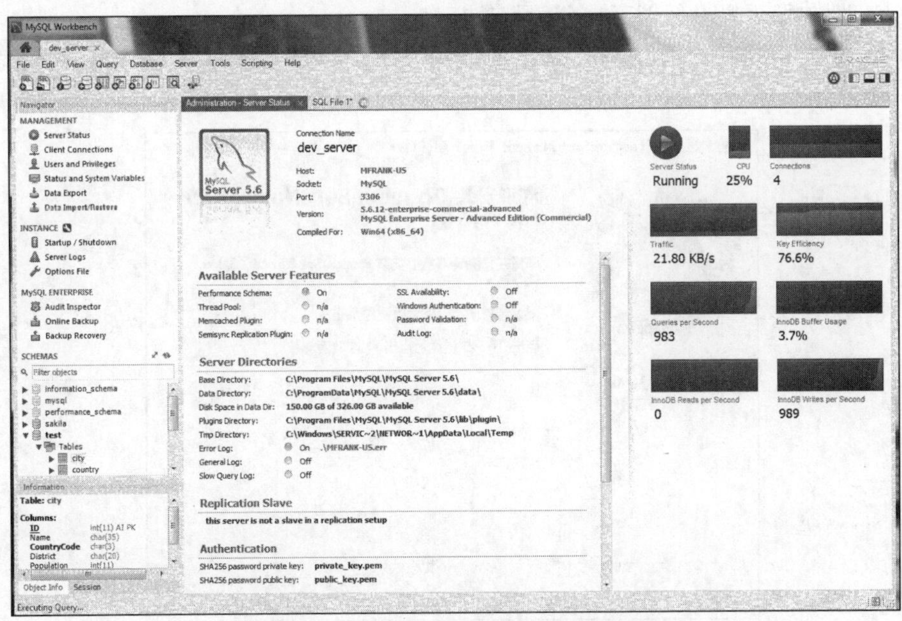

图 1-21　Workbench 图形化管理工具界面

2. phpMyAdmin

phpMyAdmin 是一款免费的图形化管理工具，采用 PHP 编写，用于在线处理 MySQL 管理事务。phpMyAdmin 支持多种 MySQL 操作，最常用的操作包括管理数据库、表、字段、关系、索引、用户及权限，也允许直接执行 SQL 语句。phpMyAdmin 图形化管理工具界面如图 1-22 所示。

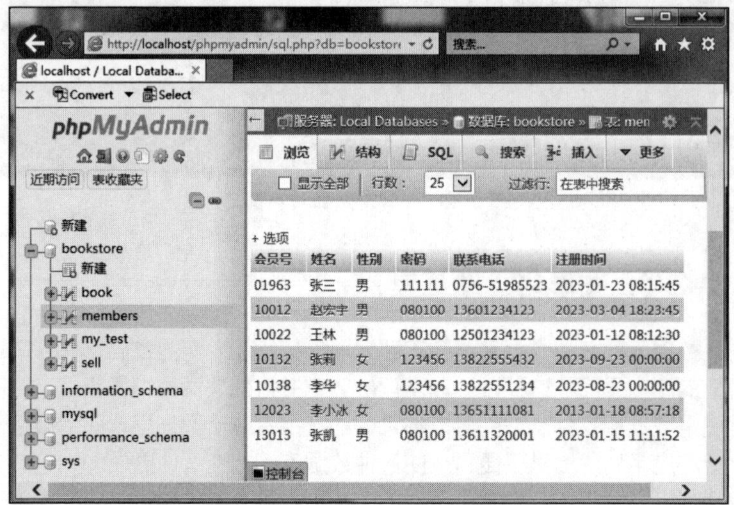

图 1-22　phpMyAdmin 图形化管理工具界面

3. Navicat for MySQL

Navicat 是一套快速、可靠的数据库管理工具，专为简化数据库的管理及降低系统管理成本而开发。它能满足数据库管理员、开发人员及中小企业的需求。其中 Navicat for MySQL 为 MySQL 量身定做，它可以跟 MySQL 服务器一起工作，使用了极好的图形用户界面（Graphical User Interface，GUI），并且支持 MySQL 大多数最新的功能，使用户可以用一种安全和更为容易的方式快速、轻松地创建、组织、存取和共享信息，支持中文。本书将以 Navicat 15 for MySQL 为例介绍 MySQL 数据库图形化管理工具的使用方法。

Navicat for MySQL 的安装比较简单，双击 Navicat 软件安装包，进入安装向导界面，如图 1-23 所示。

图 1-23　Navicat for MySQL 安装向导界面

单击“下一步”按钮，进入“许可证”界面，选择“我同意”后，单击“下一步”按钮，进入“选择安装文件夹”界面，选择安装 Navicat for MySQL 的目标文件夹，如图 1-24 所示。

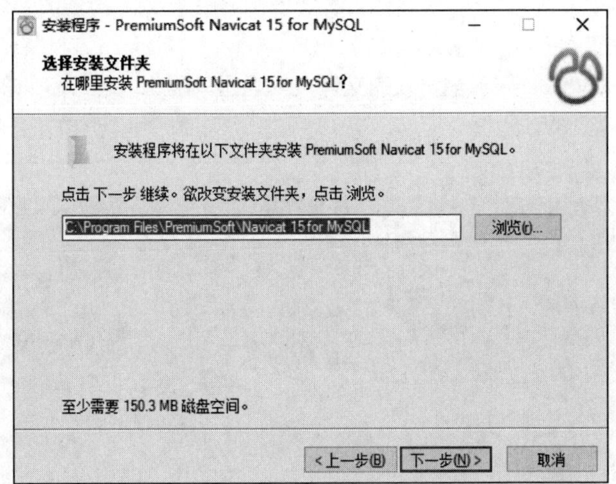

图 1-24　Navicat for MySQL 选择安装文件夹界面

单击“下一步”按钮，选择在“开始”菜单和桌面上创建软件的快捷方式。最后进入安装界面，单击“安装”按钮，软件开始安装，安装完成后单击“完成”按钮，如图 1-25 所示。

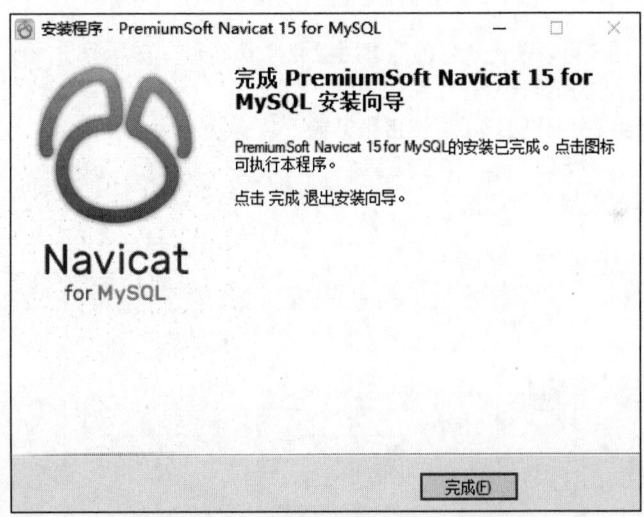

图 1-25　Navicat for MySQL 完成安装界面

1.2.3　连接与断开服务器

v1-5　连接服务器

要使用 MySQL 数据库，先要与数据库服务器进行连接。连接服务器通常需要一个 MySQL 用户名和密码。如果服务器运行在登录服务器之外的其他计算机上，还需要指定主机名。在知道正确的参数（连接的主机、用户名和对应的密码）的情况下，可以按照以下方式连接服务器。

1. 通过运行命令连接服务器

命令格式：mysql -h <主机名>　-u<用户名>　-p<密码>。

提示：命令行中的-u、-p 必须小写；<主机名><用户名>分别代表 MySQL 服务器运行的主机名（本机可使用 127.0.0.1）和 MySQL 用户名，在运行命令时需替换为正确的值。

例如，以用户名是“root”、密码是“123456”的身份登录本地数据库服务器的命令为：mysql -h 127.0.0.1 -uroot -p123456。

以上命令需要在 MySQL 服务器所在的文件夹中运行，因此，运行命令之前先要指定路径，默认为“c:\program files\mysql\mysql Server 8.0\bin”，如图 1-26 所示。

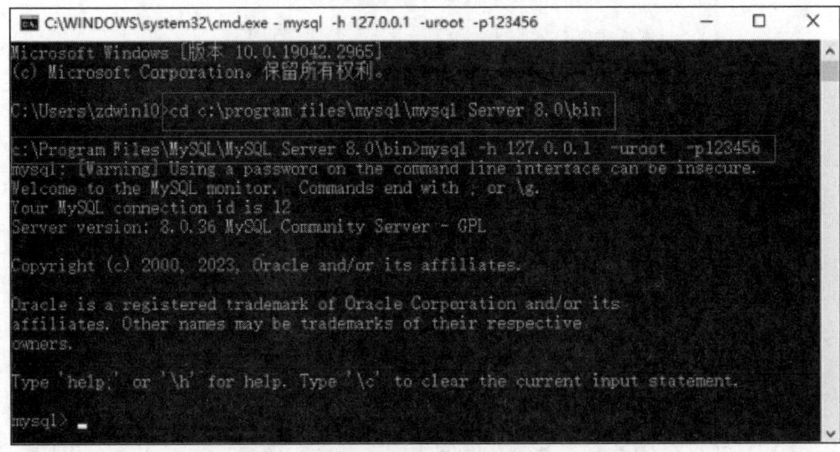

图 1-26 在命令行窗口中登录 MySQL 服务器

如果连接成功，用户可以在一段介绍信息后看见“mysql>”提示符，“mysql>”提示符告诉用户 MySQL 服务器已经准备好接受输入命令。

2. 使用 Navicat 图形化管理工具连接服务器

启动 Navicat for MySQL 后，单击工具栏中的“连接”按钮，执行“MySQL”命令，出现图 1-27 所示的“新建连接”对话框。

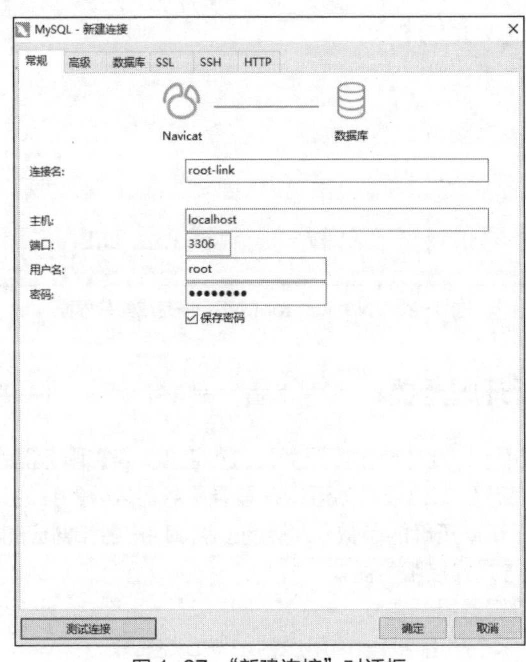

图 1-27 “新建连接”对话框

在图 1-27 所示的对话框中，“连接名”指与 MySQL 服务器建立的连接的名称，可以任取；“主机”指 MySQL 服务器的名称，如果 MySQL 软件安装在本机，可以用“localhost”代替本机地址，如果需要登录到远程服务器，则需要输入 MySQL 服务器的主机名或 IP 地址；“端口”指 MySQL 服务器端口，默认端口为“3306”，如果没有特别指定，不需要更改；“用户名”“密码”限制了连接用户，只有 MySQL 服务器中的合法用户才能建立与服务器的连接，“root”是 MySQL 服务器中权限最高的用户。输入相关参数后，单击“测试连接”按钮测试与服务器的连接，测试通过后单击“确定”按钮连接到服务器，如图 1-28 所示。

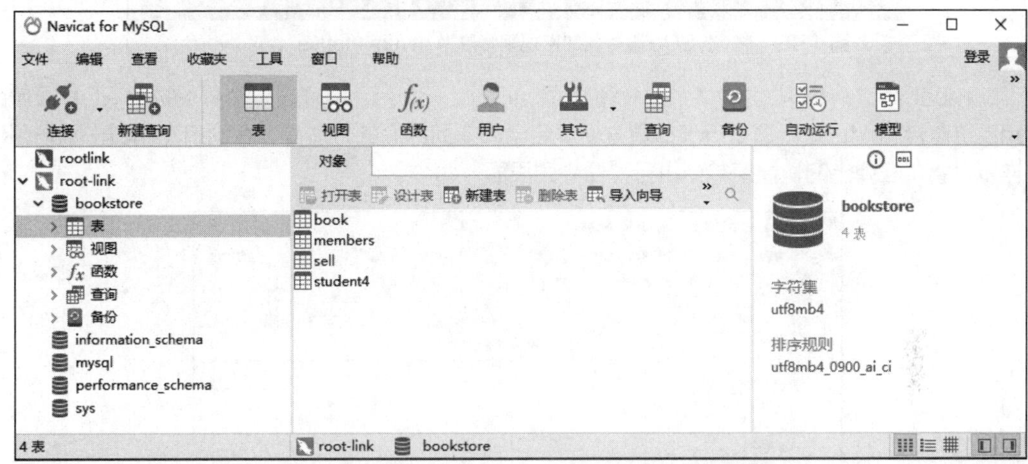

图 1-28 通过 Navicat for MySQL 成功连接服务器

注意 MySQL 8.0 之前的版本中加密规则是 mysql_native_password，而在 MySQL 8.0 之后，加密规则是 caching_sha2_password。如果在图 1-15 配置 MySQL 服务器时选择的是使用强密码身份验证方式，加密规则是 caching_sha2_password，Navicat for MySQL 15 是支持这种加密规则的，因此能成功连接。如果此时使用 Navicat for MySQL 低版本与 MySQL 8.0 连接，则会因为加密规则不支持而连接失败。

解决问题的方法有两种，一种是升级 Navicat 版本，另一种是把 MySQL 服务器的加密规则改为 mysql_native_password。对应两种修改方法，一种是在图 1-15 配置 MySQL 服务器时选择使用传统身份验证方式，此时加密规则是 mysql_native_password；另一种是如果在图 1-15 中配置服务器时选择的是使用强密码身份验证方式，可以通过下面的操作把 MySQL 服务器加密规则改为 mysql_native_password。

（1）通过运行命令连接服务器。

（2）执行以下 SQL 语句。

```
ALTER USER 'root'@'localhost' IDENTIFIED WITH mysql_native_password BY 'password'; #修改加密规则
ALTER USER 'root'@'localhost' IDENTIFIED BY 'password' PASSWORD EXPIRE NEVER; #更新用户的密码
FLUSH PRIVILEGES; #刷新权限
```

执行结果如图 1-29 所示。

上面的 SQL 语句将 root 用户的密码改为了“password”，所以用 Navicat for MySQL 低版本与 MySQL 8.0 连接时，root 用户的密码为“password”。如果不想用此密码，可以修改上面的 SQL 语句或者用修改用户密码的方式修改 root 用户的密码。

```
MySQL 8.0 Command Line Client
Your MySQL connection id is 10
Server version: 8.0.36 MySQL Community Server - GPL

Copyright (c) 2000, 2023, Oracle and/or its affiliates.

Oracle is a registered trademark of Oracle Corporation and/or its
affiliates. Other names may be trademarks of their respective
owners.

Type 'help;' or '\h' for help. Type '\c' to clear the current input statement.

mysql> ALTER USER 'root'@'localhost' IDENTIFIED WITH mysql_native_password BY 'password'; #修改加密规则
Query OK, 0 rows affected (0.09 sec)

mysql> ALTER USER 'root'@'localhost' IDENTIFIED BY 'password' PASSWORD EXPIRE NEVER; #更新一下用户的密码
Query OK, 0 rows affected (0.01 sec)

mysql> FLUSH PRIVILEGES; #刷新权限
```

图 1-29　将 MySQL 服务器加密规则修改为 mysql_native_password

Navicat for MySQL 也提供了命令列界面，如图 1-30 所示。通过这个界面执行 SQL 语句比使用系统自带的 MySQL 命令行窗口更方便。启动命令列界面的方法是，在窗口左侧右击刚刚创建的连接对象，在弹出的快捷菜单中执行“命令列界面”命令。

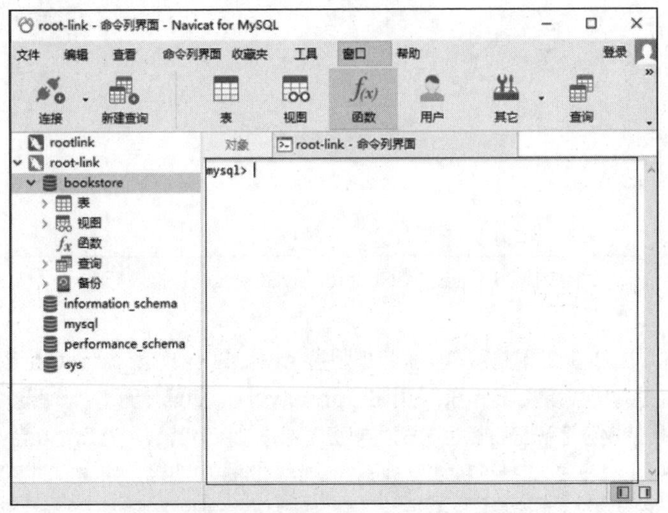

图 1-30　Navicat for MySQL 命令列界面

3. 断开服务器

成功连接服务器后，可以在“mysql>”提示符后输入 QUIT（或\q）随时退出。

```
mysql> QUIT
```

按 Enter 键，MySQL 命令列界面关闭，断开服务器。

【综合实训】安装和配置 MySQL 服务器

一、实训目的

（1）掌握 MySQL 数据库的安装与配置方法。

（2）掌握 MySQL 图形化管理工具的安装方法。

（3）学会使用命令行方式和图形化管理工具连接和断开服务器。

二、实训内容

1. 安装与配置 MySQL 服务器

（1）登录 MySQL 官方网站，下载合适的版本，安装 MySQL 服务器。

（2）配置并测试所安装的 MySQL 服务器。

2. 安装 MySQL 图形化管理工具

（1）安装 Navicat for MySQL。

（2）使用 Navicat for MySQL 图形化管理工具连接到 MySQL 服务器。

3. 连接与断开服务器

（1）通过 MySQL 提供的命令行窗口连接到服务器。

（2）断开与服务器的连接。

单元小结

- 数据是重要的资源，数据处理是对各种形式的数据进行收集、存储、加工和传播的一系列活动的总和。数据库技术经历了人工管理阶段、文件系统阶段和数据库系统阶段。
- 数据、数据库、数据库管理系统与操作数据库的应用开发工具、应用程序以及与数据库有关的人员一起构成了一个完整的数据库系统。
- 数据库管理系统负责对收集到的大量数据做整理、加工、归并、分类、计算及存储等处理，进而产生新的数据。目前比较常用的数据库管理系统有 Oracle、MySQL、Microsoft SQL Server 及 Microsoft Access 等。
- 结构化查询语言 SQL 是关系数据库的标准语言。SQL 集数据查询、数据操纵、数据定义和数据控制功能于一体，充分体现了关系数据库语言的特点。
- MySQL 是一个中小型关系数据库管理系统，目前被中小型网站广泛使用。由于其具有体积小、速度快、总体成本低，以及开放源码的特点，所以许多中小型网站为了降低网站总体成本会选择 MySQL 作为网站数据库。
- MySQL 数据库采用的是开放式的架构，它允许第三方开发自己的数据存储引擎。第三方提供的图形化管理工具非常多，它们采用菜单方式管理数据库，大大简化了数据库的管理工作。

理论练习

一、选择题

1. 数据库系统的核心是（　　）。

   A. 数据库　　B. 数据库管理系统　　C. 数据模型　　D. 软件工具

2. SQL 具有（　　）的功能。

   A. 关系规范化、数据操纵、数据控制　　B. 数据定义、数据操纵、数据控制

   C. 数据定义、关系规范化、数据控制　　D. 数据定义、关系规范化、数据操纵

3. SQL 是（　　）的语言，容易学习。

   A. 过程化　　B. 结构化　　C. 格式化　　D. 导航式

4. 在数据库中存储的是（　　）。

   A. 数据库　　B. 数据库管理员

   C. 数据以及数据之间的联系　　D. 信息

5. DBMS 的中文含义是（　　）。

   A. 数据库　　B. 数据模型

   C. 数据库系统　　D. 数据库管理系统

6. MySQL 是一个（　　）的数据库系统。

A. 网状型　　B. 层次型　　C. 关系型　　D. 以上都不是

7. 数据库技术的发展经历了人工管理阶段、文件系统阶段和数据库系统阶段。在这几个阶段中，数据独立性最高的是（　　）阶段。

A. 数据库系统　　B. 文件系统　　C. 人工管理　　D. 数据项管理

8.（　　）是位于用户与操作系统之间的数据管理软件，数据库在建立、使用和维护时由其统一管理、统一控制。

A. DBMS　　B. DB　　C. DBS　　D. DBA

9. Microsoft SQL Server 数据库管理系统一般只能运行于（　　）。

A. Windows 平台　　B. UNIX 平台

C. Linux 平台　　D. NetWare 平台

10. 数据库系统是由数据库、数据库管理系统及其开发工具、应用程序、（　　）和与数据库有关的人员构成的。

A. DBMS　　B. DB　　C. DBS　　D. DBA

二、分析应用题

软件定义未来的世界，开源决定软件的未来。目前，我国已成为全球开源生态的重要贡献力量，参与国际开源社区协作的开发者数量排名全球第二。企业“拥抱”开源的趋势明显。

请收集开源软件的相关信息，回答以下问题。

（1）国内开源基金会建设进展情况如何?

（2）本土开源项目“OpenHarmony”是做什么的?

（3）你所接触的软件除 MySQL 之外还有哪些是开源的?

【实战演练】MySQL 的下载、安装与配置

1. 登录 MySQL 官网，下载 MySQL 8.0 的 MSI 版本。
2. 在自己拥有的个人计算机上安装 MySQL 8.0 服务器。
3. 打开 My.ini 配置文件，记录以下参数值，并了解其含义。

（1）port

（2）datadir

（3）default-storage-engine

单元2 数据库设计

02

问题引入

在全球信息化时代，数据库已经成为企业经营管理中不可或缺的工具，因此，确保数据安全、规范数据的开发和利用变得愈发重要。党的二十大报告明确提出要强化数据安全保障体系建设，2021 年颁布的《中华人民共和国数据安全法》将数据安全保护纳入国家法律保护范围。在这一背景下，如何使开发的数据库应用系统在满足用户应用需求的同时，又简单易用、安全可靠、高效快捷、易于维护扩展呢？要解决这些问题，科学的数据库设计显得尤为重要。本单元将结合网络图书销售系统的构建过程，详细阐述数据库设计的基本方法和准则。

学习目标

◆ 知识点
- 了解数据模型的相关知识。
- 掌握运用 E-R 图进行数据库设计的相关知识。

◆ 技能点
- 能运用 E-R 图等数据库设计工具合理规划与设计数据库结构。
- 能运用关系数据库范式理论规范化设计数据库。

◆ 素养点
- 培养学生设计数据库的能力。
- 加强理想信念教育，强化社会责任意识、奉献意识。

思维导图

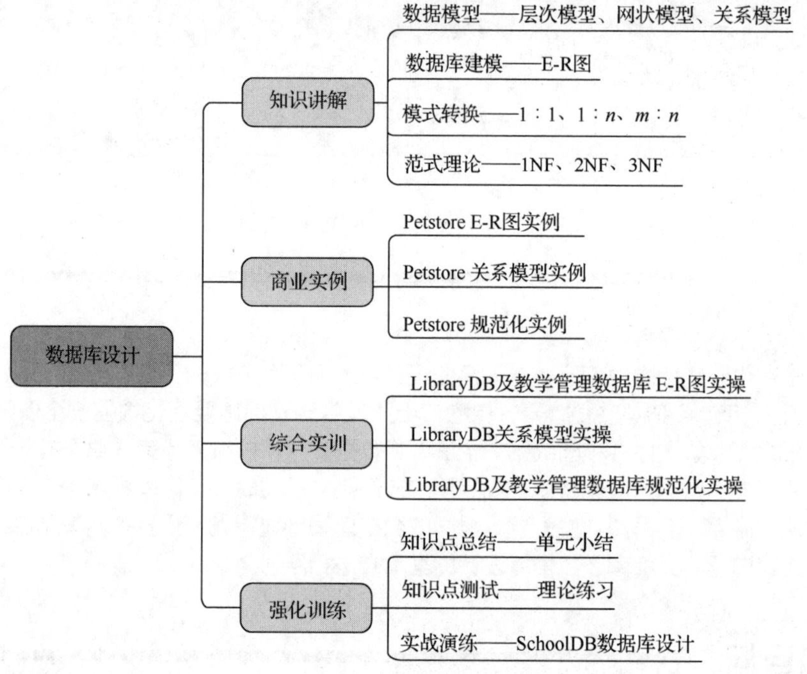

相关知识

2.1 关系数据库设计

2.1.1 数据的加工

v2-1 数据库设计

数据（data）是描述事物的符号记录，模型（model）是现实世界的抽象。数据模型（data model）是数据特征的抽象，包括数据的结构部分、操作部分和约束条件。每个事物的无穷特性如何数据化？事物之间错综复杂的关系如何数据化？将现实世界直接数据化是不可行的，数据的加工是一个逐步转换的过程，会经历现实世界、信息世界和计算机世界 3 个不同的层面。

1. 现实世界

现实世界是指客观存在的事物及它们相互间的联系。现实世界中的事物有着众多的特征和千丝万缕的联系，但人们往往只选择感兴趣的一部分来描述。如学生，人们通常用学号、姓名、班级、成绩等特征来描述和区分这一群体，而对身高、体重、长相不太关心；而如果对象是演员，则可能正好相反。事物可以是具体的、可见的实物，也可以是抽象的。

2. 信息世界

信息世界是人们把现实世界的信息和联系通过“符号”记录下来，然后用规范化的数据库定义语言来描述而构成的一个抽象世界。信息世界实际上是对现实世界的一种抽象化描述。信息世界不是简单地对现实世界进行符号化，而是要通过筛选、归纳、总结、命名等抽象过程形成概念模型，用以表示对现实世界的抽象与描述。

3. 计算机世界

计算机世界是将信息世界的内容数据化后的产物，即将信息世界中的概念模型进一步转换成数据模型所形成的便于计算机处理的数据表现形式。

数据库设计是指对于一个给定的应用环境，构造最优的数据模型，建立数据库及其应用系统，有效存储数据，满足用户的信息要求和处理要求。

图 2-1 展示了根据现实世界的实体模型设计数据库的主要步骤：首先，实体模型通过建模转换为概念模型（即 E-R 模型，也称 E-R 图）；概念模型经过模型转换，变为数据模型（在关系数据库设计中为关系模型）；数据模型经过规范化，转换为科学、规范、合理的实施模型——数据库结构模型。

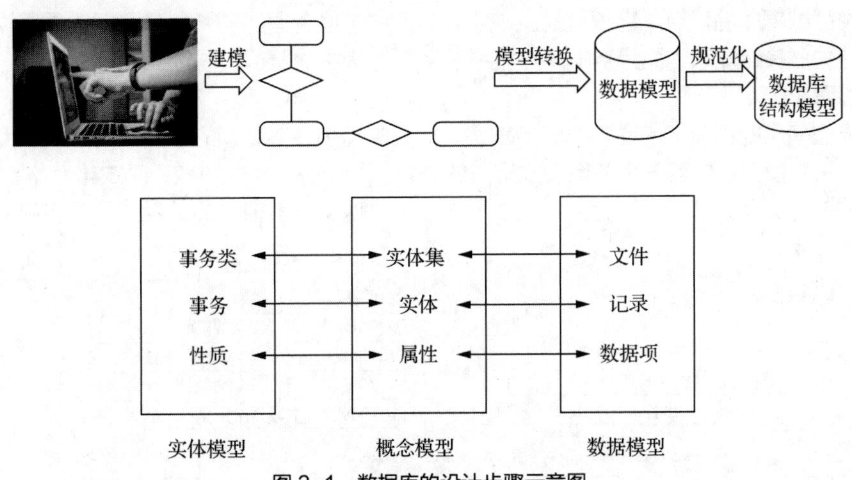

图 2-1 数据库的设计步骤示意图

2.1.2 数据模型的概念

数据模型是指数据库中数据的存储结构，是反映客观事物及其联系的数据描述形式。数据库的类型是根据数据模型划分的，数据库管理系统是根据数据模型有针对性地被设计出来的，这就意味着必须把数据库组织成符合数据库管理系统规定的数据模型。目前成熟应用在数据库系统中的数据模型有层次模型、网状模型和关系模型，它们之间的根本区别在于表示数据之间联系的方式。层次模型以树结构表示数据之间的联系，网状模型以图结构表示数据之间的联系，关系模型用二维表（或称为关系）表示数据之间的联系。

1. 层次模型

这种模型描述的数据组织形式像一棵倒置的树，它由节点和连线组成，其中节点表示实体。树有根、枝、叶，在这里都称为节点，根节点只有一个，向下分支。层次模型是一种一对多的关系，国家的行政机构、一个家族的族谱的组织形式都可以看作层次模型。图 2-2 所示为一个系的教务管理层次模型。

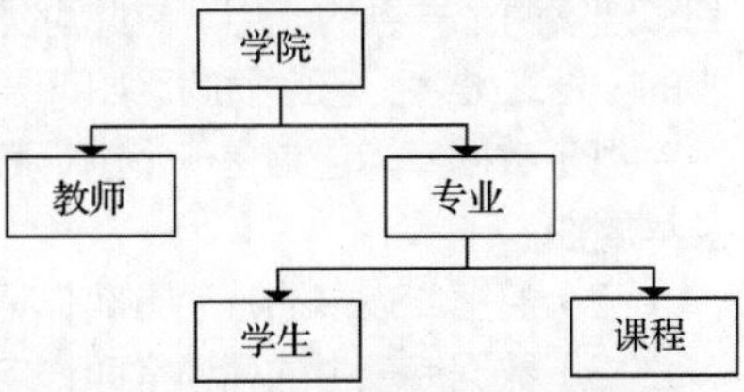

图 2-2 按层次模型组织的数据示例

此种类型数据库的优点是数据结构类似于金字塔，层次分明、结构清晰，不同层次间的数据关联直接、简单；缺点是数据将不得不纵向扩展，节点之间很难建立横向的关联，因此不利于系统的管理和维护。

2. 网状模型

这种模型描述事物及其联系的数据组织形式像一张网，节点表示数据元素，节点间的连线表示数据间的联系。该模型的节点是平等的，无上下层关系。图 2-3 所示为按网状模型组织的数据示例。

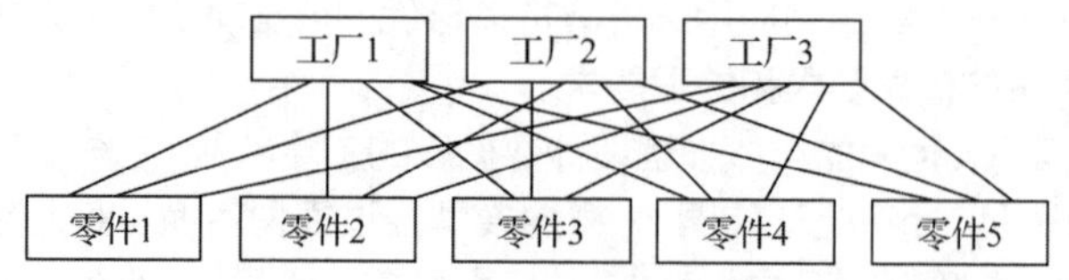

图 2-3　按网状模型组织的数据示例

此种类型数据库的优点是它很容易反映实体之间的关联，同时还避免了数据的重复性；缺点是数据之间的关联错综复杂，而且数据库很难维护数据结构中的所谓关联性。

3. 关系模型

关系模型使用的存储结构是多个二维表格，即反映事物及其联系的数据描述是以平面表格的形式体现的。关系模型是由若干个关系模式组成的集合，每个关系模式对应一个二维表格。图 2-4 所示为一个简单的关系模型，左边为关系模式，右边为这两个关系模式的关系，关系名称分别为教师关系和课程关系。

教师关系结构

教师编号	姓名	职称	所在学院

课程关系结构

课程号	课程名	教师编号	上课教室

教师关系

教师编号	姓名	职称	所在学院
10200801	张理会	教授	法学院
10199801	王芳	副教授	计算机学院
10200902	李焕华	讲师	软件学院

课程关系

课程号	课程名	教师编号	上课教室
A0-01	软件工程	10199801	X2-201
A0-02	网页设计	10200902	D3-301
B0-01	法学	10200801	X1-401

图 2-4　按关系模型组织的数据示例

在关系模型中，基本的数据结构就是二维表，而不是像层次模型或网状模型那样的链接指针。记录之间的联系是通过不同关系中的同名属性来体现的。例如，要查找王芳老师所授课程，可以先在教师关系中根据姓名找到王芳老师的教师编号“10199801”，然后在课程关系中找到教师编号为“10199801”的任课教师所对应的课程名“软件工程”。在上述查询过程中，同名属性教师编号起到了连接两个关系的作用。由此可见，关系模型中的各个关系模式不应当是孤立的，也不是随意拼凑的一堆二维表，它必须满足如下要求。

（1）数据库表通常是一个由行和列组成的二维表，它说明数据库中某一特定方面或部分的对象及其属性。

（2）数据库表中的行通常叫作记录或元组，它代表众多具有相同属性的对象中的一个。

（3）数据库表中的列通常叫作字段或属性，它代表相应数据库中存储对象的共有属性。

（4）主键和外键。数据库表之间的关联实际上是通过键（key）来实现的，所谓“键”是指数据库表的一个字段。键分为主键（primary key）和外键（foreign key）两种，它们都在连接过程中起着重要的作用。

① 主键：也称主码，数据库表中具有唯一性的字段，也就是说数据库表中任意两条记录都不可能拥有相同的主键字段。

② 外键：一个数据库表可以使用该数据库表中的外键连接到其他数据库表，而这个外键字段在其他数据库表中作为主键字段出现。

（5）一个数据库表必须符合以下特定条件，才能成为关系模型的一部分。

① 原子原则：存储在单元中的数据必须是原始的，每个单元只能存储一条数据。

② 存储在同一列下的数据必须具有相同的数据类型；列没有顺序，但有一个唯一的名称。

③ 每行数据是唯一的，行没有顺序。

④ 实体完整性原则（主键保证）：主键不能为空。

⑤ 引用完整性原则（外键保证）：不能引用不存在的元组。

v2-2　E-R 图的画法

2.1.3　概念模型

现实世界中客观存在的各种事物、事物之间的关系及事物的发生、变化过程，可以用实体、实体的特征、实体集及其联系来划分和表示，概念模型就是现实世界到信息（概念）世界的抽象和建模，是用户与数据库设计人员之间进行交流的语言。实体-联系图（Entity-Relationship Diagram，E-R 图）常用来表示概念模型，通过 E-R 图中的实体、实体的属性以及实体之间的关系来表示数据库系统的结构。

1. E-R 图的组成要素及其画法

（1）实体

实体（entity）是现实世界中客观存在并且可以互相区别的事物和活动的抽象。具有相同特征和性质的同一类实体的集合称为实体集，可以用实体名及其属性名集合来抽象表示。在 E-R 图中，实体集用矩形表示，矩形框内写明实体名，如图 2-5 所示。例如，学生花满楼、李寻欢都是实体，可以用实体集“学生”来表示。

（2）属性

属性（attribute）即实体所具有的某一特性，一个实体可由若干个属性来刻画。在 E-R 图中用椭圆形或圆角矩形表示属性，如图 2-5 所示。属性用无向线段与相应的实体连接起来，如图 2-6 所示，图书 ID、书名、单价、数量都是属性。

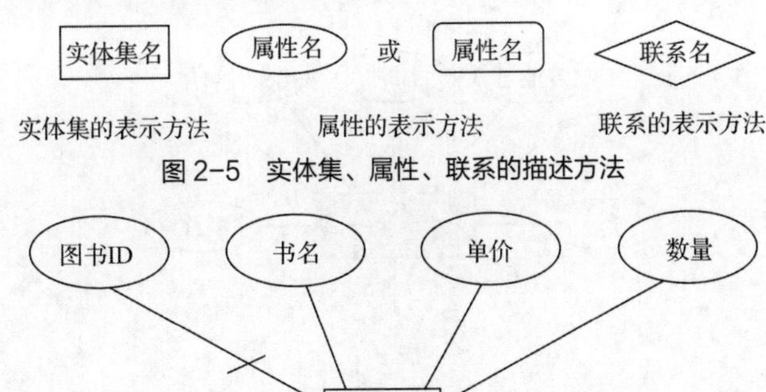

图 2-5　实体集、属性、联系的描述方法

图 2-6　图书实体集及其属性的描述方法

（3）联系

联系（relationship）即实体集之间的相互关系，在 E-R 图中用菱形表示，菱形框内写明联系名，如图 2-5 所示。联系用无向线段分别与有关实体连接起来，同时在无向线段旁标上联系的类型（1∶1、1∶n 或 m∶n），如图 2-7、图 2-8 和图 2-9 所示。例如，老师给学生授课，二者之间存

在授课关系；学生选课则存在选课关系。

（4）主键

实体集中的实体彼此是可区别的，如果实体集中的属性或最小属性组合的值能唯一标识其对应实体，则将该属性或属性组合称为码。对于每一个实体集，可指定一个码为主码（主键）。当一个属性或属性组合被指定为主键时，在E-R图中需在实体集与属性的连接线上标记斜线，如图2-6所示。

2. 一对一的联系

一对一的联系（1：1）中，*A*中的一个实体至多与*B*中的一个实体相联系，*B*中的一个实体也至多与*A*中的一个实体相联系。例如，"班级""正班长"这两个实体集之间是一对一的联系，因为一个班只有一个正班长，反过来，一个正班长只属于一个班。"班级""正班长"两个实体集的E-R图如图2-7所示。

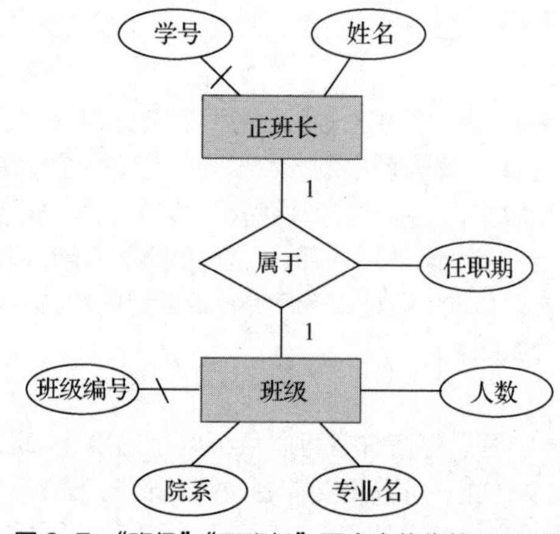

图2-7 "班级""正班长"两个实体集的E-R图

3. 一对多的联系

一对多的联系（1：*n*）中，*A*中的一个实体可以与*B*中的多个实体相联系，而*B*中的一个实体至多与*A*中的一个实体相联系。例如，"班级""学生"这两个实体集之间的联系是一对多的联系，因为一个班可有若干个学生，反过来，一个学生只属于一个班。"班级""学生"两个实体集的E-R图如图2-8所示。

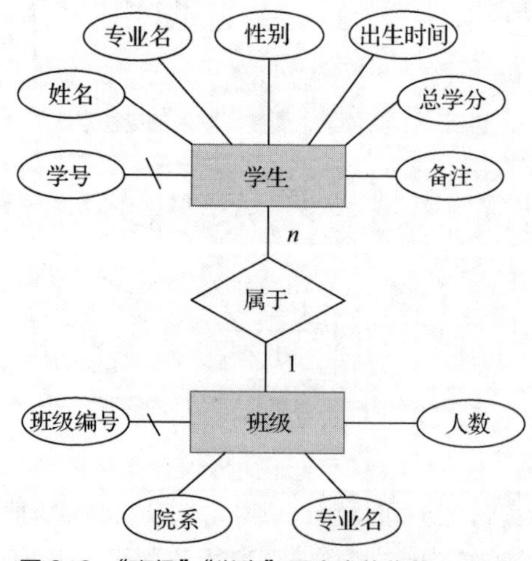

图2-8 "班级""学生"两个实体集的E-R图

4. 多对多的联系

多对多的联系（m：n）中，A 中的一个实体可以与 B 中的多个实体相联系，而 B 中的一个实体也可以与 A 中的多个实体相联系。例如，"学生""课程"这两个实体集之间的联系是多对多的联系，因为一个学生可选修多门课程，反过来，一门课程可被多个学生选修。"学生""课程"两个实体集的 E-R 图如图 2-9 所示。

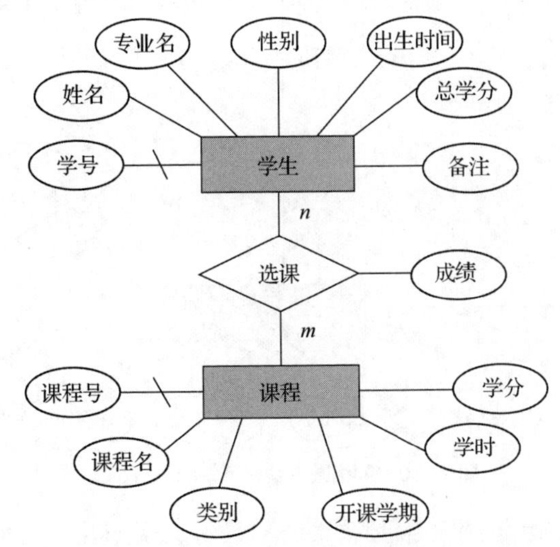

图 2-9 "学生""课程"两个实体集的 E-R 图

2.1.4 E-R 图设计实例

【例 2-1】网络图书销售系统记录会员信息、图书信息和销售信息。简化的业务处理过程为：网络图书销售系统的图书信息包括图书编号、图书类别、书名、作者、出版社、单价、数量、折扣及封面图片等；用户若要购买图书，必须先注册为会员，需提供身份证号、会员姓名、密码、性别、联系电话及注册时间等会员信息；系统根据会员的购买订单形成销售信息，包括订单号、订购册数、订购时间、是否发货、是否收货及是否结清。

请画出网络图书销售系统的 E-R 图。

1. 分析

网络图书销售系统中有两个实体集——图书和会员，图书销售给会员时，图书与会员建立联系。

会员实体集（members）的属性有身份证号、会员姓名、密码、性别、联系电话及注册时间。会员实体集中可用身份证号来唯一标识各会员，所以主键为身份证号。

图书实体集（book）的属性有图书编号、图书类别、书名、作者、出版社、单价、数量、折扣及封面图片。图书实体集中可用图书编号来唯一标识图书，所以主键为图书编号。

图书销售给会员时图书与会员建立联系，并产生联系属性（销售），包括订购册数、订购时间、是否发货、是否收货及是否结清。为了更方便地标识销售记录，可添加订单号作为该联系的主键。

因为一个会员可以购买多种图书，一种图书可销售给多个会员，所以这是一种多对多（m：n）的联系。

2. E-R 图设计

根据以上分析画出网络图书销售系统的 E-R 图，如图 2-10 所示。

对于复杂的系统，E-R 图设计通常很难一蹴而就，此时，E-R 图设计通常需要经过以下两个阶段。

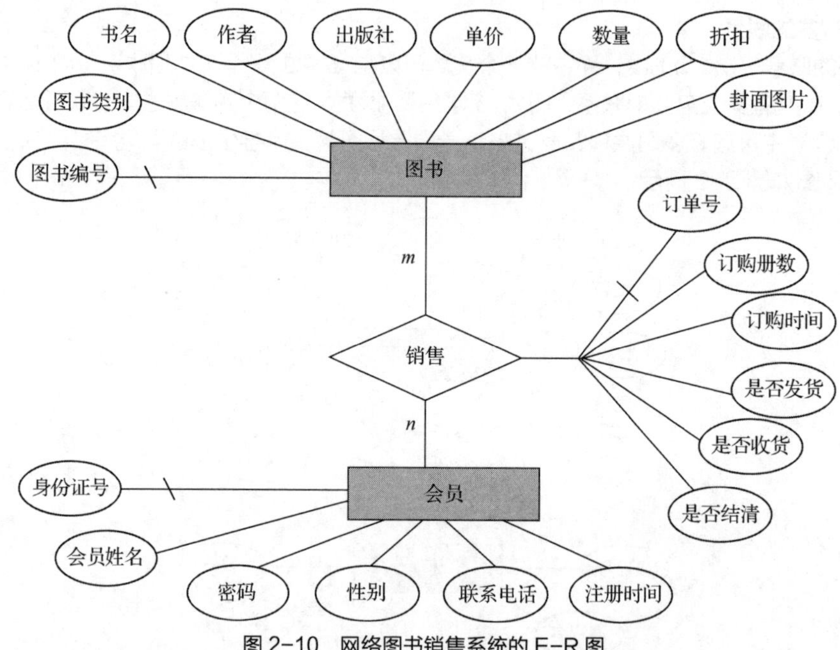

图 2-10 网络图书销售系统的 E-R 图

（1）针对每一个用户画出该用户信息的局部 E-R 图，确定该用户视图的实体、属性和联系。

注意 **能作为属性的就不要作为实体集，这有利于 E-R 图的简化。**

（2）综合局部 E-R 图，生成总体 E-R 图。在综合过程中，同名实体集只能出现一次，还要去掉不必要的联系，以消除冗余。一般来说，从总体 E-R 图中必须能导出原来的所有局部视图，包括实体集、属性和联系。

【例 2-2】工厂物流管理系统中涉及雇员、部门、供应商、原材料、成品和仓库等实体，并且存在以下关联。

（1）一个雇员只能在一个部门工作，一个部门可以有多个雇员。

（2）一个部门可以生产多种成品，但一种成品只能由一个部门生产。

（3）一个供应商可以供应多种原材料，一种原材料也可以由多个供应商供应。

（4）购买的原材料放在仓库中，成品也放在仓库中。一个仓库可以存放多种原材料，一种原材料也可以存放在不同的仓库中。

（5）各部门从仓库中提取原料，并将成品放在仓库中。一个仓库可以存放多个部门的成品，一个部门的成品也可以存放在不同的仓库中。

画出工厂物流管理系统的 E-R 图。

1．分析

工厂物流管理系统包含 6 个实体集，分别是雇员、部门、供应商、原材料、成品和仓库，要使问题清晰、简化，最好分步画出它们的 E-R 图。

2．E-R 图设计

首先，从生产的视角出发，根据关联（1）和关联（2）画出雇员、部门和成品 3 个实体间的初步联系；再从原材料的供应视角出发，根据关联（3）画出供应商和原材料两个实体间的初步联系，如图 2-11 所示。为节省篇幅，这里没有画出实体集的属性。

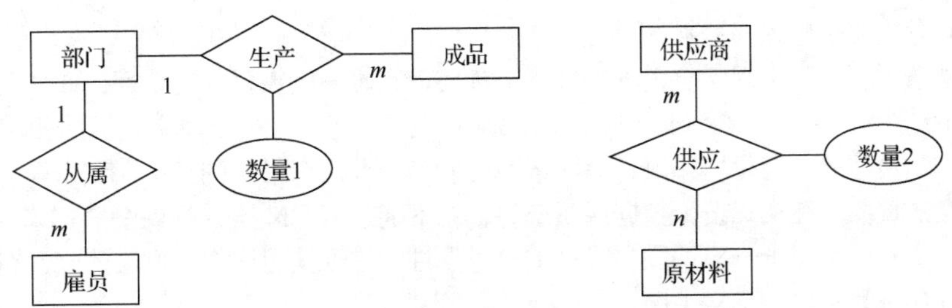

图 2-11　工厂物流管理系统的 E-R 图（初步）

然后，从仓储的视角出发，供应商供应的原材料需要存放在仓库中，部门需要从仓库中提取原材料并将成品放入仓库中，即根据关联（4）和关联（5）画出仓库与各实体之间的联系，最终得到工厂物流管理系统的 E-R 图，如图 2-12 所示。

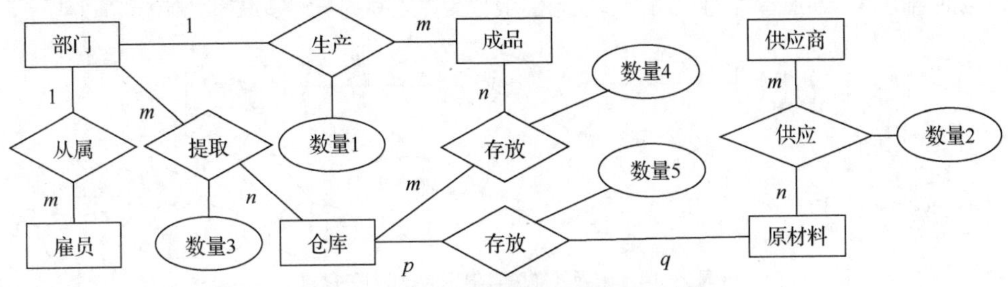

图 2-12　工厂物流管理系统的 E-R 图

注意　　**这里很多联系都有属性“数量”，但是每个联系所对应的属性“数量”有不同的含义，所以需要用“数量 1”“数量 2”……加以区别。**

【例 2-3】画出出版社实体和图书实体的 E-R 图。

1. 分析

一个出版社可以出版多本图书，一本图书一般由一个出版社出版，出版社和图书之间是一对多的联系。

出版社实体有社名、地址、邮编、网址、联系电话等属性，为了建立出版社实体与图书实体之间一对多的联系，还应该有一个社代码来唯一标识出版社；图书实体有出版社、书名、作者、价格等属性，为了唯一标识图书，还应设置书号属性。

2. E-R 图设计

根据以上分析，画出出版社实体与图书实体的 E-R 图，如图 2-13 所示。

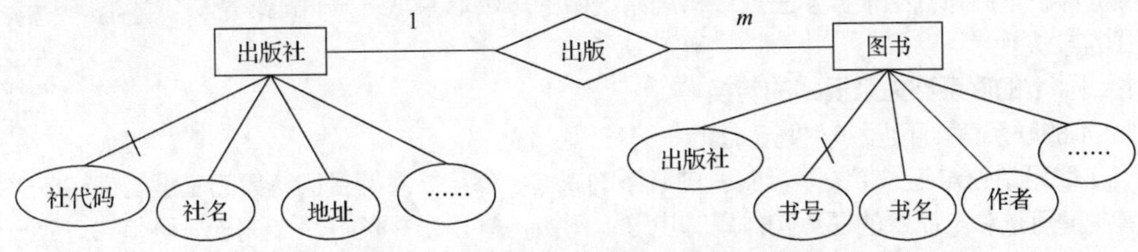

图 2-13　出版社实体与图书实体的 E-R 图

3. 问题总结

在 E-R 图设计过程中经常会遇到以下问题。

第一个问题：怎么标识书号？

为了方便管理，国际上规定全世界的每本书都应该有唯一的编号，这个号码叫作国际标准书号（International Standard Book Number，ISBN），俗称书号。对于出版社，用 ISBN 作为图书的唯一标识是非常合理的。但是，印刷厂有时候也会制作一些没有书号的宣传册和资料，如果考虑到这种客观存在的现象，在实际设计数据库系统时，就不能以 ISBN 唯一标识图书实体，而应该根据具体情况来定义一个可以唯一标识图书实体的书号属性。在现实世界中，类似的问题有很多，通常需要根据实际情况为实体集定义主键。

第二个问题：有些属性的值如果有多个，该怎么办？

出版社实体中有电话属性，但一个出版社一般不会只有一部电话，怎么处理？

第一种方法是仍使用一个电话属性，只记下一部或几部甚至全部电话的号码，这种方法适合小单位。第二种方法是将电话属性独立出来，建立一个新的电话实体，其属性包括部门号、名称、办公室、电话号码等，通过查找的方式，建立与出版社实体之间的一对多联系，如图 2-14 所示。

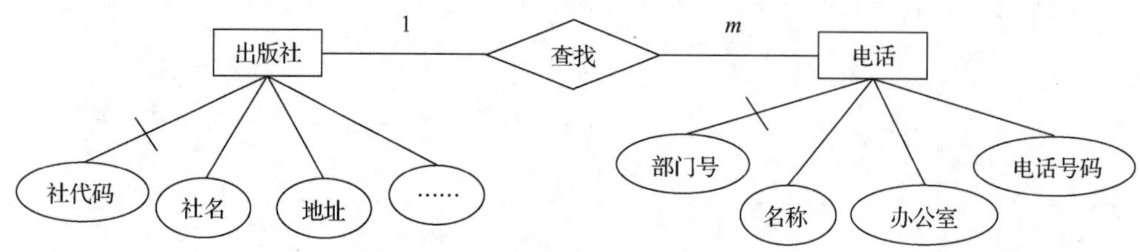

图 2-14　出版社实体与电话实体的 E-R 图

一个属性具有多个值的情况有很多，如一本书有多个作者、译者。处理这种问题要具体情况具体分析，可能需要进一步抽象出新的实体，建立更加合理的 E-R 图。

第三个问题：一个实体究竟有多少个属性？

实体的属性可以说是无穷无尽的，到底应提取哪些属性要结合具体应用系统考虑。例如，图书的一般属性有书号、出版社、书名、作者、价格及版次等，如果开发的是书店管理系统，这些属性一般够用了；但如果要开发印刷厂管理系统，则还需要增加图书开本（32 开还是 16 开，或具体数字）、印刷纸张规格（60g 纸还是 70g 纸，书写纸还是双面胶纸）、是否彩印、彩印规格、印刷数量及交货日期等属性。所以，提取一个实体的哪些属性也要具体问题具体分析。

由上面的例子引出的 3 个问题，说明建立在现实世界基础上的 E-R 图并不唯一。面向不同的应用系统使用不同的方法，可以设计出不同的 E-R 图。

2.1.5　联系到关系模式的转换

v2-3　关系模式的转换

用 E-R 图描述实体集与实体集之间的联系，目的是以 E-R 图为工具设计关系数据库。下面将介绍根据学生成绩管理系统中的 3 种联系从 E-R 图获得关系模式的方法。

1. 1：1 的联系到关系模式的转换

1：1 的联系有以下两种转换方式。

（1）联系单独对应一个关系模式：由联系的属性、参与联系的各实体集的主键属性构成关系模式，其主键可选参与联系的任意实体集的主键。例如，图 2-7 中的联系“属于”可单独对应一个关系模式（SY）。

“班级（BJ）”“正班长（BZ）”“属于（SY）”关系模式（带下画线表示该字段为主键）如下。

BJ（班级编号，院系，专业名，人数）。

BZ（学号，姓名）。

SY（学号，班级编号，任职期）或 SY（班级编号，学号，任职期）。

（2）联系不单独对应一个关系模式：将联系的属性及一方的主键添加到另一方实体集对应的关系模式中。例如，可将图 2-7 中联系“属于”的属性“任职期”和“班级（BJ）”的主键“班级编号”加入“正班长（BZ）”实体，得到的关系模式如下。

BJ（班级编号，院系，专业名，人数）。

BZ（学号，姓名，班级编号，任职期）。

或者将联系“属于”的属性“任职期”和“正班长（BZ）”的主键“学号”加入“班级（BJ）”实体，得到的关系模式如下。

BJ（班级编号，院系，专业名，人数，学号，任职期）。

BZ（学号，姓名）。

注意 **对于第（2）种转换方式，因为可以减少一个关系模式，也就是减少一张数据库表，使得数据库表中的数据更为集中，所以推荐采用。在转换过程中，一定要记得将一方的主键加入另一方实体集对应的关系模式中，初学者比较容易忽略这一点。**

2. 1：*n*的联系到关系模式的转换

1：*n*的联系有以下两种转换方式。

（1）联系单独对应一个关系模式：由联系的属性、参与联系的各实体集的主键属性构成关系模式，*n*端的主键作为该关系模式的主键。例如，图 2-8 所示的“班级（BJ）”“学生（XS）”实体集之间的联系可设计出如下关系模式。

BJ（班级编号，院系，专业名，人数）。

XS（学号，姓名，专业名，性别，出生时间，总学分，备注）。

SY（学号，班级编号）。

（2）联系不单独对应一个关系模式：将联系的属性及 1 端的主键加入 *n* 端实体集对应的关系模式中，主键仍为 *n* 端的主键。例如图 2-8 可设计出如下关系模式。

BJ（班级编号，院系，专业名，人数）。

XS（学号，姓名，专业名，性别，出生时间，总学分，备注，班级编号）。

注意 **对于第（2）种转换方式，因为可以减少一个关系模式，也就是减少一张数据库表，使得数据库表中的数据更为集中，所以推荐采用。只是在转换过程中，一定要记得将 1 端的主键加入 *n* 端实体集对应的关系模式中。上面的 XS 关系中，初学者比较容易漏掉属性“班级编号”。**

3. *m*：*n*的联系到关系模式的转换

m：*n*的联系只有单独对应一个关系模式这一种转换方式，该关系模式包括联系的属性、参与联系的各实体集的主键属性，该关系模式的主键由各实体集的主键属性共同组成。例如，图 2-9 所示的“学生（XS）”“课程（KC）”实体集之间的联系可设计出如下关系模式。

XS（学号，姓名，专业名，性别，出生时间，总学分，备注）。

KC（课程号，课程名，类别，开课学期，学时，学分）。

XS_KC（学号，课程号，成绩）。

关系模式 XS_KC 的主键由“学号”“课程号”两个属性组成，一个关系模式只能有一个主键。

至此，已介绍了根据 E-R 图设计关系模式的方法，通常这一设计过程称为逻辑结构设计。

2.2 数据库设计规范化

2.2.1 关系数据库范式理论

v2-4 关系数据库范式理论

关系数据库范式理论是数据库设计的一种理论和基础。它不仅能够作为数据库设计优劣的判断依据，还可以预测数据库可能出现的问题。

关系数据库范式理论是在数据库设计过程中要依据的准则，数据库结构必须满足这些准则，才能确保数据的准确性和可靠性。这些准则称为规范化形式，即范式。

在数据库设计过程中，对数据库进行检查和修改，并使它符合范式的过程叫做规范化。

范式按照规范化的级别分为5种，即第一范式（First Normal Form，1NF）、第二范式（Second Normal Form，2NF）、第三范式（Third Normal Form，3NF）、第四范式（Fourth Normal Form，4NF）和第五范式（Fifth Normal Form，5NF）。在实际的数据库设计过程中，通常需要用到的是前三类范式，下面对它们分别进行介绍。

1. 第一范式

第一范式（1NF）要求数据库表中的每个数据项都是原子的，即不可再分。这意味着每个字段都应包含单一的值，并且不能进一步分解成其他数据项。这些字段由基本类型构成，如整型、字符型、逻辑型及日期型等。表2-1所示的学生基本情况表符合第一范式。

表2-1 学生基本情况表

学号	姓名	性别	年龄	入学日期	所学专业
0001	王小芳	女	18	2022年9月	计算机网络
0002	林志强	男	17	2022年9月	计算机软件
0003	张长生	男	19	2022年9月	会计电算化
……	……	……	……	……	……

在表2-2所示的员工基本情况表中，地址是由详细地址和邮编组成的，因此，这个员工基本情况表不满足第一范式。

将表2-2中的地址字段拆分为多个字段，可以使该表满足第一范式，如表2-3所示。

表2-2 不满足第一范式的员工基本情况表

工号	姓名	性别	年龄	地址
0001	张小强	男	28	深圳市罗湖区解放路2号，邮编518001
0002	林志生	男	37	深圳市福田区福华路122号，邮编518033
0003	王 芳	女	29	深圳市宝安区人民路23号，邮编518038
……	……	……	……	……

表2-3 满足第一范式的员工基本情况表

工号	姓名	性别	年龄	地址	邮编
0001	张小强	男	28	深圳市罗湖区解放路2号	518001
0002	林志生	男	37	深圳市福田区福华路122号	518033
0003	王 芳	女	29	深圳市宝安区人民路23号	518038
……	……	……	……	……	……

2. 第二范式

如果一个表已经满足第一范式，并且该数据库表中的任何一个非主键字段的数值都依赖于该数据库表的主键字段，那么该数据库表满足第二范式（2NF）。

例如，在表 2-4 所示的选课关系表中，如果将学号作为主键，则学分字段完全依赖于课程名称字段，而不是取决于学号，因此，该表不满足第二范式。

表 2-4 选课关系表

学号	姓名	年龄	课程名称	成绩	学分
010101	张三	18	计算机基础	80	2
010102	王小芳	18	数据库基础	85	2
010101	张三	18	英语	75	3
010102	王小芳	18	高级语言程序设计	85	3

当选课关系表不符合第二范式时，这个选课关系表会存在如下问题。

（1）数据冗余。同一门课程由 n 个学生选修，学分就重复 $n-1$ 次；同一个学生选修了 m 门课程，姓名和年龄就重复 $m-1$ 次。例如，表 2-5 所示的选课关系表在姓名、年龄、课程名称和学分字段都含有重复数据。

表 2-5 含有重复数据的选课关系表

学号	姓名	年龄	课程名称	成绩	学分
010101	张三	20	计算机基础	80	2
010102	李四	20	计算机基础	85	2
010101	张三	20	英语	75	3
010102	李四	20	英语	85	3

（2）更新异常。若调整了某门课程的学分，则数据库表中这门课程对应的所有行的学分数值都要更新，否则会出现同一门课程学分不同的情况。

（3）插入异常。假设要开设一门新的课程，这门课程暂时还没有人选修。这样，由于还没有学号主键，所以课程名称和学分也无法记入数据库。

（4）删除异常。假设一批学生已经毕业，他们的选修记录就应该从数据库表中删除。但与此同时，课程名称和学分信息也可能被删除。很显然，这导致了删除异常。

把表 2-5 所示的选课关系表拆分为表 2-6 所示的学生表（学号，姓名，年龄）、表 2-7 所示的课程表（课程名称，学分）、表 2-8 所示的成绩表（学号，课程名称，成绩）3 个表。

表 2-6 由选课关系表拆分的学生表

学号	姓名	年龄
010101	张三	20
010102	李四	20

表 2-7 由选课关系表拆分的课程表

课程名称	学分
计算机基础	2
英语	3

表 2-8 由选课关系表拆分的成绩表

学号	课程名称	成绩
010101	计算机基础	80
010102	计算机基础	85
010101	英语	75
010102	英语	85

表 2-6、表 2-7、表 2-8 所示的数据库表是符合第二范式的，消除了数据冗余、更新异常、插入异常和删除异常等问题。

3. 第三范式

如果一个表已经满足第二范式，而且该数据库表中的任何两个非主键字段的数值之间不存在函数依赖关系，那么该数据库表满足第三范式（3NF）。

假定学生关系表（学号，姓名，年龄，所在学院，学院地点，学院电话）的主键为学号，因为存在决定关系：（学号）→（姓名，年龄，所在学院，学院地点，学院电话），所以这个数据库是符合第二范式的。但是其不符合第三范式，因为存在决定关系：（学号）→（所在学院）→（学院地点，学院电话）。即存在非关键字段学院地点、学院电话对主键学号的传递函数依赖，所以该表存在数据冗余、更新异常、插入异常和删除异常的问题。

把学生关系表拆分为学生表（学号，姓名，年龄，所在学院）和学院表（学院，地点，电话），这样的数据库表是符合第三范式的，消除了数据冗余、更新异常、插入异常和删除异常等问题。

实际上，第三范式就是要求不要在数据库中存储可以通过简单计算得出的数据。这样不但可以节省存储空间，而且避免了在拥有函数依赖关系的一方发生变动时，修改成倍数据的麻烦，同时也避免了在这种修改过程中可能造成的人为错误。例如，在工资数据库表（编号，姓名，部门，工资，奖金）中，若奖金字段的数值是工资字段数值的 25%，则这两个字段之间存在函数依赖关系，奖金字段的数值可以通过工资字段值乘 25%得出。

2.2.2 数据库规范化实例

【例 2-4】某建筑公司的业务规则概括说明如下。

（1）公司承担多个工程项目，每一项工程都有工程号、工程名称、施工人员等。

（2）公司有多名职工，每一名职工都有职工号、姓名、职务（如工程师、技术员）等。

（3）公司按照工时和小时工资为职工支付工资，小时工资由职工的职务决定（例如，技术员的小时工资与工程师不同）。

公司会定期制作一个工资报表，如表 2-9 所示，请为该建筑公司设计一个工资管理数据库。

表 2-9 某建筑公司原始工资报表

工程号	工程名称	职工号	姓名	职务	小时工资	工时	实发工资
A1	花园大厦	1001	齐光明	工程师	65	13	845.00
		1002	李思岐	技术员	60	16	960.00
		1005	葛宇宏	律师	60	19	1140.00
小计							2945.00
A2	立交桥	1001	齐光明	工程师	65	15	975.00
		1003	鞠明亮	工人	55	17	935.00
小计							1910.00

续表

工程号	工程名称	职工号	姓名	职务	小时工资	工时	实发工资
A3	临江饭店	1002	李思岐	技术员	60	18	1080.00
		1004	葛宇洪	技术员	60	14	840.00
小计							1920.00

1. 分析

（1）因为建筑公司原始工资报表不是一个二维的关系表格，所以先将建筑公司的原始工资报表转换为关系表格，得到表 2-10 所示的项目工时表。

（2）表 2-10 所示的项目工时表中包含大量的冗余，可能会导致以下问题。

① 更新异常。例如，修改职工号为 1001 的职工的职务，则必须同时修改第 1 行、第 4 行的职务数据，如果只修改其中某一行的职务数据，就会造成 1001 号职工的职务数据异常。

② 添加异常。如果表 2-10 所示的项目工时表以工程号为主键，那么，若要增加一个新的职工，必须先给这名职工分配一个工程；或为了添加这名新职工的相关数据，先给这名职工分配一个虚拟的工程（因为主键不能为空）。

③ 删除异常。例如，1001 号职工要辞职，则必须删除该职工号对应的所有数据行（第 1 行、第 4 行）。这样的删除操作，很可能导致其他有用的数据丢失（例如，表 2-10 中第 1 行、第 4 行被删除后，工程师的小时工资数据就丢失了）。

表 2-10　项目工时表

工程号	工程名称	职工号	姓名	职务	小时工资	工时
A1	花园大厦	1001	齐光明	工程师	65	13
A1	花园大厦	1002	李思岐	技术员	60	16
A1	花园大厦	1005	葛宇宏	律师	60	19
A2	立交桥	1001	齐光明	工程师	65	15
A2	立交桥	1003	鞠明亮	工人	55	17
A3	临江饭店	1002	李思岐	技术员	60	18
A3	临江饭店	1004	葛宇洪	技术员	60	14

（3）根据范式理论规范数据库设计。

根据（2）的分析，采用将表 2-9 直接转换为表 2-10 这种方法来设计关系数据库表的结构虽然很容易，但由于表 2-10 不满足关系表格的规范化形式，所以每当给一名职工分配一个工程时，都要重复输入大量的数据，这种重复的输入操作很可能导致数据不一致；而对表中数据进行修改和删除时，也会因为有多处数据需要重复修改和删除，造成数据的不一致和有效数据的丢失。所以，必须对表 2-10 中的数据结构进行规范化设计。

对表 2-10 中包含的信息进行分类，可以分为工程信息、员工信息和项目工时信息三大类，如图 2-15 所示。

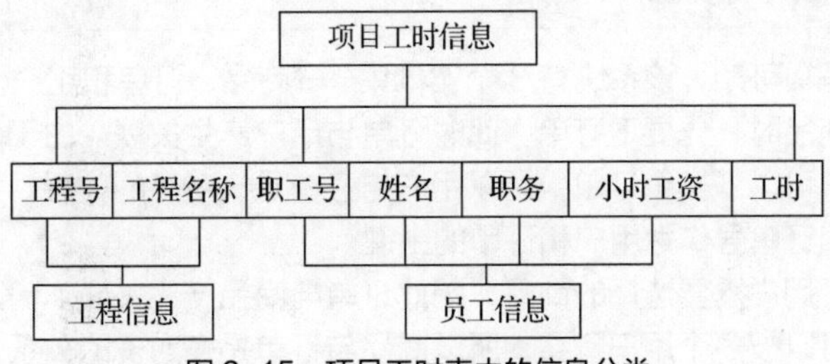

图 2-15　项目工时表中的信息分类

由图2-15可知，表2-10不满足第二范式，因此将其拆分为工程表、项目工时表和员工信息表。

工程表：

工程号	工程名称

项目工时表：

工程号	职工号	工时

员工信息表：

职工号	姓名	职务	小时工资

对于员工信息表，因为职务决定小时工资，职务与小时工资之间存在函数依赖关系，不满足第三范式，所以还需要将员工信息表进一步拆分为员工表和职务表。

员工表：

职工号	姓名	职务

职务表：

职务	小时工资

2. 设计工资管理数据库

综合以上分析，得出该建筑公司的工资管理数据库，如下所示。

工程表（工程号，工程名称）。

项目工时表（工程号，职工号，工时）。

员工表（职工号，姓名，职务）。

职务表（职务，小时工资）。

从以上的实例分析可以看出，数据库表规范化的程度越高，数据冗余就越少，而且造成人为错误的可能性就越小；同时，规范化的程度越高，在检索时需要做的关联等工作就越多，数据库在操作过程中需要访问的数据库表以及各表之间的关联也就越多。因此，在数据库设计的规范化过程中，要根据数据库需求的实际情况选择一个合适的规范化程度。

【商业实例】设计Petstore数据库

宠物商店电子商务系统的业务逻辑如下。

（1）用户注册：输入用户号、用户名、密码、性别、住址、邮箱及电话进行注册，注册成功后就可以按商品的分类浏览网站了。

（2）商品管理：为管理员所用，管理员可以增加商品分类，可以为每个分类增加商品，其中商品信息包括商品号、商品名、商品分类、市场价格、当前价格、数量及商品介绍。

（3）用户订购宠物：当用户看中某个宠物时，可以将其加入购物车；当用户选择完毕后，就可以预订了。预订信息涉及订单信息等，其中，订单信息包含订单号、订单日期、订购总价、订单状态等信息；而对于每个订单，有与该订单对应的订单明细表，其中包含所购商品号、单价、数量。

任务1 根据宠物商店业务逻辑建立概念模型——Petstore数据库的E-R图

由宠物商店业务逻辑可知，该系统有3个实体集——商品、订单和用户。

当用户需要购买商品时，先要下订单，此时订单与用户产生关联。由于任一订单只能属于某一特定用户，而一个用户可以下多个订单，所以用户与订单是一对多的关系。为了更好地标识用户和订单，分别用用户号和订单号作为用户和订单的主键。

用户订单中包含了用户需要选择的商品，因此订单与商品产生关联。因为一个订单中可以包含多种商品，一种商品可以被多个用户购买，所以商品与订单是多对多的关系。同样，为了更好地标识商品，用商品号作为商品的主键。

根据以上分析可以建立 Petstore 数据库的 E-R 图，如图 2-16 所示。

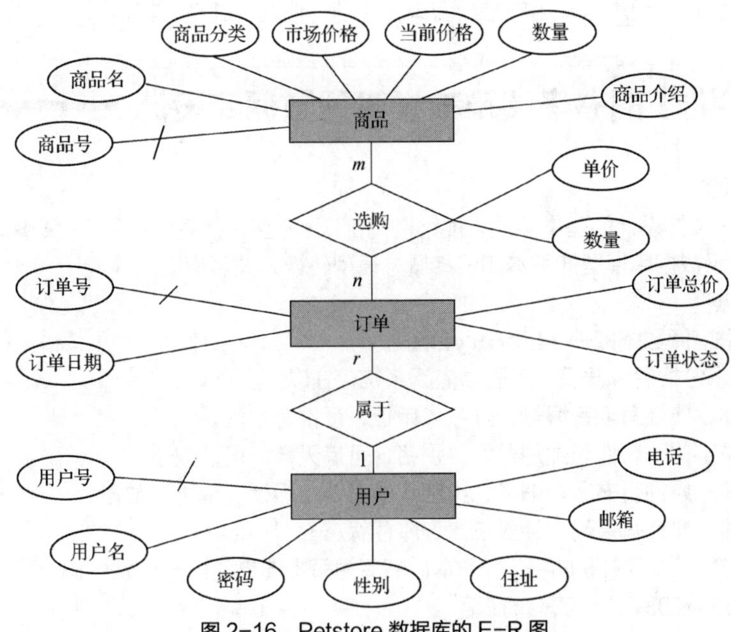

图 2-16　Petstore 数据库的 E-R 图

任务 2　将 Petstore 数据库的 E-R 图转换为关系模型

从图 2-16 所示的 Petstore 数据库的 E-R 图可知，商品实体集与订单实体集是多对多的关系，转换为关系模型时，实体“商品”转换为商品表，实体“订单”转换为订单表，联系“选购”转换为订单明细表。因为是多对多的关系，所以订单明细表中应该包含商品实体的主键“商品号”和订单实体的主键“订单号”。这里用下画线表示主键，关系模式如下。

商品表 product（商品号，商品名，商品分类，市场价格，当前价格，数量，商品介绍）。

订单表 orders（订单号，订单日期，订购总价，订单状态）。

订单明细表 lineitem（订单号，商品号，单价，数量）。

从图 2-16 所示的 Petstore 数据库的 E-R 图可知，用户实体集与订单实体集是一对多的关系，转换为关系模型时，可将实体“用户”转换为用户表，实体“订单”转换为订单表；联系“属于”是一对多的关系，如果不单独建立联系的关系表格，则需要将用户实体集的主键“用户号”加到订单实体集中。关系模式如下。

用户表 account（用户号，用户名，密码，性别，住址，邮箱，电话）。

订单表 orders（订单号，用户号，订单日期，订购总价，订单状态）。

任务 3　Petstore 数据库规范化

在商品表 product 中，商品分类不依赖商品，因此可将其分为商品表 product 和商品分类表 category 两个表。最终，Petstore 数据库的关系模式如下。

商品表 product（商品号，商品名，分类号，市场价格，当前价格，数量，商品介绍）。

商品分类表 category（分类号，分类名称）。

订单表 orders（订单号，用户号，订单日期，订单总价，订单状态）。

订单明细表 lineitem（订单号，商品号，单价，数量）。

用户表 account（用户号，用户名，密码，性别，住址，邮箱，电话）。

【综合实训】图书借阅及教学管理数据库设计

一、实训目的

（1）掌握E-R图设计的基本方法，能绘制局部E-R图，并集成全局E-R图。

（2）运用关系数据库模型的基本知识将概念模型转换为关系模型。

二、实训内容

1. 设计图书借阅数据库——LibraryDB

进行系统需求分析后可发现，某图书借阅系统存在以下实体。

- 读者实体：属性有读者编号、姓名、单位、证件有效性。
- 读者类型实体：属性有类别号、类别名、可借天数、可借数量。
- 图书实体：属性有书号、书名、类别、作者、出版社、单价、数量。
- 库存实体：属性有条码、存放位置、库存状态。

图书存放在书库，一种图书可以有多本；书库为每本图书生成一个条形码，按一定规则记录图书的存放位置，默认的库存状态是“在馆”。

读者到书库借书和还书，与库存实体建立借阅联系，每个读者可以借多本书，每本书可以经多位读者借阅。每借一本书，都涉及借期和还期、图书借阅状态的改变。

（1）请设计图书借阅系统数据库的E-R图。

（2）将E-R图转换为关系模型。

（3）应用范式理论对关系模型进行规范化。

2. 设计教学管理数据库

学校有若干个系，每个系有各自的系号、系名和系主任；每个系有若干名教师和学生，教师有教师号、教师名和职称属性，每个教师可以讲授若干门课程，一门课程只能由一位教师讲授，课程有课程号、课程名和学分属性；教师可以参加多个科研项目，一个项目由多人合作，且排名有先后顺序，项目有项目号、名称和负责人属性；学生有学号、姓名、年龄、性别属性，每个学生可以同时选修多门课程，选修课程后有相应课程的考试成绩。

（1）请设计此学校教学管理数据库的E-R图。

（2）将E-R图转换为关系模型并进行规范化。

单元小结

- 数据库设计是指对于一个给定的应用环境，构造最优的数据模型，建立数据库及其应用系统，有效存储数据，满足用户的信息要求和处理要求。
- 根据现实世界的实体模型优化设计数据库的主要步骤：首先，现实世界的实体模型通过建模转换为信息世界的概念模型（即E-R模型，也称E-R图）；概念模型经过模型转换，变为数据世界使用的数据模型（在关系数据库设计中为关系模型）；数据模型经过规范化，转换为科学、规范、合理的实施模型——数据库结构模型。
- 概念模型是现实世界到信息（概念）世界的抽象和建模，是用户与数据库设计人员之间进行交流的语言。概念模型通过 E-R 图中的实体、实体的属性以及实体之间的关系来表示数据库系统的结构。

- 数据模型是指数据库中数据的存储结构，它是反映客观事物及其联系的数据描述形式。数据库的类型是根据数据模型来划分的，目前成熟应用在数据库系统中的数据模型有层次模型、网状模型和关系模型。
- 关系模型是用二维表（或称为关系）来表示数据之间的联系的，即反映事物及其联系的数据描述是以平面表格的形式呈现的，记录之间的联系是通过不同关系中的同名属性来体现的。
- 把 E-R 图的联系转换为关系模型可遵循如下原则。

将 E-R 图中每个实体集都转换为一个关系。该关系应包括对应实体的全部属性，并应根据关系所表达的语义确定将哪个属性或属性组作为主键。主键用来唯一标识实体。

如果 E-R 图中的联系比较复杂，要根据实体联系类型的不同，采用不同的方式进行转换。

- 关系数据库范式理论是在数据库设计过程中要依据的准则。范式理论按照规范化的级别分为第一范式（1NF）、第二范式（2NF）、第三范式（3NF）、第四范式（4NF）和第五范式（5NF）。在实际的数据库设计过程中，通常需要用到的是前三类范式。

理论练习

一、选择题

1. 客观存在的各种报表、图表和查询格式等原始数据属于（　　）。

A. 机器世界　　B. 信息世界　　C. 现实世界　　D. 模型世界

2. 一个 m : n 联系转换为关系模式时，该关系模式的主键是（　　）。

A. m 端实体的主键

B. n 端实体的主键

C. m 端实体的主键与 n 端实体的主键的组合

D. 重新选取其他属性

3. 数据库的概念模型是从（　　）抽象而得到的。

A. 具体的机器和 DBMS　　B. E-R 图

C. 信息世界　　D. 现实世界

4. 关系数据模型（　　）。

A. 只能表示实体间的 1 : 1 联系　　B. 只能表示实体间的 1 : n 联系

C. 只能表示实体间的 m : n 联系　　D. 可以表示实体间的上述 3 种联系

5. 关系模式中，满足 2NF 的模式（　　）。

A. 可能是 1NF　　B. 必定是 BCNF　　C. 必定是 3NF　　D. 必定是 1NF

6. E-R 图是设计数据库的工具之一，它适用于建立数据库的（　　）。

A. 概念模型　　B. 逻辑模型　　C. 结构模型　　D. 物理模型

7. 设有关系模式 EMP（职工号，姓名，年龄，技能），假设职工号唯一，每个职工有多项技能，则 EMP 表的主键是（　　）。

A. 职工号　　B. 姓名、技能　　C. 技能　　D. 职工号、技能

8. 某公司经销多种产品，每名业务员可推销多种产品，且每种产品由多名业务员推销，则业务员与产品之间的关系是（　　）。

A. 一对一　　B. 一对多　　C. 多对多　　D. 多对一

9. 构造关系数据模型时，通常采用的方法是（　　）。

A. 从网状模型导出关系模型　　B. 从层次模型导出关系模型

C. 从 E-R 图导出关系模型　　　　D. 以上都不是

10. 设计性能较优的关系模式称为规范化，规范化主要的理论依据是（　　）。

A. 关系规范化理论　　　　B. 关系运算理论

C. 关系代数理论　　　　D. 数理逻辑理论

二、分析应用题

“青年强，则国家强”。当代中国青年生逢其时，他们热爱祖国，积极向上，乐于助人，越来越多的青年大学生积极投身于志愿者服务中，帮助他人，回报社会。为了更好地提升志愿服务效率，需要开发一套高校志愿者服务管理系统。图 2-17 所示为该系统中的志愿者-服务项目的 E-R 图，请将该 E-R 图转换为关系模型。

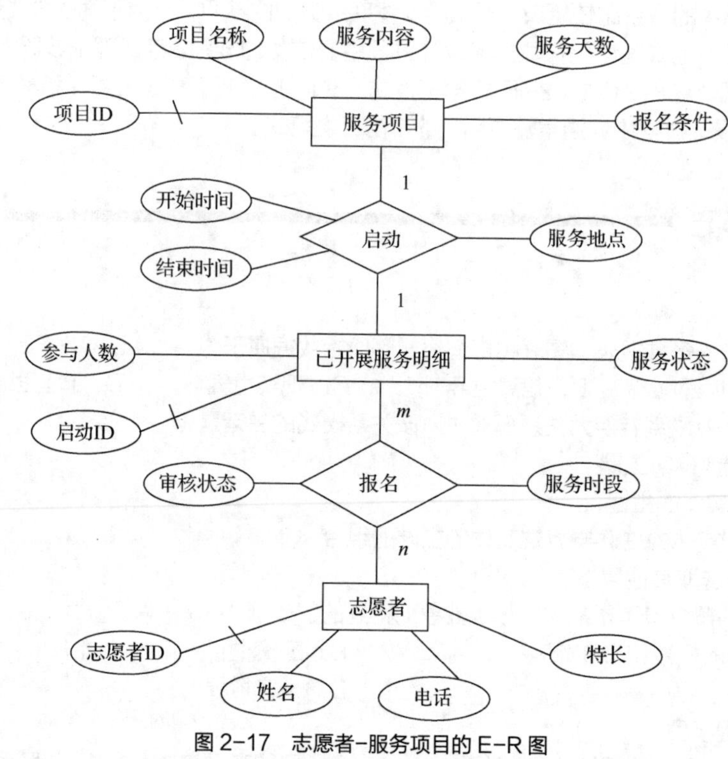

图 2-17　志愿者-服务项目的 E-R 图

【实战演练】设计学生成绩管理系统数据库——SchoolDB

1. 以下是两个同学设计的学生成绩管理系统数据库的表格，A 同学设计了表 2-11，B 同学设计了表 2-12～表 2-14 共 3 张表格。

表 2-11　学生成绩管理系统一

学号	姓名	年龄	课程名称	成绩	学分
010101	张三	20	计算机基础	80	2
010102	李四	20	计算机基础	85	2
010101	张三	20	英语	75	3
010102	李四	20	英语	85	3

表 2-12　学生成绩管理系统二

学号	姓名	年龄
010101	张三	20
010102	李四	20

表 2-13　学生成绩管理系统三

课程名称	学分
计算机基础	2
英语	3

表 2-14　学生成绩管理系统四

学号	课程名称	成绩
010101	计算机基础	80
010102	计算机基础	85
010101	英语	75
010102	英语	85

请回答以下问题。

（1）A、B 同学谁的方案更合理？

（2）如果用他们设计的表格记录 5000 个同学的 10 门课的成绩，用 A 同学设计的表格要填写多少个数据？用 B 同学设计的表格要填写多少个数据？

（3）根据计算结果，哪种设计更节省空间？为什么？

2. 学生成绩管理系统包括学生管理、班级管理、课程管理和成绩管理 4 个主要功能模块，如图 2-18 所示。

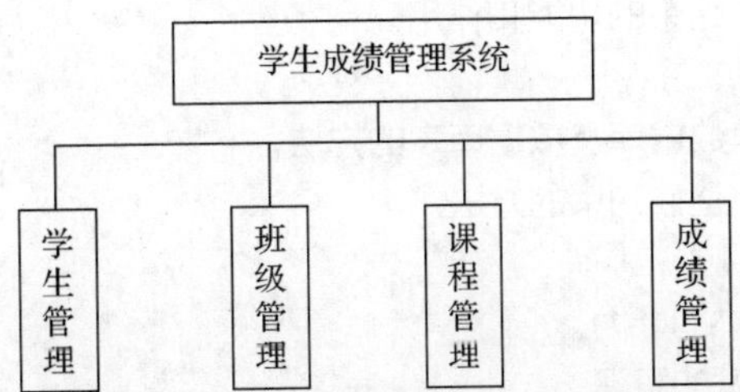

图 2-18　学生成绩管理系统的功能模块

根据系统需求分析，得到以下实体。

学生实体：属性由学号、姓名、性别、出生日期、地区、民族组成。

班级实体：属性由班级编号、班级名称、院系、年级、人数组成。

课程实体：属性由课程号、课程名、学分、学时、学期和前置课组成。

（1）请设计学生成绩管理系统的 E-R 图。

（2）将 E-R 图转换为关系模型并进行规范化。

单元3 数据定义

03

问题引入

在前两个单元中，我们初步认识了数据库，探讨了如何根据用户需求进行数据库设计，并且搭建了 MySQL 数据库开发环境，为数据库的开发做好了准备。那么，如何在 MySQL 服务器中实现前面单元设计的数据模型呢？本单元将学习使用 SQL 和 Navicat 图形化管理工具创建和管理用户数据库和数据库表，并通过建立各种数据完整性约束来保证数据的完整性。

学习目标

- 知识点
  - 理解数据库的结构。
  - 掌握 MySQL 的常用数据类型。
  - 理解数据完整性约束的功能和作用。
- 技能点
  - 掌握创建和管理数据库及数据库表的方法。
  - 掌握建立数据完整性约束的方法。
- 素养点
  - 培养学生观察事物的能力。
  - 培养学生敬业奉献的意识。

思维导图

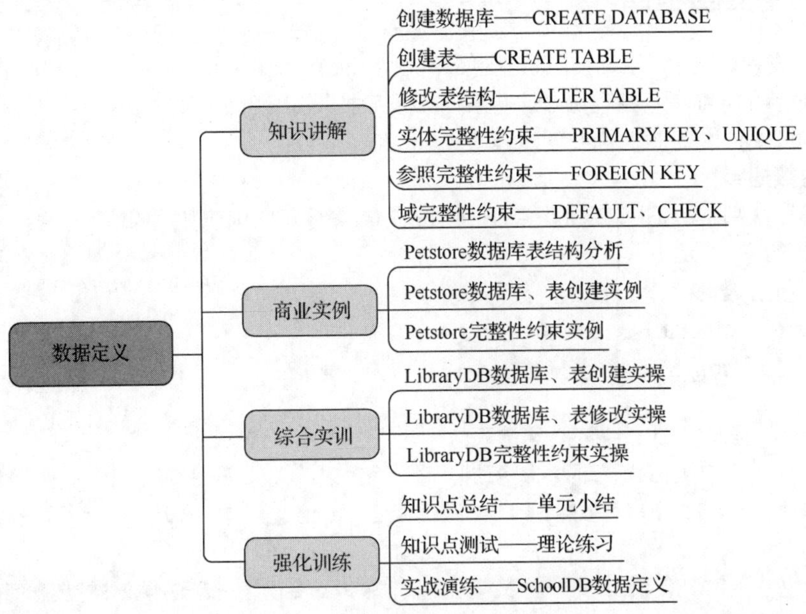

相关知识

3.1 创建与管理数据库

数据库可以看作一个存储数据对象的容器。这些数据对象包括表、视图、存储过程等，如图 3-1 所示，其中，数据库表是最基本的数据对象，用以存放数据。

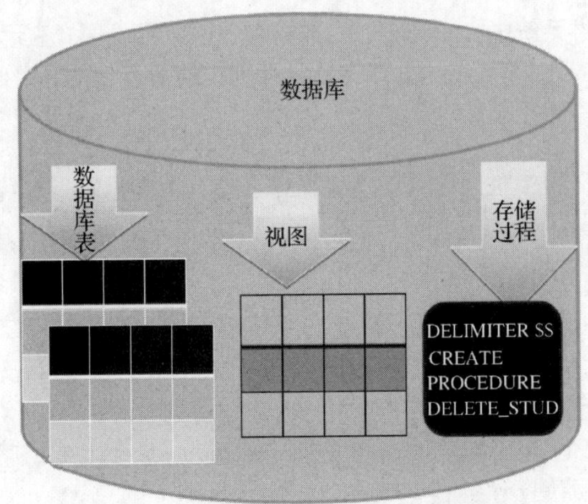

图 3-1 数据库作为存储数据对象的容器

当然，必须先创建数据库，然后才能创建数据库中的数据对象。在MySQL中可以采用命令行的方式，也可以通过图形化管理工具创建、管理数据库和数据对象，本节讨论如何用命令行的方式创建和管理数据库。

3.1.1 创建数据库

MySQL安装成功后，系统会自动创建如information_schema、MySQL这样的系统数据库，MySQL数据库的系统信息都存储在这些系统数据库中。如果删除了这些数据库，MySQL将不能正常工作。对于用户的数据，需要创建新的数据库来存放数据。

1. 创建数据库

CREATE DATABASE或CREATE SCHEMA命令可以创建数据库。

v3-1 创建数据库

语法格式如下。

```
CREATE {DATABASE | SCHEMA} [IF NOT EXISTS] 数据库名
[ [DEFAULT] CHARACTER SET 字符集名
| [DEFAULT] COLLATE 校对规则名]
```

注意
- **语句中“[ ]”内的为可选项，“{ | }”表示二选一；**
- **语句中的大写单词为命令动词，输入命令时，不能更改命令动词的含义，但MySQL命令解释器对大小写不敏感，即“CREATE”“create”在MySQL命令解释器中含义相同；**
- **语句中带下画线的斜体汉字为变量，输入命令前，一定要用具体的实意词代替，如“*数据库名*”要用即将新建的用户数据库名（如Petstore、YGGL等）代替；同样，因为MySQL命令解释器对大小写不敏感，无论用户输入的是大写单词还是小写单词，MySQL命令解释器都视为小写，所以无论是输入PETSTORE还是petstore，MySQL中建立的都是同一个数据库petstore；**
- **MySQL中的所有符号都是英文的，例如，如果将英文的分号（;）写成中文的分号（；），系统将提示语法错误。**

下面就CREATE DATABASE语句的使用进行说明。

语法说明如下。

- ***数据库名***：在文件系统中，MySQL的数据存储区以目录形式表示MySQL数据库。因此，命令中的数据库名必须符合操作系统的文件夹命名规则。值得注意的是，数据库名在MySQL中不区分大小写。

注意　**尽量避免将MySQL关键字作为数据库、表、列的名字，以免引起混淆。**

- IF NOT EXISTS：在创建数据库前进行判断，只有该数据库目前尚不存在时才执行CREATE DATABASE操作。用此子句可以避免出现数据库已经存在而无法再新建的情况。
- DEFAULT：指定默认值。
- CHARACTER SET：指定数据库字符集（charset），其后的***字符集名***要用MySQL支持的具体的字符集名称代替，如gb2312。
- COLLATE：指定字符集的校对规则，其后的***校对规则名***要用MySQL支持的具体的校对规则名称代替，如 gb2312_chinese_ci。

根据 CREATE DATABASE 的语法格式，如果不使用用语句中“[ ]”内的可选项，“{ | }”中的二选一选项选定为“DATABASE”，创建数据库的最简格式如下。

```
CREATE DATABASE 数据库名
```

【例 3-1】创建一个名为 Bookstore 的数据库。

```
CREATE DATABASE Bookstore;
```

操作提示：采用 1.2.3 小节的方法连接 MySQL 服务器，进入 Navicat“命令列界面”窗口，在“mysql>”提示符后输入“CREATE DATABASE Bookstore;”，命令必须以英文的“;”结束，按 Enter 键，系统执行命令。系统提示“Query OK”表示命令被正确执行，如图 3-2 所示。

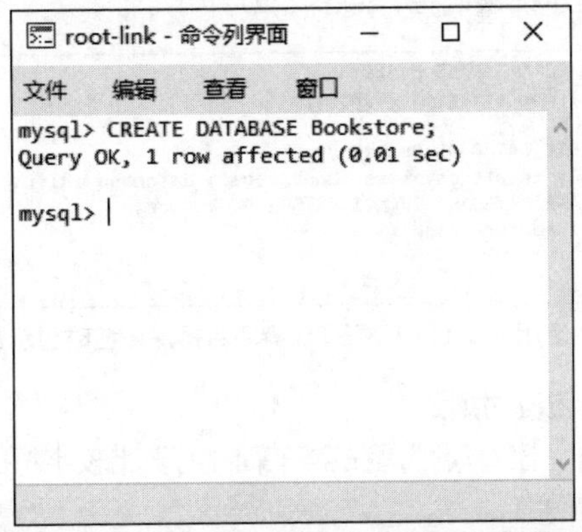

图 3-2 在 Navicat for MySQL 命令列界面中创建数据库

如果输入的命令有错，系统会给出错误信息提示，命令不被执行。如输入“CREAT DATABASE Pet; ”命令时，因为动词“CREATE”被错误输入成“CREAT”，所以系统会提示出错，命令不被执行，系统并没有建立 Pet 数据库，如图 3-3 所示。如果想要继续建立数据库，必须校正错误，然后重新运行该命令。

```
mysql> CREAT DATABASE Pet;
1064 - You have an error in your SQL syntax; check the manual that
corresponds to your MySQL server version for the right syntax to u
se near 'CREAT DATABASE Pet' at line 1
mysql> CREATE DATABASE Pet;
Query OK, 1 row affected (0.06 sec)
```

图 3-3 执行 SQL 语句出错时系统给出错误信息提示

为了简化表达，在以后的示例中单独描述命令而不需要界面结果时，将在命令前省略“mysql>”提示符。SHOW DATABASES 命令可以查看新建的数据库 Bookstore，如图 3-4 所示。

```
mysql> SHOW DATABASES;
+--------------------+
| Database           |
+--------------------+
| bookstore          |
| information_schema |
| librarydb          |
| mysql              |
| performance_schema |
| schooldb           |
| sys                |
+--------------------+
7 rows in set (0.10 sec)
```

图 3-4 在 Navicat for MySQL 命令列界面中查看数据库

MySQL 不允许两个数据库使用相同的名字，如果再次输入创建数据库 Bookstore 的命令“CREATE DATABASE Bookstore;”，系统将提示出错，如图 3-5 所示。

```
mysql> CREATE DATABASE Bookstore;
Query OK, 1 row affected (0.03 sec)

mysql> CREATE DATABASE Bookstore;
1007 - Can't create database 'bookstore'; database exists
mysql>
```

图 3-5　两个数据库使用相同的名字时系统提示出错

要避免在数据库已经存在的情况下再创建该数据库，可以使用 IF NOT EXISTS，这时系统将不再创建该数据库，同时不显示错误信息，如图 3-6 所示。

```
mysql> CREATE DATABASE Bookstore;
Query OK, 1 row affected (0.03 sec)

mysql> CREATE DATABASE Bookstore;
1007 - Can't create database 'bookstore'; database exists
mysql> CREATE DATABASE IF NOT EXISTS Bookstore;
Query OK, 1 row affected (0.02 sec)

mysql> |
```

图 3-6　使用 IF NOT EXISTS 避免数据库重名时显示错误信息

2. MySQL 中的字符集和校对规则

字符集是一套符号和编码。校对规则是在字符集内用于比较字符的一套规则。这里使用一个假想字符集的例子来具体说明这两者。

假设有一个字母表使用了 A、B、a、b 这 4 个字母，为每个字母赋予一个数值，A=0，B=1，a=2，b=3；A 是一个符号，数字 0 是 A 的编码，这 4 个字母和它们的编码组合在一起是一个字符集。

如果希望比较两个字符 A 和 B 哪个大，要先设定比较规则，如设定“按编码值的大小进行比较”。这样，先查找编码：A 的值为 0，B 的值为 1。因为 0 小于 1，所以 A 小于 B。这时，在所定义的字符集上应用了一个校对规则，即按字符编码值的大小进行比较，其中，最简单的一种校对规则称为（二元 binary）校对规则。

但是，如果希望小写字母和大写字母是等价的，至少需要两个规则，一是把小写字母 a 和 b 视为与 A 和 B 等价；二是比较编码。这是一个对大小写不敏感的校对规则，比二元校对规则更复杂。

在实际生活中，大多数字符集中有许多字符，不仅仅是 A 和 B，而是整个字母表，有时候有许多种字母表，而一个中文字符集包含几千个字符，还有许多特殊符号和标点符号。因此，大多数校对规则涵盖了多个方面，不仅仅包括对大小写不敏感，还可能包括对重音符不敏感（重音符是附属于一个字母的符号，如德语的Ö）和多字节映射（例如，规则Ö=OE 就是德语校对规则中的一种）等。

MySQL 能够使用多种字符集来存储字符串，并使用多种校对规则来比较字符串，还可以实现在同一台服务器、同一个数据库，甚至在同一个表中使用不同字符集或校对规则来混合字符串。MySQL 支持 40 多种字符集的 70 多种校对规则，字符集和它们的默认校对规则可以通过 SHOW CHARACTER SET 语句显示，如图 3-7 所示。

MySQL 允许定义任意级别的字符集和校对规则，支持服务器、数据库、表、列等级别的字符集和校对规则。每个字符集都有一个默认校对规则，而两个不同的字符集不能有相同的校对规则。例如，latin1 的默认校对规则是 latin1_swedish_ci，而 gb2312 的默认校对规则是 gb2312_chinese_ci。

```
mysql> SHOW CHARACTER SET;
+----------+---------------------------------+---------------------+--------+
| Charset  | Description                     | Default collation   | Maxlen |
+----------+---------------------------------+---------------------+--------+
| armscii8 | ARMSCII-8 Armenian              | armscii8_general_ci |      1 |
| ascii    | US ASCII                        | ascii_general_ci    |      1 |
| big5     | Big5 Traditional Chinese        | big5_chinese_ci     |      2 |
| binary   | Binary pseudo charset           | binary              |      1 |
| cp1250   | Windows Central European        | cp1250_general_ci   |      1 |
| cp1251   | Windows Cyrillic                | cp1251_general_ci   |      1 |
| cp1256   | Windows Arabic                  | cp1256_general_ci   |      1 |
| cp1257   | Windows Baltic                  | cp1257_general_ci   |      1 |
| cp850    | DOS West European               | cp850_general_ci    |      1 |
| cp852    | DOS Central European            | cp852_general_ci    |      1 |
| cp866    | DOS Russian                     | cp866_general_ci    |      1 |
| cp932    | SJIS for Windows Japanese       | cp932_japanese_ci   |      2 |
| dec8     | DEC West European               | dec8_swedish_ci     |      1 |
| eucjpms  | UJIS for Windows Japanese       | eucjpms_japanese_ci |      3 |
| euckr    | EUC-KR Korean                   | euckr_korean_ci     |      2 |
| gb18030  | China National Standard GB18030 | gb18030_chinese_ci  |      4 |
| gb2312   | GB2312 Simplified Chinese       | gb2312_chinese_ci   |      2 |
| gbk      | GBK Simplified Chinese          | gbk_chinese_ci      |      2 |
| geostd8  | GEOSTD8 Georgian                | geostd8_general_ci  |      1 |
| greek    | ISO 8859-7 Greek                | greek_general_ci    |      1 |
| hebrew   | ISO 8859-8 Hebrew               | hebrew_general_ci   |      1 |
| hp8      | HP West European                | hp8_english_ci      |      1 |
| keybcs2  | DOS Kamenicky Czech-Slovak      | keybcs2_general_ci  |      1 |
| koi8r    | KOI8-R Relcom Russian           | koi8r_general_ci    |      1 |
| koi8u    | KOI8-U Ukrainian                | koi8u_general_ci    |      1 |
| latin1   | cp1252 West European            | latin1_swedish_ci   |      1 |
| latin2   | ISO 8859-2 Central European     | latin2_general_ci   |      1 |
| latin5   | ISO 8859-9 Turkish              | latin5_turkish_ci   |      1 |
| latin7   | ISO 8859-13 Baltic              | latin7_general_ci   |      1 |
| macce    | Mac Central European            | macce_general_ci    |      1 |
| macroman | Mac West European               | macroman_general_ci |      1 |
| sjis     | Shift-JIS Japanese              | sjis_japanese_ci    |      2 |
| swe7     | 7bit Swedish                    | swe7_swedish_ci     |      1 |
| tis620   | TIS620 Thai                     | tis620_thai_ci      |      1 |
| ucs2     | UCS-2 Unicode                   | ucs2_general_ci     |      2 |
| ujis     | EUC-JP Japanese                 | ujis_japanese_ci    |      3 |
| utf16    | UTF-16 Unicode                  | utf16_general_ci    |      4 |
| utf16le  | UTF-16LE Unicode                | utf16le_general_ci  |      4 |
| utf32    | UTF-32 Unicode                  | utf32_general_ci    |      4 |
| utf8     | UTF-8 Unicode                   | utf8_general_ci     |      3 |
| utf8mb4  | UTF-8 Unicode                   | utf8mb4_0900_ai_ci  |      4 |
+----------+---------------------------------+---------------------+--------+
41 rows in set (0.09 sec)
```

图 3-7　MySQL 字符集和它们的默认校对规则

MySQL 校对规则的命名约定：它们以与其相关的字符集名开始，通常包括一个语言名，并且以_ci（对大小写不敏感）、_cs（对大小写敏感）或_bin（二元）结束。

【例 3-2】创建一个名为 Petstore 的数据库，采用字符集 gb2312 和校对规则 gb2312_chinese_ci。

```
CREATE DATABASE Petstore
         DEFAULT CHARACTER SET gb2312
           COLLATE  gb2312_chinese_ci;
```

MySQL 按照以下方法选择数据库字符集和数据库校对规则。

- 如果指定了 CHARACTER SET X 和 COLLATE Y，那么采用字符集 X 和校对规则 Y。
- 如果指定了 CHARACTER SET X 而没有指定 COLLATE Y，那么采用字符集 X 和字符集 X 的默认校对规则。
- 如果都没有指定，则采用服务器字符集和服务器校对规则。

使用 CREATE DATABASE … DEFAULT CHARACTER SET … 语句，可以在同一个 MySQL 服务器上创建使用不同字符集和校对规则的数据库。如果在 CREATE TABLE 语句中没有指定表字符集和校对规则，则默认使用数据库字符集和校对规则。

3.1.2　管理数据库

1. 指定当前数据库

创建了数据库之后，使用 USE 命令可将其指定为当前数据库。

语法格式如下。

```
USE 数据库名
```

这个语句也可以用来从一个数据库“跳转”到另一个数据库，在用 CREATE DATABASE 语句创建了数据库之后，该数据库不会自动成为当前数据库，需要用 USE 语句来指定。

如要对 Bookstore 数据库进行操作，可以先执行“USE Bookstore;”命令，将 Bookstore 数据库指定为当前数据库，如图 3-8 所示。

```
mysql> USE Bookstore;
Database changed
```

图 3-8　使用 USE 命令指定当前数据库

2. 修改数据库

数据库创建后，如果需要修改数据库的参数，可以使用 ALTER DATABASE 命令。

语法格式如下。

```
ALTER {DATABASE | SCHEMA} [数据库名]
[[DEFAULT] CHARACTER SET 字符集名
| [DEFAULT] COLLATE 校对规则名]
```

ALTER DATABASE 语法说明可参照 CREATE DATABASE 语法说明。

ALTER DATABASE 用于更改数据库的全局特性，这些特性存储在数据库目录的 db.opt 文件中。用户必须有对数据库进行修改的权限，才可以使用 ALTER DATABASE 命令。修改数据库的选项与创建数据库的相同，不再重复说明。如果语句中省略了数据库名，则修改当前（默认）数据库。

【例 3-3】修改数据库 Petstore 的默认字符集为 utf8mb4、校对规则为 utf8mb4_0900_ai_ci。

```
ALTER DATABASE Petstore
       DEFAULT CHARACTER SET utf8mb4
       DEFAULT COLLATE  utf8mb4_0900_ai_ci;
```

3. 删除数据库

如果需要删除已经创建的数据库，可使用 DROP DATABASE 命令。

语法格式如下。

```
DROP DATABASE  [IF EXISTS] 数据库名
```

语法说明如下。

- ***数据库名***：要删除的数据库名。
- IF EXISTS：使用 IF EXISTS 子句可以避免删除不存在的数据库时显示错误信息。

此语句的使用效果如图 3-9 所示。

```
mysql> DROP DATABASE Pet;
Query OK, 0 rows affected (0.04 sec)

mysql> DROP DATABASE Pet;
1008 - Can't drop database 'pet'; database doesn't exist
mysql> DROP DATABASE IF EXISTS Pet;
Query OK, 0 rows affected (0.02 sec)

mysql> |
```

图 3-9　DROP DATABASE 命令的使用

> **注意**　**这个命令必须小心使用，因为它将永久删除指定的整个数据库的信息，包括数据库中的所有表和表中的所有数据。**

4. 显示数据库

如果需要显示服务器中已建立的数据库，可以使用 SHOW DATABASES 命令。

语法格式如下。

```
SHOW DATABASES
```

此命令没有用户变量，执行 SHOW DATABASES 命令的效果如图 3-4 所示。

3.2 创建与管理数据库表

v3-2 创建数据库表-表结构分析

3.2.1 创建数据库表

数据库表是由多列、多行组成的表格，包括表结构和表记录两部分，是相关数据的集合。在计算机中，数据库表是以文件的形式存在的，因此要设定数据库表的文件名。表 3-1 所示的图书目录表的文件名为 book。

表 3-1 图书目录表

图书编号	书名	出版时间	单价	数量	……
TP.2525	PHP 高级语言	2022-06-20	33.25	3	
TP.2462	计算机应用基础	2022-10-19	45.00	45	
TP.2463	计算机网络技术	2021-10-16	25.50	31	

表 3-1 所示的图书目录表的每一列都有一个与其他列不重复的名称，即字段名，字段名可以根据设计者的需要设定。数据库表中的一列是由一组字段值组成的，如果某个字段的值允许重复出现，则这类字段称为普通字段；如果某个字段的值不允许重复，则这类字段称作索引字段。图书目录表的表头决定了图书目录表的结构，每一列的值类型、取值范围等都由表头字段的定义决定。表 3-2 所示的是图书目录表的结构分析。

表 3-2 图书目录表的结构分析

字段名	图书编号	书名	出版时间	单价	数量	……
字段值的表示方法	用 10 个字符表示	用 40 个字符表示	用 yyyy-mm-dd 形式表示	用带有 2 位小数的 5 位数字表示	用 5 位整数表示	
数据类型	char(10)	varchar(40)	date	float(5,2)	int(5)	

1. 数据类型

（1）数值类型

v3-3 数据类型

MySQL 支持所有标准 SQL 数据类型，包括严格数值数据类型（integer、smallint、decimal 和 numeric）和近似数值数据类型（float、real 和 double precision）。关键字 int 是 integer 的同义词，关键字 dec 是 decimal 的同义词。常用数值类型的取值范围如表 3-3 所示。

表 3-3 常用数值类型的取值范围

类型	字节	最小值	最大值
		带符号的/无符号的	带符号的/无符号的
tinyint	1	-128/0	127/255
smallint	2	-32768/0	32767/65535
mediumint	3	-8388608/0	8388607/16777215
int	4	-2147483648/0	2147483647/4294967295
bigint	8	-9223372036854775808/0	9223372036854775807/18446744073709551615

MySQL 支持在类型关键字后面的括号内指定整数值形式的显示宽度，如 int(4)。

对于浮点型数据，单精度值在 MySQL 中使用 4 字节，双精度值使用 8 字节。MySQL 允许使用 float(M,D)、real(M,D)或 double precision(M,D)格式，“(M,D)”表示该值一共显示 *M* 位整数，其中 *D* 表示小数位数。例如，定义为 float(7,4)的一个列可以显示为-999.9999。MySQL 在保存值时会进行四舍五入，因此如果在定义为 float(7,4)的列内插入 999.00009，会保存其近似值 999.0001。

（2）字符串类型

字符串类型的数据主要是由字母、汉字、数字符号、特殊符号构成的数据对象。按照字符多少的不同，字符串类型可分为以下几类。

① char 和 varchar 类型。

char 和 varchar 类似，但它们保存和检索数据的方式不同，它们在最大长度和尾部空格是否保留等方面也不同，在存储或检索过程中二者均不进行大小写转换。char 和 varchar 类型声明的长度表示用户想要保存的最大字符数。例如，char(30)可以占用 30 个字符。

char 列的长度固定为创建表时声明的长度，可以为从 0 到 255 的任何值。当保存 char 值时，会在它们的右边填充空格以达到指定的长度。当检索到 char 值时，尾部的空格被删除。在存储或检索过程中不进行大小写转换。

varchar 列中的值为可变长字符串，其长度可以指定为 0 到 65535 之间的值（varchar 的最大有效长度由最大行大小和使用的字符集确定，整体最大长度是 65532 字节）。同 char 相比，varchar 值只保存需要的字符数，另加一个字节来记录长度（如果列声明的长度超过 255，则使用两个字节）。保存 varchar 值时不进行填充。保存和检索值时，尾部的空格仍保留，符合标准 SQL。

如果分配给 char 或 varchar 列的值超过列的最大长度，将对值进行裁剪以使其符合要求；如果被裁掉的字符不是空格，则会产生一条警告信息。

表 3-4 显示了将各种字符串值保存到 char(4)和 varchar(4)列后的结果，说明了 char 和 varchar 类型之间的差别。

表 3-4　char 和 varchar 类型之间的差别

值	char(4)		varchar(4)	
	结果	存储需求	结果	存储需求
''	''	4 字节	''	1 字节
'ab'	'ab'	4 字节	'ab'	3 字节
'abcd'	'abcd'	4 字节	'abcd'	5 字节
'abcdefgh'	'abcd'	4 字节	'abcd'	5 字节

② blob 和 text 类型。

blob 列的值被视为二进制字符串（字节字符串）。blob 列没有字符集，并且排序和比较基于列中字节的数值。这种类型的数据用于存储声音、视频、图像等数据。例如，图书数据处理中的图书封面、会员照片可以设定为 blob 类型。

text 列的值被视为非二进制字符串。text 列有一个字符集，并且根据字符集的校对规则对值进行排序和比较。在实际应用中，个人履历、奖惩情况、职业说明、内容简介等可以设定为 text 类型。例如，图书数据处理中的内容简介可以设定为 text 类型。

在 text 或 blob 列的存储或检索过程中，不存在大小写转换。

blob 和 text 列不能有默认值。

blob 或 text 对象的最大值由其类型确定，但在客户端和服务器之间实际可以传递的最大值由可用内存数量和通信缓存区的大小确定。更改 max_allowed_packet 变量的值，可以更改通信缓存区的大小，但必须同时修改服务器和客户端程序。

（3）日期和时间类型

日期和时间类型的数据是具有特定格式的数据，专用于表示日期、时间，包括以下几种类型。

① date 类型：表示日期，输入数据的格式是 yyyy-mm-dd，支持的范围从'1000-01-01'到'9999-12-31'。

② time 类型：表示时间，输入数据的格式是 hh:mm:ss，time 值的范围是从'-838:59:59'到'838:59:59'。小时部分的数值会如此大的原因是 time 类型不仅可以用于表示一天的时间（0～24h），还可以用于表示某个事件过去的时间或两个事件之间的时间间隔（可以大于 24h，甚至可以为负）。

③ datetime 类型：表示日期时间，格式是 yyyy-mm-dd hh:mm:ss，支持的范围为从'1000-01-01 00:00:00'到'9999-12-31 23:59:59'。在图书销售信息管理中，注册时间、订购时间可以设定为 datetime 类型。

2. 创建表

v3-4 创建表

使用 CREATE TABLE 命令可以创建表。

语法格式如下。

```
CREATE TABLE [IF NOT EXISTS] 表名
（列名 数据类型 [NOT NULL | NULL] [DEFAULT 列默认值]…）
ENGINE = 存储引擎
```

语法说明如下。

- IF NOT EXISTS：在建表前进行判断，只有该表目前尚不存在时才执行 CREATE TABLE 操作。用此子句可以避免出现表已经存在而无法再新建的情况。
- ***表名***：要创建的表的名称。该表名必须符合标识符命名规则，如果有 MySQL 关键字（保留字），必须用单引号引起来。
- ***列名***：表中列的名字。列名必须符合标识符命名规则，长度不能超过 64 个字符，而且在表中要唯一。如果有 MySQL 关键字，必须用单引号引起来。
- ***数据类型***：列的数据类型，有的数据类型需要指明长度 *n*，并用括号括起来。
- NOT NULL | NULL：指定该列是否允许为空。如果不指定，则默认为 NULL。
- DEFAULT ***列默认值***：为列指定默认值，默认值必须为一个常数。其中，blob 和 text 列不能被赋予默认值。如果没有为列指定默认值，则 MySQL 会自动为其分配一个。如果列可以取 NULL 值，则默认值就是 NULL。如果列被声明为 NOT NULL，则默认值取决于列类型。
- ENGINE = ***存储引擎***：MySQL 支持多个存储引擎，可为不同的表设定不同的存储引擎，使用时要用具体的存储引擎名称代替代码中的“***存储引擎***”，如 ENGINE=InnoDB。

存储引擎是处理不同表类型的 SQL 操作的 MySQL 组件。InnoDB 是最通用的存储引擎，Oracle 建议将其用于除特殊用例之外的表。查看存储引擎的 SQL 语句是 SHOW ENGINES，如图 3-10 所示。从图中可知，MySQL 8.0 中 InnoDB 的 Support 值为 DEFAULT，表明 InnoDB 是 MySQL 的默认引擎。

```
mysql> SHOW ENGINES;
+--------------------+---------+----------------------------------------------------------------+--------------+------+------------+
| Engine             | Support | Comment                                                        | Transactions | XA   | Savepoints |
+--------------------+---------+----------------------------------------------------------------+--------------+------+------------+
| MEMORY             | YES     | Hash based, stored in memory, useful for temporary tables      | NO           | NO   | NO         |
| MRG_MYISAM         | YES     | Collection of identical MyISAM tables                          | NO           | NO   | NO         |
| CSV                | YES     | CSV storage engine                                             | NO           | NO   | NO         |
| FEDERATED          | NO      | Federated MySQL storage engine                                 | NULL         | NULL | NULL       |
| PERFORMANCE_SCHEMA | YES     | Performance Schema                                             | NO           | NO   | NO         |
| MyISAM             | YES     | MyISAM storage engine                                          | NO           | NO   | NO         |
| InnoDB             | DEFAULT | Supports transactions, row-level locking, and foreign keys     | YES          | YES  | YES        |
| BLACKHOLE          | YES     | /dev/null storage engine (anything you write to it disappears) | NO           | NO   | NO         |
| ARCHIVE            | YES     | Archive storage engine                                         | NO           | NO   | NO         |
+--------------------+---------+----------------------------------------------------------------+--------------+------+------------+
```

图 3-10 使用 SHOW ENGINES 命令查看存储引擎

【例 3-4】假设已经创建了数据库 Bookstore，在该数据库中创建图书目录表 book。

```
USE Bookstore;
CREATE TABLE  book (
    图书编号  char(10)       NOT NULL  PRIMARY KEY,
    图书类别  varchar(20)    NOT NULL DEFAULT  '计算机',
    书名      varchar(40)    NOT  NULL ,
    作者      char(10)       NOT  NULL ,
    出版社    varchar(20)    NOT  NULL ,
    出版时间  date           NOT  NULL ,
    单价      float(5,2)     NOT  NULL ,
    数量      int(5),
    折扣      float(3,2) ,
    封面图片  blob
) ENGINE=InnoDB;
```

在上面的例子里，每个字段都包含附加约束或修饰符，它们可以用来约束输入的数据。“PRIMARY KEY”表示将“图书编号”字段定义为主键。“DEFAULT '计算机'”表示“图书类别”的默认值为“计算机”。“ENGINE=InnoDB”表示采用的存储引擎是 InnoDB。InnoDB 是 MySQL 8.0 在 Windows 平台的默认存储引擎，所以“ENGINE= InnoDB”可以省略。

注意　**在创建表时，要学会选择合适的数据类型和长度参数值，如数值类型有 int、tinyint、smallint、bigint 等，在满足数据长度要求的情况下，应避免使用过大的数据类型，以节省存储空间。又比如字符串类型 char 是需要指定长度的，这个参数要取得合理，长度参数定得太大会浪费存储空间；长度参数定得太小，会导致有些数据存不下，造成数据丢失。**

3.2.2　管理数据库表

v3-5　修改表结构

1．修改表结构

ALTER TABLE 命令可以用于更改原有表的结构。例如，可以添加或删除列、创建或删除索引、修改原有列的类型、重命名列或表，还可以更改表的评注和表的类型。

语法格式如下。

```
ALTER [IGNORE] TABLE 表名
ADD [COLUMN] 列名 [FIRST | AFTER 列名]                /*添加列*/
| ALTER [COLUMN] 列名
    {SET DEFAULT 默认值| DROP DEFAULT}                /*修改默认值*/
| CHANGE [COLUMN] 旧列名 列定义                       /*重命名列*/
    [FIRST|AFTER 列名]
| MODIFY [COLUMN] 列定义 [FIRST | AFTER 列名]         /*修改列类型*/
| DROP [COLUMN] 列名                                  /*删除列*/
| RENAME [TO] 新表名                                  /*重命名表*/
```

语法说明如下。

- IGNORE：MySQL 相对于标准 SQL 的语法扩展。若修改后的新表中存在重复关键字，如果没有指定 IGNORE，当出现关键字重复时 ALTER TABLE 语句会执行失败。如果指定了 IGNORE，那么出现重复关键字时，只使用第一行，其他有冲突的行被删除。

- *列定义*：定义列的数据类型和属性，具体内容在 CREATE TABLE 的语法中已做说明。
- ADD [COLUMN]子句：向表中添加新列。例如，在表 book 中增加一列“浏览次数”的语句为“ALTER TABLE book　ADD 浏览次数 int NULL;”。
- FIRST | AFTER *列名*：表示在指定列前或后添加新列，不指定则添加到最后。
- ALTER [COLUMN]子句：修改表中指定列的默认值。
- CHANGE [COLUMN]子句：修改列的名称。重命名时，需给定旧的列名和新的列名，以及列当前的类型。例如，将 book 表中“出版时间”列改为“出版日期”列的语句为“ALTER TABLE book　CHANGE 出版时间 出版日期 date not null;”。
- MODIFY [COLUMN]子句：修改指定列的类型。例如，将 book 表中“出版日期”列类型改为日期时间的语句为“ALTER TABLE book MODIFY 出版日期 datetime not null;”。

注意　**若表中该列所存数据的类型与将要修改的列的类型冲突，将发生错误。例如，原来 char 类型的列要修改成 int 类型，而原来列值中有字符型数据“a”，则无法修改。**

- DROP 子句：从表中删除列或约束。例如，删除 book 表中“浏览次数”列的语句为“ALTER TABLE book DROP 浏览次数;”。
- RENAME 子句：修改该表的名称。例如，将表 a 改名为 b 的语句为“ALTER TABLE a RENAME TO b ;”。

【例 3-5】假设已经在数据库 Bookstore 中创建了表 book，表中存在“书名”列。在表 book 中增加“浏览次数”列，并将表中的“书名”列删除。

```
USE Bookstore;
ALTER TABLE book
    ADD 浏览次数 tinyint NULL ,
    DROP COLUMN 书名 ;
```

ALTER TABLE 命令除了可以用于更改原有表的结构，还可以用于修改表名。

【例 3-6】假设数据库 Bookstore 中已经存在表 book，将表 book 重命名为 mybook。

```
USE Bookstore;
ALTER TABLE book
    RENAME TO mybook;
```

修改表名除了可以用 ALTER TABLE 命令，还可以直接用 RENAME TABLE 语句来实现。

语法格式如下。

```
RENAME TABLE 旧表名1 TO 新表名1
            [,旧表名2 TO 新表名2] …
```

语法说明如下。

- *旧表名*：修改之前的表名。
- *新表名*：修改之后的表名。

使用 RENAME TABLE 语句可以同时修改多个表的名字。

【例 3-7】假设数据库 Bookstore 中已经存在表 mybook 和 members，将表 mybook 重命名为 booklist，将表 members 重命名为 memberlist。

```
USE Bookstore;
RENAME TABLE mybook TO booklist, members TO memberlist;
```

2. 复制表

当需要建立的数据库表与已有的数据库表结构相同时，可以通过复制表的结构与数据的方法新建数据库表。

语法格式如下。

```
CREATE TABLE [IF NOT EXISTS] 新表名
    [ LIKE 被复制的表名 ]
    | [AS (select 语句)]
```

语法说明如下。

- LIKE：使用 LIKE 关键字创建一个与***被复制的表名***结构相同的新表，列名、数据类型、空指定和索引也将被复制，但是新表不会包含参照表的数据，是一个空表。
- AS：使用 AS 关键字可以复制表中的内容，但索引和完整性约束不会被复制。这种方式用***select 语句***表示一个表达式，指定要复制的数据，这个表达式可以是一条 SELECT 语句。

【例 3-8】假设数据库 Bookstore 中有一个表 book，创建表 book 的一个名为 book_copy1 的副本。

```
CREATE TABLE book_copy1 LIKE book;
```

如果需要在复制表结构的同时复制其数据，可以使用 AS 关键字，并使用 SELECT 语句对需要复制的数据进行选择。

【例 3-9】创建表 book 的一个名为 book_copy2 的副本，并复制其内容。

```
CREATE TABLE  book_copy2
    AS
        (SELECT  *  FROM  book);
```

3. 删除表

需要删除一个表时，可以使用 DROP TABLE 语句。

语法格式如下。

```
DROP  TABLE [IF EXISTS] 表名1 [,表名2 ] …
```

语法说明如下。

- ***表名***：要被删除的表的名称。
- IF EXISTS：避免要删除的表不存在时出现错误信息。

这个命令会将表的描述、表的完整性约束、索引及和表相关的权限等全部删除。

【例 3-10】删除表 test。

```
DROP  TABLE  IF  EXISTS  test ;
```

4. 显示数据库表信息

（1）显示数据库表文件

SHOW TABLES 命令用于显示已经建立的数据库表文件。

语法格式如下。

```
SHOW TABLES
```

【例 3-11】显示在 Bookstore 数据库中建立的数据库表文件。

```
USE Bookstore ;
SHOW TABLES ;
```

（2）显示数据库表结构

DESCRIBE 语句用于显示表中各列的信息。

语法格式如下。

```
{DESCRIBE | DESC} 表名 [列名 | 通配符 ]
```

语法说明如下。

- DESCRIBE | DESC：DESC 是 DESCRIBE 的缩写，二者用法相同。
- ***列名*** | ***通配符***：可以是一个列名，或一个包含“%”“_”通配符的字符串，用于获得名

称与字符串相匹配的所有列的信息。没有必要用引号将字符串引起来，除非其中包含空格或其他特殊字符。

【例 3-12】用 DESCRIBE 语句查看 book 表中各列的信息。

```
DESCRIBE book;
```

命令执行效果如图 3-11 所示。

```
mysql> DESCRIBE book;
+----------+-------------+------+-----+---------+-------+
| Field    | Type        | Null | Key | Default | Extra |
+----------+-------------+------+-----+---------+-------+
| 图书编号 | char(20)    | NO   | PRI | NULL    |       |
| 图书类别 | varchar(20) | NO   |     | 计算机  |       |
| 书名     | varchar(40) | NO   |     | NULL    |       |
| 作者     | char(10)    | NO   |     | NULL    |       |
| 出版社   | varchar(20) | NO   |     | NULL    |       |
| 出版时间 | date        | NO   |     | NULL    |       |
| 单价     | float       | NO   |     | NULL    |       |
| 数量     | int         | YES  |     | NULL    |       |
| 折扣     | float       | YES  |     | NULL    |       |
| 封面图片 | varchar(40) | YES  |     | NULL    |       |
+----------+-------------+------+-----+---------+-------+
10 rows in set (0.06 sec)
```

图 3-11 使用 DESCRIBE 命令查看 book 表的结构

【例 3-13】查看 book 表中“图书编号”列的信息。

```
DESC book 图书编号;
```

命令执行效果如图 3-12 所示。

```
mysql> DESC book 图书编号;
+----------+----------+------+-----+---------+-------+
| Field    | Type     | Null | Key | Default | Extra |
+----------+----------+------+-----+---------+-------+
| 图书编号 | char(20) | NO   | PRI | NULL    |       |
+----------+----------+------+-----+---------+-------+
1 row in set (0.07 sec)
```

图 3-12 使用 DESCRIBE 命令查看“图书编号”列的信息

3.3 数据完整性约束

3.3.1 数据的完整性约束

v3-6 数据的完整性约束

数据完整性指的是数据的一致性和正确性，完整性约束是指数据库中的内容必须随时遵守的规则。如果定义了数据完整性约束，MySQL 会负责保证数据的完整性，每次更新数据时，MySQL 都会测试新的数据是否符合相关的完整性约束条件，只有符合完整性约束条件的数据才会被接受。

例如，为保证数据的完整性，需要对输入的数据进行以下检查。

- 输入的类型是否正确？

——年龄必须是数字。

- 输入的格式是否正确？

——E-mail 必须包含@符号。

- 是否在允许的范围内？

——性别只能是“男”或者“女”。

- 是否存在重复输入？

——同一员工的信息只能输入一次。

- 是否符合其他特定要求？

——信誉值大于5的客户才能够加入客户表。

……

数据完整性约束分为实体完整性（entity integrity）约束、域完整性（domain integrity）约束、引用完整性（referential integrity，也叫参照完整性）约束及用户定义的完整性（user-defined integrity）约束，其含义如图3-13所示。

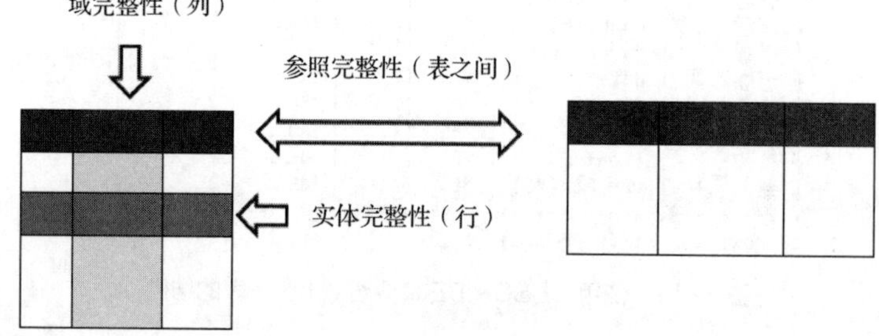

图3-13　数据完整性约束示意图

各类完整性约束与约束方法之间的关系如表3-5所示。

表3-5　各类完整性约束与约束方法之间的关系

完整性约束	约束方法	描述	约束对象
域完整性	DEFAULT	当使用INSERT语句插入数据时，若已定义默认值的列没有提供指定值，则将该默认值插入记录中	列
	CHECK	指定某一列可接受的值	
实体完整性	PRIMARY KEY	每行记录的唯一标识符，确保用户不能输入重复值，并自动创建索引，提高性能，该列不允许使用空值	行
	UNIQUE	在列集内强制执行值的唯一性，防止出现重复值，表中不允许存在两行的同一列包含相同的非空值	
参照完整性	FOREIGN KEY	定义一列或几列，其值与本表或其他表的主键或UNIQUE列相匹配	表之间

3.3.2　主键约束

v3-7　主键约束

1. 定义主键

主键就是表中的一列或多列，其值能唯一地标识表中的每一行。MySQL为主键列创建了唯一性索引，实现了数据的唯一性，在查询中使用主键时，该索引可用来对数据进行快速访问。MySQL通过定义PRIMARY KEY来创建主键约束，而且PRIMARY KEY中的列不能取空值。如果PRIMARY KEY是由多列组合定义的，则某一列的值可以重复，但PRIMARY KEY中所有列的组合值必须唯一。

用户可以用两种方式定义主键，即作为列或表的完整性约束。作为列的完整性约束时，只需在定义列的时候加上PRIMARY KEY关键字；作为表的完整性约束时，需要在语句最后加上一条PRIMARY KEY(*列名*,…)语句。

【例 3-14】创建表 book_copy，将“书名”定义为主键。

```
CREATE TABLE book_copy
(
    图书编号 varchar(6)  NULL,
    书名 varchar(20)  NOT  NULL  PRIMARY KEY ,
    出版日期 date
);
```

例 3-14 中主键定义于 NOT NULL 之后，也可以在主键之后指定 NOT NULL。如果作为主键的一部分的一列没有被定义为 NOT NULL 时，MySQL 将自动把这个列定义为 NOT NULL。例 3-14 中的“书名”列可以没有 NOT NULL 声明，但最好包含这个空指定。

当表中的主键为复合主键时，只能将其定义为表的完整性约束。

【例 3-15】创建 course 表来记录每门课程的课程号以及学生的学号、姓名、学分、毕业日期。其中学号、课程号、毕业日期构成复合主键。

```
CREATE TABLE course
(
    学号        varchar(6)   NOT NULL,
    姓名        varchar(8)   NOT NULL,
    毕业日期    date         NOT NULL,
    课程号      varchar(3) ,
    学分        tinyint ,
    PRIMARY  KEY (学号, 课程号, 毕业日期)
);
```

2. 定义主键的规则

原则上，任何列或者列的组合都可以充当主键，但是主键列必须遵守一些规则。这些规则源于关系模型理论和 MySQL 所制定的规则。

（1）每个表必须定义一个主键

关系模型理论要求必须为每个表定义一个主键。然而，MySQL 并不要求这样，在 MySQL 中可以创建一个没有主键的表。但是考虑到安全性，应该为每个基础表指定一个主键。主要原因在于，如果没有主键，可能会在一个表中存储两个相同的行，这样会导致查询过程中无法区分这些行。在更新时，也可能会一起更新这些重复的行，这可能会导致数据混乱和数据库崩溃。

（2）唯一性规则

表中两个不同的行在主键上不能具有相同的值。

（3）最小化规则

如果从一个复合主键中删除一列，而剩下的列构成的主键仍然满足唯一性规则，那么这个复合主键是不正确的。这条规则称为最小化规则，也就是说，复合主键中不应该包含一个不必要的列。一个列名在一个主键的列表中只能出现一次。

MySQL 自动为主键创建一个索引，通常这个索引名为 PRIMARY，用户可以重新给这个索引命名。

【例 3-16】参照例 3-15 中的 course 表创建 course1 表，将索引命名为 INDEX_course。

```
CREATE TABLE course1
(
    学号            varchar(6)   NOT NULL,
    姓名            varchar(8)   NOT NULL,
    毕业日期        datetime NOT NULL,
```

```
    课程号          varchar(3),
    学分            tinyint ,
    PRIMARY  KEY  INDEX_course(学号, 课程号, 毕业日期)
);
```

3.3.3 替代键约束

替代键像主键一样，是表的一列或多列，它们的值在任何时候都是唯一的。因为一个表只能有一个主键，所以当一个表有多个列需要建立唯一性约束时，可以将未被选作主键的列定义为替代键。定义替代键的关键字是 UNIQUE。

【例 3-17】在表 book_copy1 中，将“图书编号”列作为主键，将“书名”列定义为一个替代键。

```
CREATE TABLE book_copy1
(
    图书编号 varchar(20) NOT NULL PRIMARY KEY,
    书名     varchar(20) NOT NULL UNIQUE,
    出版日期 date NULL
);
```

UNIQUE 关键字表示“书名”是一个替代键，其列值必须是唯一的。

替代键也可以定义为表的完整性约束，如下所示。

```
CREATE TABLE book_copy1
(
    图书编号 varchar(20) NULL,
    书名     varchar(20) NOT NULL,
    出版日期 date NULL,
    PRIMARY KEY(图书编号),
    UNIQUE(书名)
);
```

在 MySQL 中，替代键和主键的区别主要有以下几点。

（1）数量不同

一个数据库表只能有一个主键，但可以有若干个替代键，并且它们可以重合。例如，在 C1 和 C2 列定义了一个替代键，并且在 C2 和 C3 列定义了另一个替代键，这两个替代键在 C2 列上重合，MySQL 允许这样。

（2）NULL 设置不同

主键字段的值不允许为 NULL，而替代字段的值可以为 NULL，但是必须使用 NULL 或 NOT NULL 声明。

（3）索引不同

创建主键约束时，系统自动产生 PRIMARY KEY 索引。创建替代键约束时，系统自动产生 UNIQUE 索引。

对于已经创建好的表，可以使用 ALTER TABLE 语句向表中添加约束。语法格式如下。

```
ALTER TABLE 表名
  ADD PRIMARY KEY [索引方式] (列名,…)          /*添加主键约束*/
    | ADD UNIQUE [索引名] (列名,…)             /*添加替代键约束*/
    | DROP PRIMARY KEY                          /*删除主键约束*/
```

```
| DROP INDEX 索引名                    /*删除索引*/
```

【例 3-18】假设 book 表中未设定主键，为 book 表建立主键约束“图书编号”和替代键约束“书名”。

```
ALTER TABLE Book
ADD PRIMARY KEY(图书编号),
  ADD UNIQUE u_idx (书名) ;
```

本例中既包括主键约束，也包括替代键约束，说明在 MySQL 中可以同时创建多个约束。

注意，使用 PRIMARY KEY 的列必须是一个具有 NOT NULL 属性的列。

如果想要查看一个表已经建立的约束情况，可以使用 SHOW INDEX FROM 语句。例如想查看 book 表的约束，使用“SHOW INDEX FROM book;”语句即可。

【例 3-19】删除 book 表中的主键和替代键约束。

```
ALTER TABLE Book
  DROP PRIMARY KEY,
  DROP INDEX u_idx ;
```

3.3.4 参照完整性约束

1. 参照完整性约束的概念

在数据库中，有很多规则是和表之间的关系有关的。例如，学生只有注册后才可以参加考试，参加考试后才可以录入成绩。因此，成绩表中的所有学生（由学号来标识）必须是学生注册表中的学生，也就是说存储在成绩表中的所有学号必须是学生注册表的学号列中的学号。这种类型的关系就是参照完整性约束（Referential Integrity Constraint），如图 3-14 所示。

父表（被参照表）

学号	姓名	地址	……
0010012	李山	山东定陶	
0010013	吴兰	湖南新田	
0010014	雷铜	江西南昌	
0010015	张丽鹃	河南新乡	
0010016	赵可以	河南新乡	

子表（参照表）

科目	学号	分数	……
数学	0010012	88	
数学	0010013	74	
语文	0010012	67	
语文	0010013	81	
数学	0010016	98	

约束方法：外键约束

×

数学	0010021	98	

图 3-14　参照完整性约束示意图

2. 参照完整性约束的语法定义

参照完整性约束可以通过外键声明定义。

定义外键的语法格式如下。

```
FOREIGN KEY(外键)
REFERENCES 父表表名 [(父表列名 [(长度)] [ASC | DESC],…)]
  [ON DELETE {RESTRICT | CASCADE | SET NULL | NO ACTION | SET DEFAULT}]
  [ON UPDATE {RESTRICT | CASCADE | SET NULL | NO ACTION | SET DEFAULT}]
```

外键被定义为表的完整性约束，语法中包含外键所参照的表和列，还可以声明参照动作。

语法说明如下。

- ***外键***：子表的列名。外键中的所有列值在引用的列中必须存在。外键可以只引用主键和替代键，不能引用父表中随机的一组列，它必须是父表的列的组合，且其中的值是唯一的。
- ***父表表名***：外键所参照的表名。父表叫作被参照表，外键所在的表叫作参照表。在例3-20中，book_ref是参照表或子表，book是被参照表或父表。
- ***父表列名***：被参照表的列名。外键可以引用一个或多个列。
- ON DELETE | ON UPDATE：可以为每个外键定义参照动作。参照动作包含两部分，第一部分指定这个参照动作应用哪一条语句，有UPDATE和DELETE语句；第二部分指定采取哪个动作，可能采取的动作有RESTRICT、CASCADE、SET NULL、NO ACTION和SET DEFAULT。
  - RESTRICT：当要删除或更新父表中被参照列上在外键中出现的值时，拒绝对父表的删除或更新操作。
  - CASCADE：从父表删除或更新行时，自动删除或更新子表中匹配的行。
  - SET NULL：从父表删除或更新行时，设置子表中与之对应的外键列为NULL。如果外键列没有指定NOT NULL，这就是合法的。
  - NO ACTION：NO ACTION意味着不采取动作，即如果有一个相关的外键值在父表里，则不允许删除或更新父表中该值，其作用和RESTRICT一样。
  - SET DEFAULT：作用和SET NULL一样，只不过SET DEFAULT是指定子表中的外键列为默认值。

v3-8 创建外键

如果没有指定动作，两个参照动作就会默认使用RESTRICT。

3. 创建外键

在创建表或修改表时可以创建外键，方法如下。

（1）创建表的同时创建外键

语法格式如下。

```
CREATE TABLE 子表表名( 列定义, …) | [外键定义]
```

（2）对已有表创建外键

语法格式如下。

```
ALTER TABLE 子表表名
    ADD [外键定义]
```

【例3-20】创建book_ref表，book_ref表中的所有“图书编号”的值都必须出现在book表中，假设已经使用“图书编号”列作为book表的主键。

```
CREATE TABLE book_ref
(
    图书编号 varchar(20) NULL,
    书名 varchar(20) NOT NULL,
    出版日期 date NULL,
    PRIMARY KEY (书名),
    FOREIGN KEY (图书编号)
        REFERENCES book (图书编号)
            ON DELETE RESTRICT
            ON UPDATE RESTRICT
);
```

在这条语句中，定义一个外键的实际作用是，在这条语句执行后，确保插入外键中的每一个非空值都已经在父表中作为主键出现。这意味着，对 book_ref 表中的每一个图书编号都执行一次检查，看这个编号是否已经出现在 book 表的“图书编号”列（主键）中。如果情况不是这样，用户或应用程序会接收到一条出错消息，并且更新被拒绝。这种检查也适用于使用 UPDATE 语句更新 book_ref 表中的“图书编号”列，即 MySQL 确保了 book_ref 表中“图书编号”列的内容总是 book 表中“图书编号”列的内容的一个子集。也就是说，下面的 SELECT 语句不会返回任何行。

```
SELECT  *    FROM  book_ref
    WHERE 图书编号 NOT IN
            (SELECT 图书编号  FROM  book );
```

当指定一个外键的时候，要受到下列条件的制约。

① 父表必须是已经创建的表或者是正在创建的表。在后一种情况下，父表和子表是同一个表，表中的某列参照另一列。

② 必须在父表的名称后面指定列名（或列名的组合）。这个列（或列组合）必须是这个表的主键或替代键。

③ 外键中列的数目必须和父表的主键（或替代键）中列的数目相同。

④ 外键中列的数据类型必须和父表的主键中列的数据类型相同。

⑤ 父表和子表必须使用相同的存储引擎，并且不能将它们定义为临时表。

【例 3-21】 创建带有参照动作 CASCADE 的 book_ref1 表。

```
CREATE TABLE book_ref1
(
    图书编号 varchar(20) NULL,
    书名 varchar(20) NOT NULL,
    出版日期 date NULL,
    PRIMARY KEY (书名),
    FOREIGN KEY (图书编号)
        REFERENCES book (图书编号)
        ON  UPDATE  CASCADE
);
```

这个参照动作的作用是，在主表更新时，子表产生连锁更新动作，有些人称它为级联操作。例如，如果 book 表中有一个“图书编号”为“TP.2525”的值被修改为“TP.2525-1”，则 book_ref1 表中“图书编号”列的值“TP.2525”也相应改为“TP.2525-1”。

同样，如果例 3-21 中的参照动作为 ON DELETE SET NULL，则表示如果删除了 book 表中“图书编号”为“TP.2525”的一行，会同时将 book_ref1 表中所有“图书编号”为“TP.2525”的列的值改为 NULL。

【例 3-22】 在网络图书销售系统中，只有会员才能下订单。因此 sell 表中的所有“用户号”必须出现在 members 表的“用户号”列中。这种约束通过定义参照完整性约束来实现。

```
ALTER TABLE sell
    ADD FOREIGN KEY (用户号)
        REFERENCES members (用户号)
            ON DELETE CASCADE
                ON UPDATE CASCADE;
```

3.3.5 CHECK 完整性约束

主键、替代键、外键都是常见的完整性约束方法。但是，每个数据库通常还有一些专用的完整性约束，例如，sell 表中的订购册数要在 1～5000 内，book 表中的出版时间必须大于 2020 年 1 月 1 日。这样的规则可以使用 CHECK 完整性约束来指定。

CHECK 完整性约束在创建表时定义，可以定义为列完整性约束，也可以定义为表完整性约束。

语法格式如下。

```
CHECK( 表达式 )
```

语法说明如下。

表达式：指定需要检查的条件，在更新表中数据的时候，MySQL 会检查更新后的数据行是否满足 CHECK 的条件。

【例 3-23】 创建表 student，只考虑学号和性别两列，性别只能包含“男”或“女”两项。

```
CREATE  TABLE  student
(
    学号 char(6) NOT NULL,
    性别 char(2) NOT NULL CHECK(性别 IN ('男', '女'))
);
```

这里，CHECK 完整性约束指定了性别只允许输入“男”或“女”，由于 CHECK 包含在列自身的定义中，因此 CHECK 完整性约束被定义为列完整性约束。

【例 3-24】 创建表 student1，只考虑学号、出生日期、学分，出生日期必须大于 2000 年 1 月 1 日。

```
CREATE  TABLE  student1
(
    学号 char(6)    NOT NULL,
    出生日期 date  NOT NULL,
    学分 int NULL,
    CHECK(出生日期>'2000-01-01')
);
```

如果指定的完整性约束中要比较一个表的两个或多个列，那么必须将其定义为表完整性约束。

【例 3-25】 创建表 student3，有学号、最好成绩、平均成绩 3 列，要求最好成绩必须大于平均成绩。

```
CREATE  TABLE  student3
(
    学号 char(6) NOT NULL,
    最好成绩 int(1) NOT NULL,
    平均成绩 int(1) NOT NULL,
        CHECK(最好成绩>平均成绩)
);
```

CHECK 完整性约束可以同时定义多个，中间用逗号隔开。

【例 3-26】 创建表 student4，有学号、最好成绩、平均成绩 3 列，要求最好成绩必须大于平均成绩，且最好成绩不得超过 100 分。

```
CREATE  TABLE  student4
(
    学号 char(6) NOT NULL,
    最好成绩 int(1) NOT NULL,
    平均成绩 int(1) NOT NULL,
        CHECK(最好成绩<=100),
```

```
        CHECK(最好成绩>平均成绩)
);
```

如果需要查看表的所有信息，如字段类型、字段的约束、外键、主键、索引及字符编码等，可以使用如下命令。

```
SHOW CREATE TABLE 表名
```

如果使用 DROP TABLE 语句删除一个表，则所有完整性约束都会被自动删除，父表的所有外键也会被删除。使用 ALTER TABLE 语句，可以只删除完整性约束，而不会删除表本身。

【例 3-27】删除 book 表的主键；删除 book_ref 表的外键 book_ref_ibfk_1；删除 student 表的 CHECK 完整性约束 student_chk_1；修改 student1 表的 CHECK 完整性约束的 student1_chk_1 属性，暂时不强制执行。

```
ALTER TABLE book DROP PRIMARY KEY;
ALTER TABLE book_ref DROP FOREIGN KEY book_ref_ibfk_1;
ALTER TABLE student DROP CHECK student_chk_1;
ALTER TABLE student1 ALTER CHECK student1_chk_1 NOT ENFORCED;
```

3.4 使用图形化管理工具管理数据库和表

使用图形化管理工具时，对数据库进行的大部分操作都能使用菜单完成，而不需要记住操作命令。下面以 Navicat for MySQL 为例，说明如何使用 MySQL 图形化管理工具创建数据库和表。

3.4.1 使用图形化管理工具管理数据库

1. 连接 MySQL 服务器

启动 Navicat for MySQL 后，连接到服务器，如图 3-15 所示。

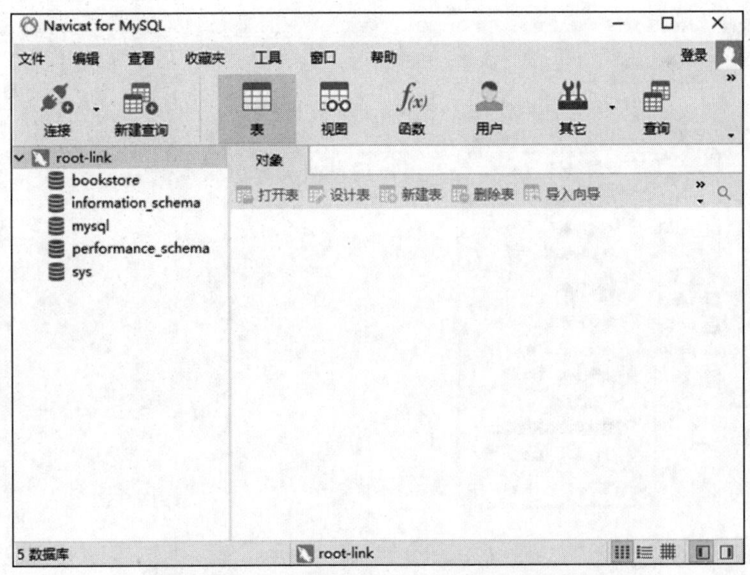

图 3-15 Navicat for MySQL 成功连接服务器

2. 创建数据库

在图 3-15 所示的窗口中选中已建立连接的连接名并右击，在弹出的快捷菜单中选择“新建数据库”，出现图 3-16 所示的“新建数据库”对话框，在“数据库名”文本框中输入新建数据库的名称。如果新建数据库采用服务器默认的字符集和校对规则，则直接单击“确定”按钮；如果数据库要使用特定的字符集和校对规则，则分别指定需要的字符集和校对规则后单击“确定”按钮。单击“确定”按钮后，新的数据库就创建完成了。

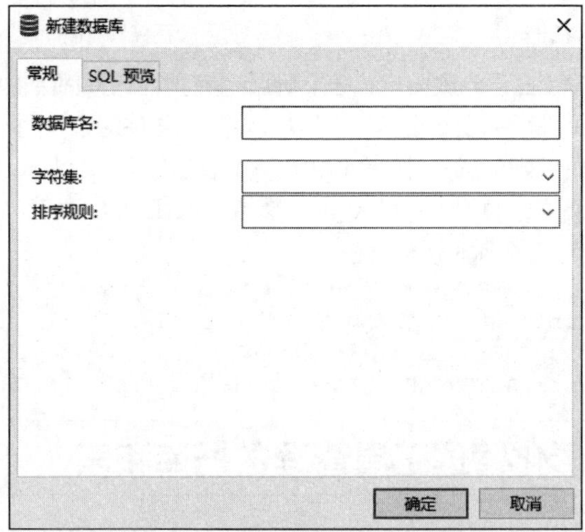

图 3-16 Navicat for MySQL 的“新建数据库”对话框

3. 访问数据库

如果要对数据库进行维护，在“连接”窗格中双击数据库名称，此时窗口右侧会显示所选数据库中已经建立的数据库表文件，右击数据库名称，在弹出的快捷菜单中选择相应操作就可以进行数据库的相关操作，如图 3-17 所示。

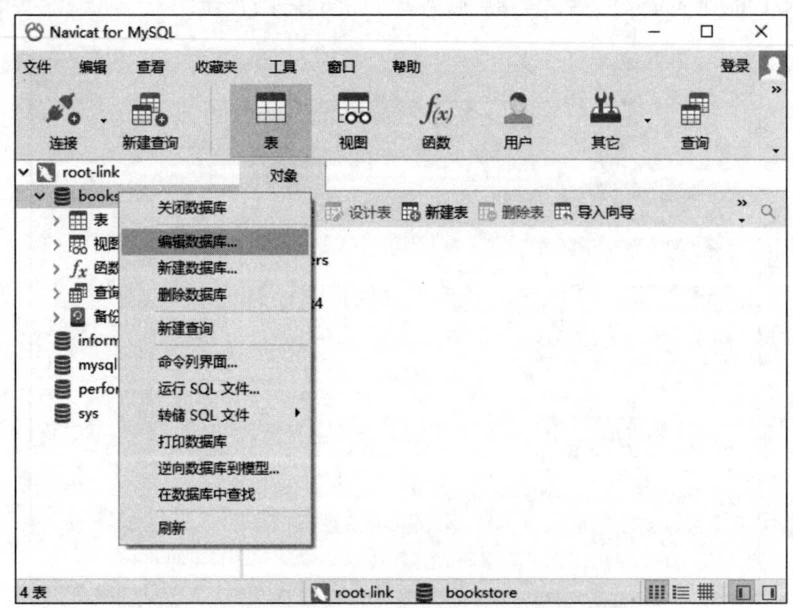

图 3-17 Navicat for MySQL 数据库操作快捷菜单

例如，在图 3-17 所示的数据库操作快捷菜单中选择“编辑数据库”，出现图 3-18 所示的“编辑数据库”对话框，在“字符集”“排序规则”下拉列表中可以选择数据库的字符集和排序规则。

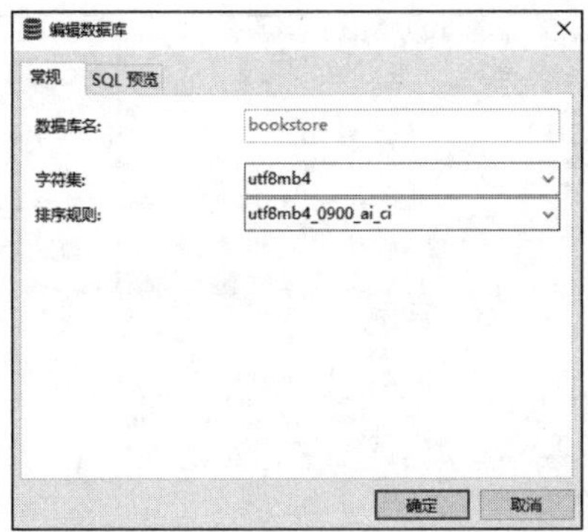

图 3-18 “编辑数据库”对话框

3.4.2 使用图形化管理工具管理数据库表

1. 创建数据库表

图 3-17 所示的窗口右侧的窗格为数据库表管理窗格，单击工具栏中的“新建表”按钮，出现图 3-19 所示的新建表窗口，在“字段”选项卡中依次输入表的字段定义，同时在窗口下侧还可以输入对应字段的默认值、字符集等信息。

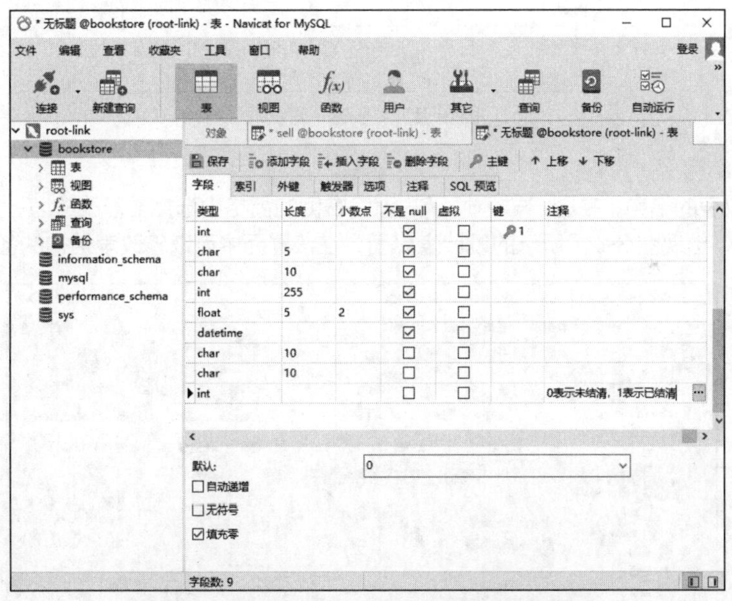

图 3-19 Navicat for MySQL 创建数据库表界面

注意 对于初学者，直接写 SQL 语句容易出错，可以借助图形化管理工具来生成 SQL 语句。在图 3-19 中，数据库表定义完成后，切换到“SQL 预览”选项卡，Navicat 将自动生成 SQL 语句，如图 3-20 所示。

初学者可以将自动生成的 SQL 语句复制下来使用，但要注意，命令中用户定义的参数都加了反引号，如`bookstore`，将反引号删除也不影响使用。另外，数据库表的名字是`Untitled`，如果使用上述 SQL 语句，要将`Untitled`改为实际的数据库表名，如`sell`。

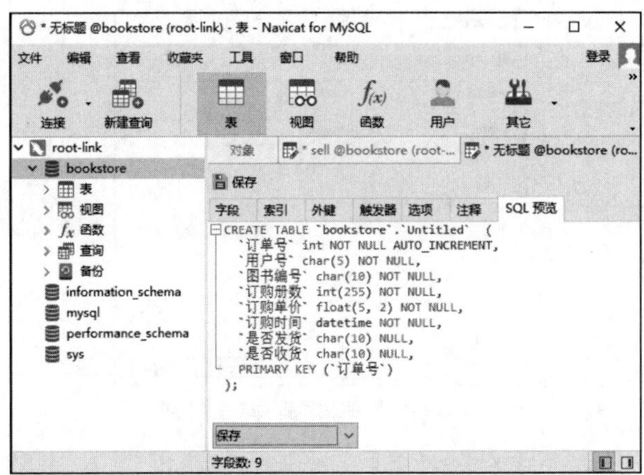

图 3-20　Navicat for MySQL 自动生成的 SQL 语句

数据库表定义完成后，单击工具栏中的“保存”按钮，出现图 3-21 所示的“表名”对话框，在“输入表名”文本框中输入新表的名称后单击“确定”按钮，新的数据库表就创建完成了。

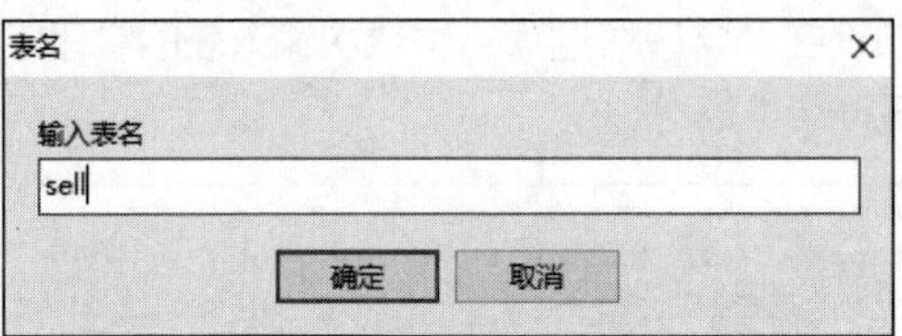

图 3-21　“表名”对话框

2. 修改表结构

如果要修改表的结构，在图 3-17 所示的窗口右侧的窗格中选择要修改的表，单击工具栏中的“设计表”按钮，出现图 3-22 所示的设计表界面，在该界面中可以修改表结构的各项定义。

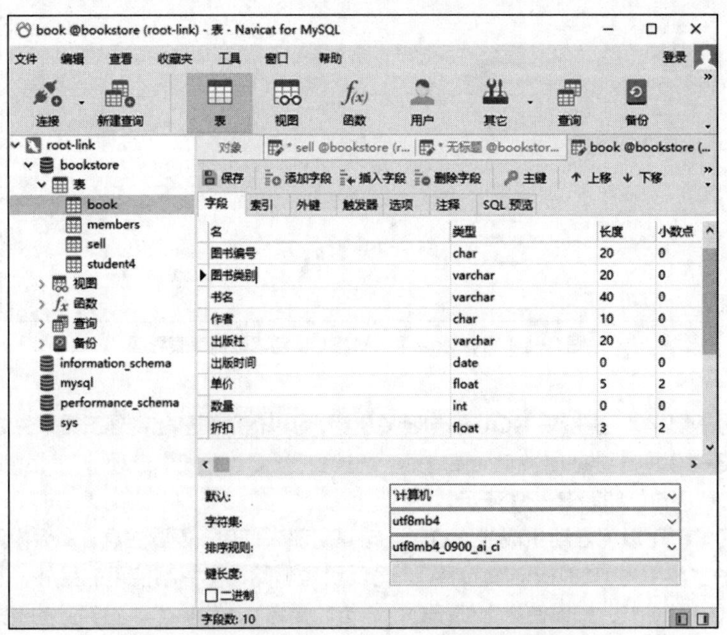

图 3-22　Navicat for MySQL 设计数据库表界面

3. 删除表

如果要删除表，可在图 3-17 所示的窗口右侧的窗格中选择要删除的表，单击工具栏中的“删除表”按钮，选中的表就被删除了。

4. 设置主键

如果要对表设置主键，可在图 3-22 所示的设计表界面中选中要设置主键的行，在工具栏中单击“主键”按钮即可。

5. 设置外键

【例 3-28】在网络图书销售系统中，用户只能订购 book 表中的图书。因此 sell 表中的所有图书编号只能是 book 表中有的图书编号。这种约束需要定义参照完整性约束来实现，现用 Navicat for MySQL 设置 sell 表的外键。

如果要对 sell 表设置外键，在图 3-23 所示的窗口右侧的窗格中选择 sell 表，在工具栏中单击“设计表”按钮，然后切换到“外键”选项卡，设置相关参数（用户可任意设置外键名，若未指定外键名，保存后，系统指定的外键名为“sell_ibfk_1”）。

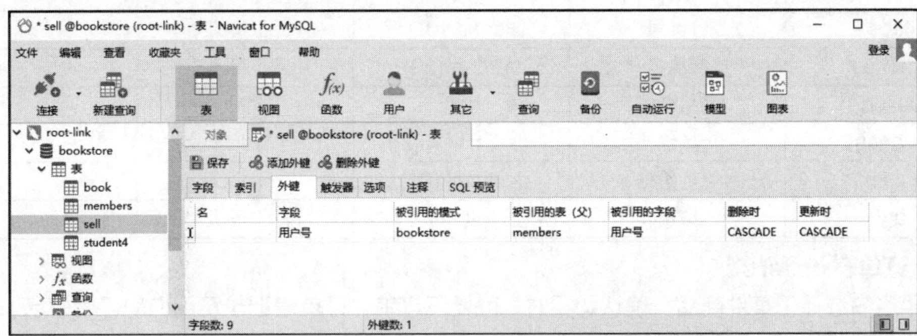

图 3-23　Navicat for MySQL 设置 sell 表外键的界面

【商业实例】Petstore 数据定义

任务 1　Petstore 数据库表结构分析

根据单元 2 商业实例中 Petstore 数据库的设计可知其主要数据库表的结构如下。

1. 用户表 account

用户表 account 用于记录用户注册的相关信息，其结构如表 3-6 所示。

表 3-6　用户表 account 的结构

属性名称	含义	数据类型	是否允许为空	备注
userid	用户号	char(6)	NOT NULL	主键
fullname	用户名	varchar(10)	NOT NULL	
password	密码	varchar(20)	NOT NULL	
sex	性别	char(2)	NOT NULL	
address	住址	varchar(40)	NULL	
email	邮箱	varchar(20)	NULL	
phone	电话	varchar(11)	NOT NULL	

2. 商品分类表 category

商品过多的时候不便于选择和查询，需要一个商品分类表来进行商品的分类管理。商品分类表 category 的结构如表 3-7 所示。

表 3-7 商品分类表 category 的结构

属性名称	含义	数据类型	是否允许为空	备注
catid	分类号	char(10)	NOT NULL	主键
catname	分类名称	varchar(20)	NOT NULL	

3. 商品表 product

商品表 product 用于存放宠物商店出售的商品信息，其结构如表 3-8 所示。

表 3-8 商品表 product 的结构

属性名称	含义	数据类型	是否允许为空	备注
productid	商品号	char(10)	NOT NULL	主键
catid	分类号	char(10)	NOT NULL	
name	商品名	varchar(30)	NOT NULL	
descn	商品介绍	text	NULL	
listprice	市场价格	decimal(10,2)	NULL	
unitcost	当前价格	decimal(10,2)	NULL	
qty	数量	int(11)	NOT NULL	

4. 订单表 orders

如果用户选择了某件商品，确认购买时，就要下订单，订单表记录了用户的订单信息。订单表 orders 的结构如表 3-9 所示。

表 3-9 订单表 orders 的结构

属性名称	含义	数据类型	是否允许为空	备注
orderid	订单号	int(11)	NOT NULL	主键，按订单生成顺序自动编号
userid	用户号	char(6)	NOT NULL	
orderdate	订单日期	datetime	NOT NULL	当前日期
totalprice	订单总价	decimal(10,2)	NULL	
status	订单状态	tinyint(1)	NULL	订单是否已处理。1 表示已处理，0 表示待处理

5. 订单明细表 lineitem

如果用户一次购买了几种商品，则需要一个订单明细表来记录用户所购商品的数量、单价等信息，主键是订单号和商品号。订单明细表 lineitem 的结构如表 3-10 所示。

表 3-10 订单明细表 lineitem 的结构

属性名称	含义	数据类型	是否允许为空	备注
orderid	订单号	int(11)	NOT NULL	主键
itemid	商品号	char(10)	NOT NULL	主键
quantity	数量	int(11)	NOT NULL	
unitprice	单价	decimal(10,2)	NOT NULL	

任务 2 创建 Petstore 数据库与表

1. 创建 Petstore 数据库

```
CREATE DATABASE Petstore;
```

2. 创建用户表 account

```
USE Petstore;
CREATE TABLE account (
  userid char(6) NOT NULL ,
  fullname varchar(10) NOT NULL,
  password varchar(20) NOT NULL,
  sex char(2) NOT NULL,
  address varchar(40) NULL,
  email varchar(20) NULL,
  phone varchar(11) NOT NULL,
  PRIMARY KEY (userid)
);
```

3. 创建商品分类表 category

```
CREATE TABLE category (
  catid char(10) NOT NULL,
  catname varchar(20) NULL,
  PRIMARY KEY (catid)
);
```

4. 创建商品表 product

```
CREATE TABLE product (
  productid char(10) NOT NULL,
  catid char(10) NOT NULL,
  name varchar(30) NOT NULL,
  descn text NULL,
  listprice decimal(10,2) NULL,
  unitcost decimal(10,2) NULL,
  qty int(11) NOT NULL,
  PRIMARY KEY (productid)
);
```

5. 创建订单表 orders

```
CREATE TABLE orders (
  orderid int(11) NOT NULL AUTO_INCREMENT,
  userid char(6) NOT NULL,
  orderdate datetime NOT NULL,
  totalprice decimal(10,2) DEFAULT NULL,
  status tinyint(1) DEFAULT NULL,
  PRIMARY KEY (orderid)
);
```

6. 创建订单明细表 lineitem

```
CREATE TABLE lineitem (
  orderid int(11) NOT NULL,
  itemid char(10) NOT NULL,
  quantity int(11) NOT NULL,
  unitprice decimal(10,2) NOT NULL,
  PRIMARY KEY (orderid,itemid)
);
```

任务3 建立数据完整性约束

（1）product 表中的 catid 列引用了 category 表中的 catid，为 product 表中的 catid 列创建外键，以保证要删除 category 表中 catid 列的值时，只要 product 表中的 catid 列还有该值的记录，就拒绝对 category 表的删除操作。

```
ALTER TABLE product
    ADD FOREIGN KEY (catid)
        REFERENCES category(catid)
            ON DELETE RESTRICT;
```

（2）orders 表中的 userid 列引用了 account 表中的 userid，为 orders 表中的 userid 列创建外键，以保证当要删除和更新 account 表中的数据时，只要 orders 表中还有该用户的订单，就拒绝对 account 表进行删除和更新操作。

```
ALTER TABLE orders
   ADD FOREIGN KEY (userid)
        REFERENCES account(userid)
            ON DELETE RESTRICT
            ON UPDATE RESTRICT;
```

（3）lineitem 表中的 itemid 列引用了 product 表中的 productid，为 lineitem 表中的 itemid 列创建外键，以保证当要删除和更新 product 表中的商品号时，自动删除或更新 lineitem 表中匹配的行。

```
ALTER TABLE lineitem
    ADD FOREIGN KEY (itemid)
        REFERENCES product(productid)
            ON DELETE CASCADE
            ON UPDATE CASCADE;
```

（4）lineitem 表中的 orderid 列引用了 orders 表中的 orderid，为 lineitem 表中的 orderid 列创建外键，以保证当要删除 orders 表中的订单号时，自动删除 lineitem 表中匹配的行。

```
ALTER TABLE lineitem
    ADD FOREIGN KEY (orderid)
        REFERENCES orders(orderid)
            ON DELETE CASCADE;
```

（5）为 account 表中的 sex 列添加 CHECK 完整性约束，以保证性别只能为“男”或“女”。

```
ALTER  TABLE  account
ADD  CHECK(sex IN ('男', '女'));
```

【综合实训】LibraryDB 数据定义

一、实训目的

（1）掌握使用命令行方式和图形化管理工具创建数据库和表的方法。

（2）掌握使用命令行方式和图形化管理工具修改数据库和表的方法。

（3）掌握删除数据库和表的方法。

二、实训内容

图书管理系统中的图书借阅数据库名为 LibraryDB，包含读者表、读者类型表、库存表、图书表、借阅表，各表的结构如表 3-11～表 3-15 所示。

表 3-11　读者表结构

属性名称	数据类型	长度	是否允许为空	备注
读者编号	char	6	NOT NULL	主键
姓名	char	10	NOT NULL	
类别号	char	2	NOT NULL	
单位	varchar	20	NULL	
有效性	char	10	NULL	

表 3-12　读者类型表结构

属性名称	数据类型	长度	是否允许为空	备注
类别号	char	2	NOT NULL	主键
类名	char	10	NOT NULL	
可借数量	int		NULL	
可借天数	int		NULL	

表 3-13　库存表结构

属性名称	数据类型	长度	是否允许为空	备注
条码	char	20	NOT NULL	主键
书号	char	10	NOT NULL	
位置	varchar	20	NOT NULL	
库存状态	char	10	NULL	

表 3-14　图书表结构

属性名称	数据类型	长度	是否允许为空	备注
书号	char	10	NOT NULL	主键
书名	varchar	20	NOT NULL	
类别	char	10	NOT NULL	
作者	char	10	NOT NULL	
出版社	varchar	20	NOT NULL	
单价	float	5,2	NULL	
数量	int		NULL	

表 3-15　借阅表结构

属性名称	数据类型	长度	是否允许为空	备注
借阅号	int		NOT NULL	主键
条码	char	20	NOT NULL	
读者编号	char	6	NOT NULL	
借阅日期	date		NULL	
还书日期	date		NULL	
借阅状态	char	6	NULL	

1. 使用命令行方式完成以下操作

（1）创建图书借阅数据库 LibraryDB 和测试数据库 MyTest。

（2）打开图书借阅数据库 LibraryDB。

（3）在数据库 LibraryDB 中创建读者表、读者类型表。

（4）显示 MySQL 服务器中数据库的相关信息。

（5）显示 LibraryDB 数据库中相关表的信息。

（6）删除 MyTest 数据库。

2. 使用 MySQL 图形化管理工具完成以下操作

（1）使用 Navicat for MySQL 访问 MySQL 数据库。

（2）使用 Navicat for MySQL 在 LibraryDB 中创建图书表、库存表和借阅表。

3. 建立数据完整性约束

（1）为 LibraryDB 中的读者表指定主键“读者编号”。

（2）为读者表创建外键，其“类别号”列的值必须是读者类型表中“类别号”列存在的值；删除或修改读者类型表中的“类别号”值时，读者表中“类别号”列的数据也要随之变化。

（3）为借阅表创建外键，其“读者编号”列的值必须是读者表中“读者编号”列存在的值；删除或修改读者表中的“读者编号”值时，只要借阅表中该读者还有记录，就不得删除或修改。

（4）为借阅表创建外键，借阅表中“条码”列中的值必须是库存表中“条码”列存在的值；删除或修改库存表中的“条码”值时，借阅表中“条码”列的数据也要随之变化。

（5）修改读者类型表，“可借数量”的取值范围为 0～30。

（6）修改库存表，“库存状态”只能是“在馆”“借出”“丢失”3 种状态之一。

单元小结

- 数据库可以看作一个存储数据对象的容器。要创建数据对象，必须先创建数据库。在 MySQL 中可以采用命令行和图形化管理工具两种方式来创建和管理数据库及数据对象。命令行方式通过直接输入 SQL 语句完成数据管理工作，高效快捷，但需熟练掌握 SQL 语句的使用方法。使用图形化管理工具对数据库进行操作时，大部分操作都能使用菜单完成，而不需要记住操作命令，图形化管理工具对数据库的管理直观、简洁，同时还能帮助初学者理解 SQL 语句。
- 字符集是一套符号和编码。校对规则是在字符集内用于比较字符的一套规则。MySQL 支持 40 多种字符集的 70 多种校对规则，可以实现在同一台服务器、同一个数据库，甚至在同一个表中使用不同字符集或校对规则来混合字符串。
- 数据库表是由多列、多行组成的表格，包括表结构和表记录两部分。表的一列称作一个字段，字段的集合（即表头）决定了表的结构。
- 要将数据存入数据库表中，必须先定义表的结构，即确定表的每一列的字段名、值类型、取值范围、是否为空等。MySQL 的数据类型很多，常用的有数值类型、字符串类型，以及日期和时间类型。
- 数据完整性约束是指用户对数据进行插入、修改、删除等操作时，DBMS 对数据进行监测的一套规则。该规则使不符合规范的数据不能进入数据库，以确保数据库中存储的数据正确、有效、相容。
- MySQL 数据完整性约束有主键约束、替代键约束、参照完整性约束、CHECK 完整性约束。

理论练习

一、选择题

1. 在 MySQL 中，建立数据库使用的命令是（　　）。
   A. CREATE DATABASE　　B. CREATE TABLE
   C. CREATE VIEW　　D. CREATE INDEX
2. 对于 MySQL，错误的说法是（　　）。
   A. MySQL 是一款关系数据库系统
   B. MySQL 是一款网络数据库系统
   C. MySQL 可以在 Linux 或 Windows 操作系统下运行
   D. MySQL 对 SQL 的支持不是很好
3. 在创建表时，不允许某列为空可以使用（　　）。
   A. NOT NULL　　B. NO NULL　　C. NOT BLANK　　D. NO BLANK
4. 支持外键的存储引擎是（　　）。
   A. MyISAM　　B. InnoDB　　C. MEMORY　　D. CHARACTER
5. “ALTER TABLE t1 MODIFY b INT NOT NULL”语句的作用是（　　）。
   A. 修改数据库表名为 b　　B. 修改表 t1 中列 b 的名称
   C. 在表 t1 中添加一列 b　　D. 修改表 t1 中列 b 的数据类型
6. 关系数据库中的关键字是指（　　）。
   A. 能唯一决定关系的字段　　B. 不可改动的专用保留字
   C. 关键的、很重要的字段　　D. 能唯一标识元组的属性或属性集合
7. 若要删除数据库中已经存在的表 S，可以使用（　　）。
   A. DELETE TABLE S　　B. DELETE S
   C. DROP TABLE S　　D. DROP S
8. 学生关系模式 S（S#，Sname，Sex，Age），S 的属性分别表示学生的学号、姓名、性别、年龄。要在表 S 中删除一个属性“年龄”，可选用的 SQL 语句是（　　）。
   A. DELETE Age from S　　B. ALTER TABLE S DROP Age
   C. UPDATE S Age　　D. ALTER TABLE S ‘Age’
9. MySQL 的字符串数据类型主要包括（　　）。
   A. int、money、char　　B. char、varchar、text
   C. datetime、binary、int　　D. char、varchar、int
10. 在 MySQL 中，删除数据库表使用的命令是（　　）。
   A. DORP DATABASE　　B. DROP VIEW
   C. DROP TABLE　　D. DROP INDEX

二、分析应用题

近 10 年来，我国科技创新日新月异，世界知识产权组织发布的《2023 年全球创新指数报告：面对不确定性的创新》显示，中国从 2013 年的第 35 位上升到 2023 年的第 12 位，10 年间上升 23 位。北斗组网、嫦娥探月、天问探火、空间站遨游星河……我国重大创新成果竞相涌现，表 3-16 所示为我国重大工程数据表，请将你熟悉的重大工程数据填入该表，并在 MySQL 中创建一个名为“中国科技创新”的数据库，再在该数据库中创建名为“重大工程”的数据库表。

表 3-16　重大工程数据表

编号	工程名称	重要参数
A01	蛟龙号载人潜水器	最大深度 7062 米
A02	北斗卫星系统	共发射 56 颗卫星
A03		
A04		
A05		

【实战演练】SchoolDB 数据定义

学生成绩管理系统数据库 SchoolDB 包含学生表 student、课程表 course、成绩表 score 和班级表 class，各表的结构如表 3-17～表 3-20 所示。

表 3-17　学生表 student 结构

属性名称	数据类型	长度	是否允许为空	备注
学号	char	10	NOT NULL	主键
姓名	char	10	NOT NULL	
性别	char	2	NOT NULL	
出生日期	date		NULL	
地区	varchar	20	NULL	
民族	char	10	NULL	
班级编号	char	6	NULL	

表 3-18　课程表 course 结构

属性名称	数据类型	长度	是否允许为空	备注
课程号	char	6	NOT NULL	主键
课程名	varchar	20	NOT NULL	
学分	int		NOT NULL	
学时	int		NOT NULL	
学期	char	2	NULL	
前置课	char	6	NULL	

表 3-19　成绩表 score 结构

属性名称	数据类型	长度	是否允许为空	备注
学号	char	10	NOT NULL	主键
课程号	char	6	NOT NULL	主键
成绩	float	5,2	NULL	

表 3-20 班级表 class 结构

属性名称	数据类型	长度	是否允许为空	备注
班级编号	char	6	NOT NULL	主键
班级名称	varchar	20	NOT NULL	
院系	varchar	30	NOT NULL	
年级	int		NULL	
人数	int		NULL	

用 SQL 语句完成以下操作。

（1）创建学生成绩管理系统数据库 SchoolDB。

（2）在学生成绩管理系统数据库 SchoolDB 中创建班级表 class、学生表 student、课程表 course 和成绩表 score。

（3）SchoolDB 数据库中各表的主键和外键如表 3-21 所示，参照表 3-21 分别为 SchoolDB 数据库中的 4 个表指定主键和外键。

表 3-21 SchoolDB 数据库中各表的主键和外键

表名	主键	外键	外键参考
class	班级编号		
student	学号	班级编号	class（班级编号）
course	课程号	前置课	course（课程号）
score	学号+课程号	学号 课程号	student（学号） course（课程号）

（4）为成绩表 score 中的“成绩”列添加 CHECK 完整性约束，成绩的值在 0～100 的范围内。

（5）为 student 表中的“性别”列添加 CHECK 完整性约束，以保证性别只能为“男”或“女”。

单元4 数据操作

04

问题引入

如果把数据库想象成存储数据的仓库，那么，我们在单元 3 就已经把仓库建好了，接下来需要将数据保存到数据库中。当大量货物存放在仓库中时，需要科学地安排货物的存储位置，高效地管理货物的进出……同理，在实现数据高效管理的过程中，数据库中的数据需要由数据库管理系统统一管理，用户需要通过数据库管理系统才能操作数据库中的数据。接下来，我们将学习如何插入、修改和删除数据。

学习目标

◆ 知识点
- 熟练掌握 INSERT 语句的用法。
- 熟练掌握 UPDATE 语句的用法。
- 熟练掌握 DELETE 语句的用法。

◆ 技能点
- 能使用图形化管理工具和命令行方式实现数据插入操作。
- 能使用图形化管理工具和命令行方式实现数据修改操作。
- 能使用图形化管理工具和命令行方式实现数据删除操作。

◆ 素养点
- 树立标准意识，遵守项目开发规范。
- 培养学生守正创新、与时俱进的精神。

思维导图

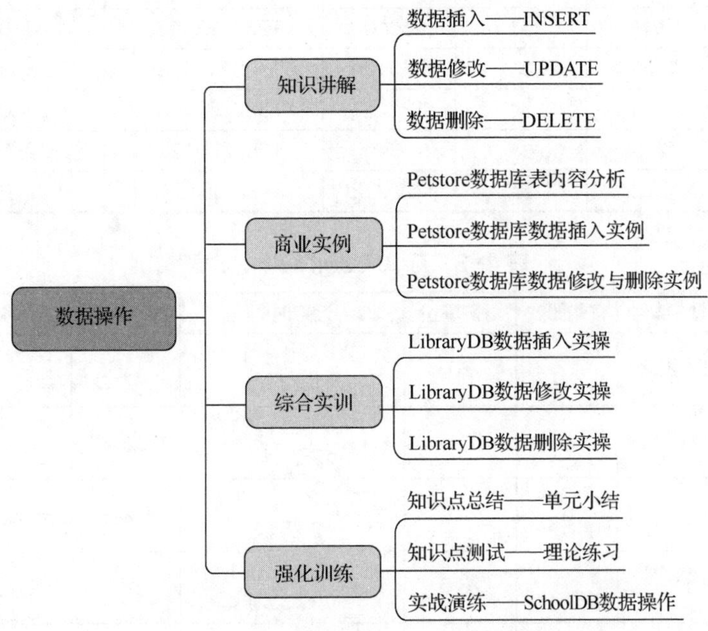

相关知识

数据库是存储数据的仓库，数据库表是用来实现数据存储的基本对象，SQL 提供的数据操作语言（Data Manipulation Language，DML）中包含数据的插入（INSERT）、删除（DELETE）、更新（UPDATE）语句等。根据单元 3 对 Bookstore 数据库及其表结构的讨论，假设该数据库的样本数据如表 4-1～表 4-3 所示。本单元介绍如何运用 DML 实现 Bookstore 数据库的数据操作。

表 4-1　图书目录表 book 的样本数据

图书编号	图书类别	书名	作者	出版社	出版时间	单价	数量	折扣	封面图片
TP.2462	计算机	计算机应用基础	陆大一	清华大学出版社	2022-10-19	45.00	45	0.80	
TP.2463	计算机	计算机网络技术	林力尔	清华大学出版社	2021-10-16	25.50	31	0.80	D:\pic\ll.jpg
TP.2525	计算机	PHP 高级语言	王大山	中国青年出版社	2022-06-20	33.25	3	0.80	D:\pic\js.jpg
TP.6625	计算机	JavaScript 编程	谢为士	中国青年出版社	2021-08-05	33.00	60	0.80	
Ts.3010	数据库	Oracle	张小五	北京大学出版社	2022-08-02	28.00			
Ts.3035	数据库	MySQL 数据库	李陸	北京大学出版社	2020-12-26	20.00	500	0.80	D:\pic\jp.jpg
Tw.1283	网页设计	DW 网站制作	李七	人民邮电出版社	2021-10-01	27.00			
Tw.2562	网页设计	ASP 网站制作	胡莉芭	中国青年出版社	2022-07-24	30.50	50	0.80	
Tw.3020	网页设计	网页程序设计	刘玫	清华大学出版社	2023-02-15	25.00			

表 4-2　会员表 members 的样本数据

用户号	姓名	性别	密码	联系电话	注册时间
A0012	赵宏宇	男	080100	13601234123	2023-03-04 18:23:45
A3013	张凯	男	080100	13611320001	2023-01-15 09:12:23
B0022	王林	男	080100	12501234123	2023-01-12 08:12:30
B2023	李小冰	女	080100	13651111081	2023-01-18 08:57:18
C0132	张莉	女	123456	13822555432	2022-09-23 00:00:00
C0138	李华	女	123456	13822551234	2022-08-23 00:00:00
D1963	张三	男	222222	51985523	2022-01-23 08:15:45

表 4-3　订单表 sell 的样本数据

订单号	用户号	图书编号	订购册数	订购单价	订购时间	是否发货	是否收货	是否结清
1	C0132	TP.2525	13	20	2023-11-14 12:13:49	已发货		0
2	D1963	TP.2463	3	31.5	2023-11-21 12:25:12	已发货		0
3	D1963	TP.2525	6	23.45	2023-03-26 12:25:23	已发货	已收货	0
4	C0138	Ts.3035	10	23.5	2023-08-01 12:13:49	已发货	已收货	1
5	C0138	TP.2525	133	33.5	2023-08-01 12:13:49			0
6	A3013	Tw.2562	4	89	2023-08-20 00:00:00			0
7	C0138	TP.2463	43	30	2023-11-08 12:13:49	已发货		0
8	C0138	Ts.3035	5	45.5	2023-11-21 00:00:00			0
9	C0132	Tw.1283	6	23	2023-11-28 18:23:35	已发货	已收货	1

4.1 数据插入

一旦创建了数据库和表，下一步就是向表中插入数据。使用 INSERT 或 REPLACE 语句可以向表中插入一行或多行数据。

v4-1　数据插入

语法格式如下。

```
INSERT [IGNORE] [INTO] 表名[(列名,…)]
VALUES ({表达式| DEFAULT},…),(…),…
| SET 列名={表达式| DEFAULT}, …
```

语法说明如下。

- *列名*：需要插入数据的列名。如果要向全部列插入数据，列名可以省略。如果只向表的部分列插入数据，则需要指定这些列。对于没有指出的列，它们的值根据列的默认值或有关属性来确定，

MySQL 处理的原则如下。

■ 对于具有 AUTO_INCREMENT 属性的列，系统将生成序号值来唯一标识列。

■ 对于具有默认值的列，其值为默认值。

■ 对于没有默认值的列，若允许为空值，则其值为空值；若不允许为空值，则提示出错。

■ 对于类型为 timestamp 的列，系统自动为其赋值。

• VALUES 子句：包含各列需要插入的数据清单，数据的顺序要与列的顺序相对应。若***表名***后不给出***列名***，则在 VALUES 子句中给出每一列的值；如果列值为空，则其值必须置为 NULL，否则会出错。

■ ***表达式***：可以是一个常量、变量或一个表达式，也可以是 NULL，其值的数据类型要与列的数据类型一致。例如，当列的数据类型为 int，而插入的数据是“aaa”时就会出错。当数据为字符串型和日期型时要用单引号引起来。

■ DEFAULT：指定为该列的默认值，前提是该列已经指定了默认值。如果列清单和 VALUES 清单都为空，则 INSERT 会创建一行，将每列都设置成默认值。

• IGNORE：当插入一条违反唯一约束条件的记录时，MySQL 不会尝试去执行该语句。

【例 4-1】向 Bookstore 数据库的表 book（表中的列包括图书编号、图书类别、书名、作者、出版社、出版时间、单价、数量、折扣及封面图片）中插入一行数据“TP.9501，计算机，Dreamwearer，鲍里拾，高等教育出版社，2023-08-16，33.25，50，0.8，NULL”。

```
USE Bookstore;
INSERT INTO book VALUES (
        'TP.9501', '计算机', 'Dreamwearer',
        '鲍里拾', '高等教育出版社', '2023-08-16', 33.25,50,0.8, NULL );
```

代码中没有给出要插入的列的字段名列表，是因为如果在 VALUES 中给出了全部列的插入数据，则可以省略字段名列表。

【例 4-2】若表 book 中“图书类别”列的默认值为“计算机”，“封面图片”列的默认值为 NULL，插入例 4-1 中的数据。

```
INSERT INTO book (
        图书编号,书名,作者,出版社,出版时间,单价,数量,折扣 )
    VALUES ( 'TP.9501',  'Dreamwearer',
        '鲍里拾', '高等教育出版社', '2023-08-16', 33.25, 50, 0.8 );
```

对于字段名列表中没有给出的字段，系统将用默认值代替，例 4-2 中字段名列表中没有给出“图书类别”“封面图片”字段，“图书类别”字段取默认值“计算机”，与要插入的数据项相同；由于“封面图片”定义允许为空，所以没有出现在字段名列表中时，系统就以 NULL 代替。如果某个字段既没有在字段名列表中列出，又没有在表结构定义中设置默认值，也不为空，则插入操作将出错，记录不能被插入。

上述命令执行结果与例 4-1 的执行结果相同，此操作还可以使用 SET 子句来实现。

```
INSERT INTO book
SET 图书编号 = 'TP.9501', 书名 = 'Dreamwearer',
        图书类别 = DEFAULT, 作者 = '鲍拾里', 出版社 = '高等教育出版社',
        出版时间 = '2023-08-16', 单价 = 33.25, 数量 = 50, 折扣 = 0.8;
```

但是，如果例 4-1 中的语句正确执行，记录已经插入了，再执行例 4-2 的 SQL 语句，系统将提示 1062 错误。这是因为两条记录的图书编号相同，而图书编号是 book 表的主键，不能重复。当插入第二条相同编号的记录时，系统将提示错误信息，意为表中已有图书编号为“TP.9501”的记录，不能插入第二条记录。

使用 REPLACE 语句，可以用第二条记录替换第一条记录。

```
REPLACE INTO book
    VALUES ( 'TP.9501', '计算机', 'PHP 网站制作', '林十伊',
        '高等教育出版社', '2023-10-16', 23.5, 30, 0.8, NULL);
```

REPLACE 语句用 VALUES 子句的值替换已经存在的记录。如果在例 4-2 的 INSERT 语句中使用 IGNORE 关键字，则 MySQL 不会尝试去执行该语句，原有记录保持不变，但系统也不会提示出错。

注意　在 MySQL 中，字段名是变量，不需要引号，而给变量赋的值，要根据数据类型来确定；字符串类型和日期类型的数据必须用单引号或双引号引起来，数值类型的则不需要。例如出版社、出版日期和单价都是字段名，不需要使用引号引起来；而高等教育出版社是字符串类型的值，必须用单引号引起来；2023-10-16 是日期类型的值，也要用单引号引起来；23.5 是数值，不需要用单引号引起来。

MySQL 支持图片的存储，存储图片的字段类型为 blob，是一个二进制的对象，可以容纳可变数量的数据。blob 类型有 4 种，分别是 tinyblob、blob、mediumblob 和 longblob，它们只是可容纳值的最大长度不同。虽然 MySQL 支持图片的存储，但是将图片直接存储在数据库中，会使数据库文件很大，影响数据的检索速度，且读取程序烦琐，一般应尽量避免使用这种方式。数据库表中如果要存储图片信息，如“封面图片”“照片”这样的图片数据，建议采用存储图片路径的方式来实现。例 4-3 采用存储图片路径的方式存储图片。

【例 4-3】向 book 表中插入一行数据“TP.2467，计算机，计算机基础，林华忠，高等教育出版社，2023-10-16，45.5，45，0.8，D: \pic\ ic.jpg”。

其中，封面图片的存储路径为“D: \pic\ ic.jpg”。

```
INSERT INTO book
       VALUES('TP.2467', '计算机', '计算机基础',
       '林华忠', '高等教育出版社', '2023-10-16', 45.5, 45, 0.8,
       'D:\pic\ic.jpg' );
```

在一个单独的 INSERT 语句中可使用 VALUES 子句来一次插入多条记录。

【例 4-4】向 members 表中插入两行数据“C0138，李华，女，123456，13822551234，2023-8-23”“C0139，张明，男，123456，13822555432 ，2023-9-23”。

```
INSERT INTO members  VALUES
       ('C0138', '李华','女','123456','13822551234' ,'2023-8-23'),
       ('C0139', '张明','男','123456','13822555432' ,'2023-9-23');
```

从上面的 SQL 语句可以看出，当一次插入多条记录时，每条记录的数据要用括号括起来，记录与记录之间用逗号分隔。

v4-2　数据修改

4.2 数据修改

要修改表中的数据，可以使用 UPDATE 语句。UPDATE 语句可以用来修改单个表，也可以用来修改多个表。

1. 单表数据的修改

语法格式如下。

```
UPDATE [IGNORE] 表名
SET 列名 1=表达式 1 [,列名 2=表达式 2 …]
[WHERE 条件]
```

语法说明如下。

- SET 子句：根据 WHERE 子句中指定的条件对符合条件的数据行进行修改。若语句中不设定 WHERE 子句，则更新所有行。
- *列名 1*、*列名 2*…：要修改列值的列名，可以同时修改所在数据行的多个列值，每个值之间用逗号隔开。
- *表达式 1*、*表达式 2*…：可以是常量、变量或表达式。

【例 4-5】 将 Bookstore 数据库中 book 表的所有图书数量都增加 10。将 members 表中姓名为“张三”的会员的联系电话改为“13802551234”，密码改为“111111”。

```
UPDATE book
    SET 数量 = 数量+10;
UPDATE members
    SET 联系电话 = '13802551234' , 密码 = '111111'
        WHERE 姓名 = '张三';
```

执行“SELECT * FROM book;”可以发现表中所有图书的数量都已经增加了 10。因为 UPDATE 语句中没有 WHERE 子句，所以更新了所有行的数据。

执行“SELECT * FROM members;”可以发现只有姓名为“张三”的会员的联系电话被改为“13802551234”，密码被改为“111111”。当 UPDATE 中有 WHERE 子句时，则根据 WHERE 子句指定的条件对符合条件的数据行进行修改，因此只修改了会员张三的相关数据。

2. 多表数据的修改

语法格式如下。

```
UPDATE [IGNORE] 表名列表
SET 列名1=表达式1 [,列名2=表达式2 …]
[WHERE 条件]
```

语法说明如下。

表名列表：包含多个表名，各表名之间用逗号隔开。

多表修改语法的其他部分与单表修改语法的相同。

【例 4-6】 订单号为 6 的会员因某种情况退回两本图书，在 sell 表中修改其订购册数，同时书退回后，book 表中该图书的数量增加 2。

```
UPDATE  sell,book
    SET  sell.订购册数 = 订购册数 - 2 , book.数量 = 数量 + 2
        WHERE sell.图书编号 = book.图书编号 and sell.订单号 = 6;
```

当用 UPDATE 修改多个表时，要修改的表名之间用逗号隔开。字段名如果涉及多个表，可用“表名.字段名”表示，如例 4-6 中的“sell.图书编号”“book.图书编号”。多表连接条件须在 WHERE 子句中指定。

4.3 数据删除

4.3.1 使用 DELETE 语句删除数据

v4-3 数据删除

1. 从单个表中删除行

语法格式如下。

```
DELETE [IGNORE] FROM 表名
```

```
[WHERE 条件]
```

语法说明如下。

- FROM 子句：用于说明从何处删除数据，***表名***为要删除数据的表的名称。
- WHERE 子句：***条件***中的内容为指定的删除条件。如果省略 WHERE 子句，则删除该表的所有行。

【例 4-7】将 Bookstore 数据库的 members 表中姓名为“张三”的会员的记录删除。

```
USE Bookstore;
DELETE FROM members
       WHERE 姓名 = '张三';
```

【例 4-8】将 book 表中数量小于 5 的所有行删除。

```
USE Bookstore;
DELETE FROM book
       WHERE 数量 < 5;
```

2. 从多个表中删除行

语法格式如下。

```
DELETE [IGNORE] 表名1[.*] [,表名2 [.*] …]
FROM  表名列表
[WHERE 条件]
```

或

```
DELETE [IGNORE]
FROM  表名1 [.*] [,表名2 [.*] …]
USING  表名列表
[WHERE 条件]
```

语法说明如下。

表名列表：包含多个表名，各表名之间用逗号隔开。

多表删除语法的其他部分与单表删除语法的相同。

以上两种语法只是写法不同，作用都是同时删除多个表中的行，并且在删除时可以使用其他表来搜索要删除的记录。第一种语法只删除列于 FROM 子句之前的表中对应的行，第二种语法只删除列于 FROM 子句中（在 USING 子句之前）的表中对应的行。

【例 4-9】用户号为“D1963”的会员已完成注销操作，请在 members 表中将该会员的记录删除，同时将其在 sell 表中的记录也删除。

```
DELETE sell,members
   FROM sell,members
      WHERE sell.用户号 = members.用户号
         AND members.用户号 = 'D1963';
```

也可以使用如下语句。

```
DELETE
   FROM sell,members
   USING sell,members
      WHERE sell.用户号 = members.用户号
         AND members.用户号 = 'D1963';
```

上面的两组 SQL 语句只是写法不同，作用都是同时删除 sell 和 members 表中的行。

4.3.2 使用 TRUNCATE TABLE 语句删除表数据

使用 DELETE 语句删除记录时，每次删除一行，并在事务日志中记录被删除的行。当要删除表中所有记录，且记录很多时，命令的执行速度较慢。这时使用 TRUNCATE TABLE 语句会更加快捷。TRUNCATE TABLE 语句也称为清除表数据语句。

语法格式如下。

```
TRUNCATE TABLE 表名
```

语法说明如下。

- 使用 TRUNCATE TABLE 语句后，AUTO_INCREMENT 计数器被重新设置为该列的初始值。
- 对于涉及索引和视图的表，不应使用 TRUNCATE TABLE 语句删除其数据，而应使用 DELETE 语句。

TRUNCATE TABLE 语句在功能上与不带 WHERE 子句的 DELETE 语句相同，如 TRUNCATE TABLE book 与 DELETE FROM book 功能相同，二者均删除 book 表中的全部行。但 TRUNCATE TABLE 语句比 DELETE 语句执行速度快，且使用的系统和事务日志资源少。这是因为 DELETE 语句每删除一行，都会在事务日志中为删除的行记录一项；而 TRUNCATE TABLE 语句通过释放存储表数据所用的数据页来删除数据，并且只在事务日志中记录数据页的释放。

> **注意** 　**在使用 UPDATE 和 DELETE 语句更新和删除数据时，务必使用 WHERE 子句，以避免误操作导致数据丢失；由于 TRUNCATE TABLE 语句可以删除表中的所有数据，且无法恢复，因此使用时必须十分小心。**

【商业实例】Petstore 数据操作

任务 1 Petstore 数据库表内容分析

1. 用户表

用户表 account 用于记录用户注册的相关信息，其详细内容如表 4-4 所示。

表 4-4 用户表 account 中的数据

userid	fullname	password	sex	address	email	phone
u0001	刘晓和	123456	男	广东深圳市	liuxh@163.com	13512345678
u0002	张嘉庆	123456	男	广东深圳市	zhangjq@163.com	13512345679
u0003	罗红红	123456	女	广东深圳市	longhh@163.com	13512345689
u0004	李昊华	123456	女	广东广州市	lihh@163.com	13812345679
u0005	吴美霞	123456	女	广东珠海市	wumx@163.com	13512345879
u0006	王天赐	123456	男	广东中山市	wangtc@163.com	13802345679

2. 商品分类表

商品分类表 category 用于进行商品的分类管理，其详细内容如表 4-5 所示。

表 4-5　商品分类表 category 中的数据

catid	catname
01	鸟类
02	猫
03	狗
04	鱼
05	爬行类

3. 商品表

商品表 product 用于存放宠物商店出售的商品信息，其详细内容如表 4-6 所示。

表 4-6　商品表 product 中的数据

productid	catid	name	descn	listprice	unitcost	qty
AV-CB-01	01	亚马逊鹦鹉	75 岁以上高龄的好伙伴	50	60	100
AV-SB-02	01	燕雀	非常好的减压宠物	45	50	98
FI-FW-01	04	锦鲤	来自日本的淡水鱼	45.5	45.5	300
FI-FW-02	04	金鱼	来自中国的淡水鱼	6.8	6.8	100
FI-SW-01	04	天使鱼	来自南美的海水鱼	10	10	100
FI-SW-02	04	虎鲨	来自澳大利亚的海水鱼	18.5	20	200
FL-DLH-02	02	波斯猫	友好的家居猫，像公主一样高贵	1000	1200	15
FL-DSH-01	02	马恩岛猫	灭鼠能手	80	100	40
K9-BD-01	03	牛头犬	来自英格兰的友好的狗	1350	1500	5
K9-CW-01	03	吉娃娃犬	很好的陪伴狗	180	200	120
K9-DL-01	03	斑点狗	来自消防队的大狗	3000	3000	1
K9-PO-02	03	狮子犬	来自中国的可爱的狗	2000	2000	3
K9-RT-01	03	金毛猎犬	大家庭的狗	300	300	200
K9-RT-02	03	拉布拉多猎犬	大猎狗	800	800	30
RP-LI-02	05	鬣蜥	友好的绿色朋友	60	78	40
RP-SN-01	05	玉米锦蛇	兼当看门狗	200	240	10

4. 订单表

订单表 orders 记录了用户需要的订单信息，其详细内容如表 4-7 所示。

表 4-7　订单表 orders 中的数据

orderid	userid	orderdate	totalprice	status
20130411	u0001	2020-04-11 15:07:34	500.00	0
20130412	u0002	2020-05-09 15:08:11	305.60	0
20130413	u0003	2020-06-15 15:09:00	212.40	0
20130414	u0003	2020-07-16 15:09:30	120.45	1
20130415	u0004	2020-04-02 15:10:05	120.30	0

5. 订单明细表

订单明细表 lineitem 记录了用户所购商品的数量、单价等信息，其详细内容如表 4-8 所示。

表 4-8 订单明细表 lineitem 中的数据

orderid	itemid	quantity	unitprice
20130411	FI-SW-01	10	18.5
20130411	FI-SW-02	12	16.5
20130412	K9-BD-01	2	120
20130412	K9-PO-02	1	220
20130413	K9-DL-01	1	130
20130414	RP-SN-01	2	125
20130415	AV-SB-02	2	50

任务 2 Petstore 数据插入

单元 3 的商业实例已经建立了 Petstore 数据库中各表的结构，本实例将为 Petstore 数据库中的各表添加任务 1 中的数据。

1. 用户表

为用户表 account 插入表 4-4 所示的记录，SQL 语句如下。

```
INSERT INTO account
   VALUES('u0001', '刘晓和', '123456', '男', '广东深圳市',
      'liuxh@163.com', '13512345678');
INSERT INTO account
   VALUES ('u0002', '张嘉庆', '123456', '男', '广东深圳市',
      'zhangjq@163.com', '13512345679');
INSERT INTO account
   VALUES ('u0003', '罗红红', '123456', '女', '广东深圳市',
      'longhh@163.com', '13512345689');
INSERT INTO account
   VALUES ('u0004', '李昊华', '123456', '女', '广东广州市',
      'lihh@163.com', '13812345679');
INSERT INTO account
   VALUES ('u0005', '吴美霞', '123456', '女', '广东珠海市',
      'wumx@163.com', '13512345879');
INSERT INTO account
   VALUES('u0006', '王天赐', '123456', '男', '广东中山市',
      'wangtc@163.com', '13802345679');
```

2. 商品分类表

为商品分类表 category 插入表 4-5 所示的记录，SQL 语句如下。

```
INSERT INTO category VALUES ('01', '鸟类');
INSERT INTO category VALUES ('02', '猫');
INSERT INTO category VALUES ('03', '狗');
INSERT INTO category VALUES ('04', '鱼');
INSERT INTO category VALUES ('05', '爬行类');
```

3. 商品表

为商品表 product 插入表 4-6 所示的记录，SQL 语句如下。

```
INSERT INTO product
   VALUES ('AV-CB-01', '01', '亚马逊鹦鹉', '75 岁以上高龄的好伙伴',
      50.00, 60.00, 100);
INSERT INTO product
   VALUES ('AV-SB-02', '01', '燕雀', '非常好的减压宠物', 45.00, 50.00, 98);
INSERT INTO product
   VALUES ('FI-FW-01', '04', '锦鲤', '来自日本的淡水鱼', 45.50, 45.50, 300);
INSERT INTO product
   VALUES ('FI-FW-02', '04', '金鱼', '来自中国的淡水鱼', 6.80, 6.80, 100);
INSERT INTO product
   VALUES ('FI-SW-01', '04', '天使鱼', '来自澳大利亚的海水鱼',
      10.00, 10.00, 100);
INSERT INTO product
   VALUES ('FI-SW-02', '04', '虎鲨', '来自澳大利亚的海水鱼',
      18.50, 20.00, 200);
INSERT INTO product
   VALUES ('FL-DLH-02', '02', '波斯猫', '友好的家居猫，像公主一样高贵',
      1000.00, 1200.00, 15);
INSERT INTO product
   VALUES ('FL-DSH-01', '02', '马恩岛猫', '灭鼠能手', 80.00, 100.00, 40);
INSERT INTO product
   VALUES ('K9-BD-01', '03', '牛头犬', '来自英格兰的友好的狗',
      1350.00, 1500.00, 5);
INSERT INTO product
   VALUES ('K9-CW-01', '03', '吉娃娃犬', '很好的陪伴狗', 180.00, 200.00, 120);
INSERT INTO product
   VALUES ('K9-DL-01', '03', '斑点狗', '来自消防队的大狗',
      3000.00, 3000.00, 1);
INSERT INTO product
   VALUES ('K9-PO-02', '03', '狮子犬', '来自法国的可爱的狗',
      2000.00, 2000.00, 3);
INSERT INTO product
   VALUES ('K9-RT-01', '03', '金毛猎犬', '大家庭的狗', 300.00, 300.00, 200);
INSERT INTO product
   VALUES ('K9-RT-02', '03', '拉布拉多猎犬', '大猎狗', 800.00, 800.00, 30);
INSERT INTO product
   VALUES ('RP-LI-02', '05', '鬣蜥', '友好的绿色朋友', 60.00, 78.00, 40);
INSERT INTO product
   VALUES ('RP-SN-01', '05', '玉米锦蛇', '兼当看门狗', 200.00, 240.00, 10);
```

4. 订单表

为订单表 orders 插入表 4-7 所示的记录，SQL 语句如下。

```
INSERT INTO orders VALUES (20130411, 'u0001', '2020-04-11 15:07:34', 500.00,0);
INSERT INTO orders VALUES (20130412, 'u0002', '2020-05-09 15:08:11', 305.60,0);
INSERT INTO orders VALUES (20130413, 'u0003', '2020-06-15 15:09:00', 212.40,0);
INSERT INTO orders VALUES (20130414, 'u0003', '2020-07-16 15:09:30', 120.45,1);
INSERT INTO orders VALUES (20130415, 'u0004', '2020-04-02 15:10:05', 120.30,0);
```

5. 订单明细表

为订单明细表 lineitem 插入表 4-8 所示的记录，SQL 语句如下。

```
INSERT INTO lineitem VALUES (20130411, 'FI-SW-01', 10, 18.50);
INSERT INTO lineitem VALUES (20130411, 'FI-SW-02', 12, 16.50);
```

```
INSERT INTO lineitem VALUES (20130412, 'K9-BD-01', 2, 120.00);
INSERT INTO lineitem VALUES (20130412, 'K9-PO-02', 1, 220.00);
INSERT INTO lineitem VALUES (20130413, 'K9-DL-01', 1, 130.00);
INSERT INTO lineitem VALUES (20130414, 'RP-SN-01', 2, 125.00);
INSERT INTO lineitem VALUES (20130415, 'AV-SB-02', 2, 50.00);
```

任务 3 Petstore 数据修改与删除

1. 数据修改

（1）假设新购进一批天使鱼，数量为 50 尾，进价为 15 元/尾，按库存与新进商品的平均值等调整商品的成本价格。该商品将以高出成本价格 20%的市场价格卖出，调整商品的市场价格和数量。

调整商品成本价格的公式如下。

成本价格 =（库存数量×成本价格+50×15）/（库存数量+50）

```
UPDATE product
SET unitcost=(qty * unitcost + 50 * 15)/(qty + 50)
WHERE name = '天使鱼';
```

调整商品的市场价格和数量，SQL 语句如下。

```
UPDATE product
SET listprice = unitcost * 1.2,qty = qty + 50
WHERE name = '天使鱼';
```

或一次性调整所有数据，SQL 语句如下。

```
UPDATE product
SET unitcost =(qty * unitcost + 50 * 15)/(qty + 50),
listprice = unitcost * 1.2,qty = qty + 50
WHERE name = '天使鱼';
```

注意 **因为成本价格与库存数量有关，而市场价格是调整后的成本价格的 120%，所以一定要先修改成本价格，再修改市场价格和数量，否则修改的数据会出错。**

（2）订单号为“20130411”的订单已经发货，将该订单的状态修改为“1”，同时根据订单明细表中该订单的记录修改商品表中的库存。

修改订单的状态，SQL 语句如下。

```
UPDATE orders
   SET status = 1
   WHERE orderid = '20130411';
```

修改商品表中的库存，SQL 语句如下。

```
UPDATE lineitem,product
   SET product.qty = product.qty-lineitem.quantity
   WHERE lineitem.itemid = product.productid
      AND lineitem.orderid = '20130411';
```

修改订单的状态是单表操作，而修改库存则是多表操作，尽管只需要修改商品表中的数据，但修改哪些商品的库存则要根据订单明细表来确定，所以要用“WHERE lineitem.itemid= product.productid”为两个表建立连接，用“lineitem.orderid='20130411'”来选定订单明细表中的记录。

如果想要一次修改所有数据，则涉及三表操作，可将上面两条 UPDATE 语句合并为一条 UPDATE 语句，SQL 语句如下。

```
UPDATE orders,lineitem,product
   SET orders.status = 1,
```

```
        product.qty = product.qty - lineitem.quantity
    WHERE orders.orderid = lineitem.orderid
        AND lineitem.itemid = product.productid
        AND orders.orderid = '20130411';
```

2. 数据删除

将用户号为“u0004”的所有订购信息删除，并删除其用户记录。

删除其所有订购信息，包括订单表和订单明细表中的信息，涉及多表删除，SQL 语句如下。

```
DELETE orders,lineitem
    FROM orders,lineitem
    WHERE orders.orderid = lineitem.orderid
        AND orders.userid = 'u0004';
```

删除订单信息时，要用“orders.userid='u0004'”来查找订单表中的订单记录，同时要根据找到的记录的订单号去查找订单明细表中的记录，所以要用“WHERE orders.orderid=lineitem.orderid”将两个表连接起来。

删除用户表中的用户记录，SQL 语句如下。

```
DELETE  FROM account  WHERE userid = 'u0004';
```

如果想要一次删除所有数据，则涉及三表操作，可将上面两条 DELETE 语句合并为一条 DELETE 语句，SQL 语句如下。

```
DELETE account,orders,lineitem
    FROM account,orders,lineitem
    WHERE account.userid = orders.userid
        AND orders.orderid = lineitem.orderid
        AND account.userid = 'u0004';
```

【综合实训】LibraryDB 数据操作

一、实训目的

（1）学会使用 SQL 语句进行数据的插入、修改和删除操作。

（2）学会使用 MySQL 图形化管理工具进行数据的插入、修改和删除操作。

二、实训内容

单元 3 的综合实训中建立的 LibraryDB 数据库各个表的样本数据如表 4-9～表 4-13 所示。

表 4-9　图书表

书号	书名	类别	作者	出版社	单价	数量
A0120	庄子	文学	庄周	吉林大学出版社	18.5	5
A0134	唐诗三百首	文学	李平	安徽科学出版社	28	10
B1101	西方经济学史	财经	莫竹芩	海南出版社	39.8	8
B2213	商业博弈	财经	孔英	北京大学出版社	39	15
C1269	数据结构	计算机	李刚	高等教育出版社	29	20
C3121	品牌策划与推广实战	计算机	张晓红	人民邮电出版社	42	6
C3182	C 语言程序设计	计算机	李学刚	高等教育出版社	36.8	11
C3256	MySQL 数据库	计算机	孙季红	电子工业出版社	29	9

表 4-10 库存表

条码	书号	位置	库存状态
123412	A0120	1-A-56	在馆
123413	A0120	1-A-57	借出
223410	A0134	2-B-01	在馆
223411	A0134	2-B-02	借出
311231	B1101	2-C-23	在馆
321123	C1269	3-A-12	丢失
321124	C1269	3-A-13	借出
411111	C3256	3-B-01	借出
411112	C3256	3-B-02	借出
411113	C3256	3-B-03	在馆

表 4-11 读者类型表

类别号	类名	可借数量	可借天数
1	学生	10	30
2	教师	20	60
3	职工	15	20

表 4-12 读者表

读者编号	姓名	类别号	单位	有效性
0001	张小东	1	软件学院	有效
0002	苏明	1	财经学院	有效
1001	梁小红	2	软件学院	有效
1002	赵明敏	2	传媒学院	有效
2001	李丰年	3	计财处	有效

表 4-13 借阅表

借阅号	条码	读者编号	借阅日期	还书日期	借阅状态
100001	123413	0001	2020-11-05		借阅
100002	223411	0002	2020-09-28	2020-10-13	已还
100003	321123	1001	2020-07-01		过期
100004	321124	2001	2020-10-09	2020-10-14	已还
100005	321124	0001	2020-10-15		借阅
100006	223411	2001	2020-10-16		借阅
100007	411111	1002	2020-09-01	2020-09-24	已还
100008	411111	0001	2020-09-25		借阅
100009	411111	1001	2020-10-08		借阅

1. 数据插入

（1）使用 SQL 语句，完成 LibraryDB 数据库各表中第一条记录的插入操作。

（2）使用图形化管理工具，完成 LibraryDB 数据库各表中其他数据的插入操作。

2. 数据修改与删除

现在发生了以下图书借阅变化，请写出将相关信息添加到 LibraryDB 数据库的 SQL 语句。

（1）读者编号为“2001”的读者借了一本条码为“223410”的图书，请在借阅表中添加一条记录，借阅号为顺序编号，借阅日期为系统当天日期。修改库存表中该图书的库存状态为“借出”。

（2）新进一本图书，信息如下，请将其信息添加到相关的表中。

图书信息：

C3325	计算机基础	计算机	陈焕东	高等教育出版社	38.6	2

入库信息：

331122	C3325	3-B-01
331123	C3325	3-B-02

（3）读者“苏明”毕业了，请将他的信息从数据库中删除。

单元小结

- 使用 SQL 语句可以实现对数据库的基本操作，如插入、修改和删除数据。
- 插入操作是指把数据插入数据库中指定的位置，可通过 INSERT 语句来完成。
- 修改操作使用 UPDATE 语句来实现对表中原有数据项的修改，可以进行单表数据修改和多表数据修改。
- 删除操作使用 DELETE 语句删除数据库中不必再继续保留的记录，可以实现单表记录删除，也可以实现多表记录删除。

理论练习

一、选择题

1. 在 MySQL 语法中，用来插入数据的命令是（　　）。

A. INSERT　　B. UPDATE　　C. DELETE　　D. CREATE

2. 在 MySQL 语法中，用来修改数据的命令是（　　）。

A. INSERT　　B. UPDATE　　C. DELETE　　D. CREATE

3. 设关系数据库中一个表 S 的结构为 S(sname,cname,grade)，其中 sname 为学生姓名，cname 为课程名，二者均为字符串类型；grade 为成绩，为数值类型，取值范围为 0～100。若要将张三的化学成绩改为 85 分，则可用（　　）语句。

A. update S set grade=85 where sname='张三' and cname='化学'

B. update S set grade='85' where sname='张三' and cname='化学'

C. update grade=85 where sname='张三' and cname='化学'

D. alter S grade=85 where sname='张三' and cname='化学

4. 设关系数据库中一个表 S 的结构为 S(sname,cname,grade)，其中 sname 为学生姓名，cname 为课程名，二者均为字符串类型；grade 为成绩，为数值类型，取值范围为 0～100。若要把“张三的化学成绩为 80 分”插入表 S 中，则可用（　　）语句。

A. add into S values('张三','化学','80')　　B. insert into S values('张三','化学','80')

C. insert S values('化学','张三',80)　　D. insert into S values('张三','化学',80)

5. 下列 MySQL 语句中出现了语法错误的是（　　）。

A. delete from grade　　B. select * from grade

C. create database sti　　D. delete * from grade

二、分析应用题

在建设航天强国的新征程上，我国航天工作者以载人航天精神为动力源泉，自立自强、创新超越，在人类探索太空的事业中不断贡献着中国力量。从无人飞行到载人飞行，从一人一天到多人多天，从舱内实验到出舱活动，从交会对接到空间站建造……一代代航天工作者不仅取得了举世瞩目的伟大成就，更展现了“特别能吃苦、特别能战斗、特别能攻关、特别能奉献”的载人航天精神。

表 4-14 所示为载人航天飞船信息表，请在中国科技创新数据库中创建载人航天飞船信息表，并使用 INSERT 命令将神舟飞船十二号到十七号的各项数据添加到表中。

表 4-14　载人航天飞船信息表

飞船名称	发射时间	载人数	驻留时间（天）
神舟十二号	2021-06-17	3	92
神舟十三号	2021-10-16	3	183
神舟十四号	2022-06-05	3	182
神舟十五号	2022-11-29	3	189
神舟十六号	2023-05-30	3	153
神舟十七号	2023-10-26	3	

【实战演练】SchoolDB 数据操作

1. 学生成绩管理系统数据库 SchoolDB 中各表的样本数据如表 4-15～表 4-18 所示，请将样本数据添加到 SchoolDB 数据库的各表中。

表 4-15　班级表 class

班级编号	班级名称	院系	年级	人数
AC1301	会计 23-1 班	会计学院	2023	35
AC1302	会计 23-2 班	会计学院	2023	35
CS1401	计算机 24-1 班	计算机学院	2024	35
IS1301	信息系统 23-1 班	信息学院	2023	
IS1401	信息系统 24-1 班	信息学院		30

表 4-16　课程表 course

课程号	课程名	学分	学时	学期	前置课
11003	管理学	2	32	2	
11005	会计学	3	48	2	

续表

课程号	课程名	学分	学时	学期	前置课
21001	计算机基础	3	48	1	
21002	Office 高级应用	3	48	2	21001
21004	程序设计	4	64	2	21001
21005	数据库	4	64	4	21004
21006	操作系统	4	64	5	21001
31001	管理信息系统	3	48	3	21004
31002	信息系统_分析与设计	2	32	4	31001
31005	项目管理	3	48	5	31001

表 4-17　学生表 student

学号	姓名	性别	出生日期	地区	民族	班级编号
2013110101	张晓勇	男	2005-12-11	山西	汉	AC1301
2013110103	王一敏	女	2005-01-01	河北	汉	AC1301
2013110201	江山	女	2005-09-17	内蒙古	锡伯	AC1302
2013110202	李明	男	2005-01-14	广西	壮	AC1302
2013310101	黄菊	女	2004-09-30	北京	汉	IS1301
2013310103	吴昊	男	2005-11-18	河北	汉	IS1301
2014210101	刘涛	男	2006-04-03	湖南	侗	CS1401
2014210102	郭志坚	男	2006-02-21	上海	汉	CS1401
2014310101	王林	男	2006-10-09	河南	汉	IS1401

表 4-18　成绩表 score

学号	课程号	成绩
2013110101	11003	90
2013110101	21001	86
2013110103	11003	89
2013110103	21001	86
2013110201	11003	78
2013110201	21001	92
2013110202	11003	82
2013110202	21001	85
2013310101	21004	83
2013310101	31002	68
2013310103	21004	80
2013310103	31002	76
2014210101	21002	93
2014210101	21004	89
2014210102	21002	95

续表

学号	课程号	成绩
2014210102	21004	88
2014310101	21001	79
2014310101	21004	80
2014310102	21001	91
2014310102	21004	87

2. 写出完成以下操作的 SQL 语句。

（1）向 student 表中插入一行数据“2024502001，王晓林，男，2006-02-10，广东，汉，IS2020”。

（2）若有一新生刚入学，只收集到该生的部分信息，其他信息暂时为 NULL，请使用 SET 语句向 student 表中插入一行数据“2024500102，林丽，女”。

（3）将 student 表中所有学生的地区字段的数据在原来的数据后加上“省或市”3 个字。

提示：使用 MySQL 字符串连接函数 CONCAT(串 1,串 2…)。

（4）将姓名为“王一敏”的同学的出生日期改为“2005-02-10”，班级编号改为“AC1302”。

（5）将 student 表中 2005 年以前（不含 2005 年）出生的学生的记录删除。

单元5 数据查询

05

问题引入

在数字经济时代，数据作为关键的生产要素具有巨大的经济价值。然而，仅将数据存储在数据库中并不能充分发挥其潜力。因此，本单元旨在探讨如何通过数据查询来充分发挥数据库中数据的巨大价值。通过数据库管理系统，我们能够根据用户的需求对数据进行检索、统计和分析。数据查询正是数据库最为重要的功能之一。本单元将从最基本的单表查询入手，介绍如何进行数据检索、分类、汇总和排序。

学习目标

- 知识点
  - 熟练掌握 SELECT 语句的用法。
  - 掌握条件查询的基本方法。
- 技能点
  - 能灵活运用 SELECT 语句实现单表查询。
  - 能熟练运用 SELECT 语句进行数据的排序、分类统计等操作。
  - 能运用 SELECT 语句实现多表查询和子查询。
- 素养点
  - 以问题为导向，培养学生的问题诊断能力。
  - 提升学生优化方案的能力。

思维导图

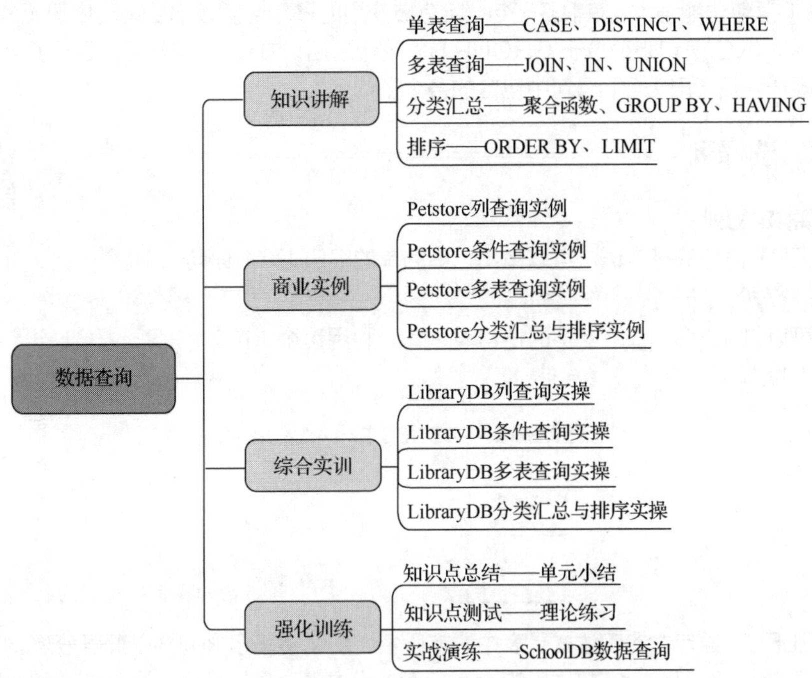

相关知识

数据库是为更方便地、更有效地管理数据信息而存在的，使用数据库和表的主要目的是存储数据，以便在需要时进行检索、统计或组织输出。数据查询是数据库的重要功能之一，使用 SQL 语句可以在表或视图中迅速、方便地检索数据。本单元将以单元 4 中 Bookstore 数据库的样本数据（见表 4-1、表 4-2 和表 4-3）为例讲解数据查询语句——SELECT 语句的使用方法。

5.1 单表查询

5.1.1 SELECT 语句定义

SELECT 语句可以实现对表的选择、投影及连接操作，即 SELECT 语句可以根据用户的需要从一个或多个表中选出匹配的行和列，结果通常是生成一个临时表。

语法格式如下。

```
SELECT [ALL | DISTINCT]  输出列表达式, …
   [FROM  表名1 [ , 表名2] …]                          /*FROM 子句*/
   [WHERE 条件]                                         /*WHERE 子句*/
   [GROUP BY {列名 | 表达式 | 列编号}
      [ASC | DESC], …                                   /* GROUP BY 子句*/
```

```
    [HAVING 条件]                                    /* HAVING 子句*/
    [ORDER BY {列名 | 表达式 | 列编号}
        [ASC | DESC] , …]                            /*ORDER BY 子句*/
    [LIMIT {[偏移量,] 行数| 行数OFFSET 偏移量}]       /*LIMIT 子句*/
```

SELECT 语句功能强大，有很多子句，所有被使用的子句必须按语法说明中显示的顺序严格排列。例如，HAVING 子句必须位于 GROUP BY 子句之后，并位于 ORDER BY 子句之前。

下面将逐一介绍 SELECT 语句中包含的各个子句。

5.1.2 选择列

v5-1 选择列

1. 选择指定的列

从 SELECT 语句的基本语法可以看出，最简单的 SELECT 语句如下。

```
SELECT 表达式
```

表达式可以是 MySQL 所支持的任何表达式，利用这个最简单的 SELECT 语句，可以进行“1+1”这样的运算。

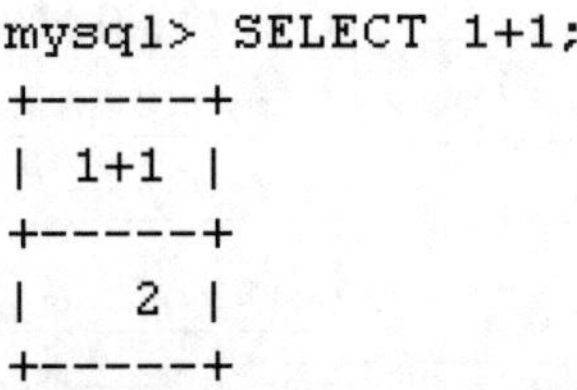

```
mysql> SELECT 1+1;
+-----+
| 1+1 |
+-----+
|   2 |
+-----+
```

如果 SELECT 语句中的表达式是表中的字段名，那么字段名之间要以逗号分隔。

【例 5-1】查询 Bookstore 数据库的 members 表中各会员的姓名、联系电话和注册时间。

```
USE Bookstore;
SELECT 姓名,联系电话,注册时间
    FROM members;
```

例 5-1 的执行结果如图 5-1 所示。

```
+--------+-------------+---------------------+
| 姓名   | 联系电话    | 注册时间            |
+--------+-------------+---------------------+
| 赵宏宇 | 13601234123 | 2023-03-04 18:23:45 |
| 张凯   | 13611320001 | 2023-01-15 09:12:23 |
| 王林   | 12501234123 | 2023-01-12 08:12:30 |
| 李小冰 | 13651111081 | 2023-01-18 08:57:18 |
| 张莉   | 13822555432 | 2022-09-23 00:00:00 |
| 李华   | 13822551234 | 2022-08-23 00:00:00 |
| 张三   | 51985523    | 2022-01-23 08:15:45 |
+--------+-------------+---------------------+
```

图 5-1 查询 members 表中的部分列

当在 SELECT 语句指定列的位置使用“*”时，表示选择表中的所有列。如果要显示 members 表中的所有列，不必将字段名一一列出，可使用以下命令。

```
SELECT * FROM members;
```

执行结果如图 5-2 所示。

用户号	姓名	性别	密码	联系电话	注册时间
A0012	赵宏宇	男	080100	13601234123	2023-03-04 18:23:45
A3013	张凯	男	080100	13611320001	2023-01-15 09:12:23
B0022	王林	男	080100	12501234123	2023-01-12 08:12:30
B2023	李小冰	女	080100	13651111081	2023-01-18 08:57:18
C0132	张莉	女	123456	13822555432	2022-09-23 00:00:00
C0138	李华	女	123456	13822551234	2022-08-23 00:00:00
D1963	张三	男	222222	51985523	2022-01-23 08:15:45

图 5-2　使用“*”选择 members 表的所有列

2. 定义列别名

当希望查询结果中的列使用自己设定的列标题时，可以在列名之后使用 AS 子句来更改查询结果的列名，其格式如下。

```
SELECT 列名 [AS] 别名
```

【例 5-2】查询 book 表中图书类别为“计算机”的书名、作者和出版社，将查询结果中各列的标题分别指定为 name、auther 和 publisher。

```
SELECT 书名 AS name, 作者 AS auther, 出版社 AS publisher
    FROM book
        WHERE 图书类别 = '计算机';
```

例 5-2 的执行结果如图 5-3 所示。

name	auther	publisher
计算机应用基础	陆大一	清华大学出版社
计算机网络技术	林力尔	清华大学出版社
PHP高级语言	王大山	中国青年出版社
JavaScript编程	谢为士	中国青年出版社

图 5-3　使用 AS 子句为列标题指定别名

当自定义的列标题中含有空格时，必须使用引号将标题引起来。

```
SELECT 书名 AS 'Name of  Book', 作者 AS 'Name  of  Auther',
        出版社 AS Publisher
    FROM book   WHERE 图书类别 = '计算机';
```

执行结果如图 5-4 所示。

Name of Book	Name of Auther	Publisher
计算机应用基础	陆大一	清华大学出版社
计算机网络技术	林力尔	清华大学出版社
PHP高级语言	王大山	中国青年出版社
JavaScript编程	谢为士	中国青年出版社

图 5-4　列标题别名含有空格

注意　　**不允许在 WHERE 子句中使用列别名，这是因为执行 WHERE 子句时，可能尚未确定列值。例如，下列查询是非法的。**

```
SELECT 性别 AS SEX FROM members WHERE SEX = '男';
```

3. 替换查询结果中的数据

在对表进行查询时，有时希望得到的是一种概念而不是具体的数据，例如，查询book表中的数量，实际希望知道的是库存的总体情况而不是库存数量本身，这时就可以用库存情况来替换具体的数量。

v5-2 CASE 表达式

要替换查询结果中的数据，则要使用查询语句中的 CASE 表达式，其格式如下。

```
CASE
    WHEN 条件1  THEN 表达式1
    WHEN 条件2  THEN 表达式2
    ……
    ELSE 表达式n
END
```

说明如下。

CASE 表达式以 CASE 开始，以 END 结束，MySQL 从*条件1*开始判断，*条件1*成立，则输出*表达式1*，结束该语句的执行；若*条件1*不成立，判断*条件2*，若*条件2*成立，输出*表达式2*后结束该语句的执行……如果条件都不成立，输出*表达式n*。

【例 5-3】查询 book 表中的图书编号、书名和数量，对其数量按以下规则进行替换：若数量为空值，则替换为“尚未进货”；若数量小于 5 本，替换为“需进货”；若数量在 5～50 本的范围内，替换为“库存正常”；若数量大于 50 本，替换为“库存积压”。将列标题更改为“库存”。

```
SELECT 图书编号, 书名,
    CASE
          WHEN 数量 IS NULL THEN  '尚未进货'
          WHEN 数量 < 5 THEN  '需进货'
          WHEN 数量 >= 5 and 数量 <= 50 THEN  '库存正常'
          ELSE  '库存积压'
       END  AS  库存
FROM book;
```

例 5-3 的执行结果如图 5-5 所示。

```
+----------+------------------+----------+
| 图书编号 | 书名             | 库存     |
+----------+------------------+----------+
| TP.2462  | 计算机应用基础   | 库存正常 |
| TP.2463  | 计算机网络技术   | 库存正常 |
| TP.2525  | PHP高级语言      | 需进货   |
| TP.6625  | JavaScript编程   | 库存积压 |
| Ts.3010  | ORACLE           | 尚未进货 |
| Ts.3035  | MySQL数据库      | 库存积压 |
| Tw.1283  | DW网站制作       | 尚未进货 |
| Tw.2562  | ASP网站制作      | 库存正常 |
| Tw.3020  | 网页程序设计     | 尚未进货 |
+----------+------------------+----------+
```

图 5-5 使用 CASE 表达式将“数量”替换为“库存”

4. 计算列值

使用 SELECT 语句进行列查询时，可以在查询结果中输出经过计算后的列值，即 SELECT 语句可以在 SELECT 子句中使用表达式计算结果。

【例 5-4】对 sell 表中已发货的记录计算订购金额（订购金额=订购册数×订购单价），并显示图书编号和订购金额。

```
SELECT  图书编号, ROUND(订购册数*订购单价,2)  AS 订购金额
      FROM  sell
         WHERE 是否发货 = '已发货';
```

例 5-4 的执行结果如图 5-6 所示。

```
+----------+----------+
| 图书编号 | 订购金额 |
+----------+----------+
| TP.2525  |   260.00 |
| TP.2463  |    94.50 |
| TP.2525  |   140.70 |
| Ts.3035  |   235.00 |
| TP.2463  |  1290.00 |
| Tw.1283  |   138.00 |
+----------+----------+
```

图 5-6　显示计算列“订购金额”

其中 ROUND 函数用于返回一个数值，该数值是按照指定的小数位数进行四舍五入运算的结果，逗号后面的数字用来指定小数位数。

5. 消除结果集中的重复行

当只选择表中的某些列时，可能会出现重复行。使用 DISTINCT 关键字可以消除结果集中的重复行，保证行的唯一性，其格式如下。

```
SELECT DISTINCT 列名1[ ,列名2…]
```

【例 5-5】选择 book 表中的图书类别和出版社两列，消除结果集中的重复行。

当只选择图书类别和出版社两列时，结果集中有很多重复行，如图 5-7 所示。

```
+----------+--------------+
| 图书类别 | 出版社       |
+----------+--------------+
| 计算机   | 清华大学出版社 |
| 计算机   | 清华大学出版社 |
| 计算机   | 中国青年出版社 |
| 计算机   | 中国青年出版社 |
| 数据库   | 北京大学出版社 |
| 数据库   | 北京大学出版社 |
| 网页设计 | 人民邮电出版社 |
| 网页设计 | 中国青年出版社 |
| 网页设计 | 清华大学出版社 |
+----------+--------------+
```

图 5-7　含有重复行的结果集

使用 DISTINCT 关键字来消除结果集中的重复行。

```
SELECT DISTINCT 图书类别, 出版社 FROM book;
```

执行结果如图 5-8 所示。

```
+----------+--------------+
| 图书类别 | 出版社       |
+----------+--------------+
| 计算机   | 清华大学出版社 |
| 计算机   | 中国青年出版社 |
| 数据库   | 北京大学出版社 |
| 网页设计 | 人民邮电出版社 |
| 网页设计 | 中国青年出版社 |
| 网页设计 | 清华大学出版社 |
+----------+--------------+
```

图 5-8　使用 DISTINCT 关键字消除重复行后的显示结果

5.1.3 WHERE 子句

v5-3 WHERE 子句

前面已经讲解过 WHERE 子句的用法，本小节将详细讨论 WHERE 子句中查询条件的构成。WHERE 子句必须紧跟在 FROM 子句之后，在 WHERE 子句中使用一个条件从 FROM 子句的中间结果中选取行。

语句格式如下。

```
WHERE <判定运算>
```

语法说明如下。

判定运算：结果为 TRUE、FALSE 或 UNKNOWN，格式如下。

```
表达式 { = | < | <= | > | >= | <=> | <> | != } 表达式          /*比较运算*/
|表达式 [ NOT ] LIKE 表达式                                  /*LIKE 运算符*/
| 表达式 [ NOT ] BETWEEN 表达式1 AND 表达式2                 /*指定范围*/
| 表达式 IS [ NOT ] NULL                                     /*判断是否为空值*/
| 表达式 [ NOT ] IN ( 子查询 | 表达式1 [,…表达式n] )         /*IN 子句*/
```

WHERE 子句会根据条件对 FROM 子句的中间结果中的行进行逐一判断，当条件为 TRUE 的时候，该行就被包含到 WHERE 子句的中间结果中。

在 SQL 中，返回逻辑值（TRUE 或 FALSE）的运算符或关键字都可称为谓词，判定运算包括比较运算、逻辑运算、模式匹配、范围比较、空值比较和子查询。

1. 比较运算

比较运算用于比较两个表达式的值，MySQL 支持的比较运算符有=（等于）、<（小于）、<=（小于等于）、>（大于）、>=（大于等于）、<=>（相等或都等于空）、<>（不等于）及!=（不等于）。

比较运算的格式如下。

```
表达式 { = | < | <= | > | >= | <=> | <> | != } 表达式
```

表达式可以是除 text 和 blob 类型之外的任何表达式。

当两个表达式的值均不为空值（NULL）时，除了<=>运算符，其他比较运算返回逻辑值 TRUE（真）或 FALSE（假）；而当两个表达式的值中有一个为空值或都为空值时，返回 UNKNOWN。

【例 5-6】查询 Bookstore 数据库的 book 表中书名为“网页程序设计”的记录。

```
SELECT  *
    FROM  book
        WHERE 书名='网页程序设计';
```

【例 5-7】查询 book 表中单价大于 30 元的图书情况。

```
SELECT *
    FROM  book
        WHERE 单价 > 30;
```

MySQL 有一个特殊的等于运算符<=>，当两个表达式彼此相等或都等于空值时，它的值为 TRUE；其中有一个为空值或都是非空值但不相等时，其值为 FALSE，没有 UNKNOWN 的情况。

【例 5-8】查询 sell 表中还未收货的订单号、订购时间和是否收货。

```
SELECT 订单号,订购时间,是否收货
    FROM sell
        WHERE 是否收货 <=> NULL;
```

v5-4 逻辑运算

2. 逻辑运算

逻辑运算是指将多个比较运算的结果或布尔值用逻辑运算符（AND、OR、XOR 和 NOT）连接，运算结果仍为逻辑值 TRUE（真）或 FALSE（假）。使

用逻辑运算可以组成更为复杂的查询条件。

逻辑运算符用于对某个条件进行测试，运算结果为 TRUE（1）或 FALSE（0）。MySQL 提供的逻辑运算符如表 5-1 所示。

表 5-1 逻辑运算符

运算符	运算规则	运算符	运算规则
NOT 或!	逻辑非	OR 或||	逻辑或
AND 或&&	逻辑与	XOR	逻辑异或

假设有关系表达式 *X* 和 *Y*，它们进行逻辑运算的结果如表 5-2 所示。

表 5-2 逻辑运算说明

X	*Y*	NOT *X*	*X* AND *Y*	*X* OR *Y*	*X* XOR *Y*
0	0	1	0	0	0
0	1	1	0	1	1
1	0	0	0	1	1
1	1	0	1	1	0
说明		如果 *X* 是 TRUE，那么示例的结果是 FALSE；如果 *X* 是 FALSE，那么示例的结果是 TRUE	如果 *X* 和 *Y* 都是 TRUE，那么示例的结果是 TRUE，否则示例的结果是 FALSE	如果 *X* 或 *Y* 中的任意一个是 TRUE，那么示例的结果是 TRUE，否则示例的结果是 FALSE	如果 *X* 和 *Y* 不相同，那么示例的结果是 TRUE，否则示例的结果是 FALSE

【例 5-9】查询 sell 表中已收货且已结清（是否结清字段为 1）的订单情况。

```
SELECT *
    FROM sell
        WHERE  是否收货 = '已收货'  AND 是否结清 = 1;
```

注意 **逻辑运算符 AND 前后必须用空格将其与关系表达式隔开，否则将出现语法错误。**

【例 5-10】查询 book 表中“清华大学出版社”“北京大学出版社”出版的单价大于等于 35 元的图书。

```
SELECT *  FROM  book
    WHERE  (出版社 = '清华大学出版社' OR 出版社 = '北京大学出版社' )
        AND 单价 >= 35;
```

或使用以下语句。

```
SELECT  *  FROM  book
    WHERE  (出版社 = '清华大学出版社'  AND 单价 >= 35)
        OR  (出版社 = '北京大学出版社'  AND 单价 >= 35);
```

思考：以下语句能否得到正确结果，为什么？

```
SELECT *  FROM  book
    WHERE  出版社 = '清华大学出版社'  OR 出版社 = '北京大学出版社'
        AND 单价 >= 35;
```

v5-5 模式匹配

3. 模式匹配

LIKE 运算符用于判断一个字符串是否与指定的字符串相匹配，其运算对象可以是 char、varchar、text、datetime 等类型的数据，返回逻辑值 TRUE 或 FALSE。

LIKE 谓词表达式的语法格式如下。

```
表达式 [ NOT ] LIKE 表达式
```

使用 LIKE 进行模式匹配时，常使用特殊符号“_”“%”进行模糊查询，“%”代表 0 个或多个字符，“_”代表单个字符。

当要匹配的字符串中含有与特殊符号（“_”“%”）相同的字符时，应通过该字符前的转义字符指明其为模式串中的一个匹配字符。使用 ESCAPE 关键字可指定转义字符。

由于 MySQL 默认不区分大小写，因此要区分大小写时，需要更换字符集的校对规则。

【例 5-11】查询 members 表中姓李的会员的用户号、姓名及注册时间。

```
SELECT 用户号,姓名,注册时间
    FROM members
        WHERE 姓名 LIKE '李%';
```

例 5-11 的执行结果如图 5-9 所示。

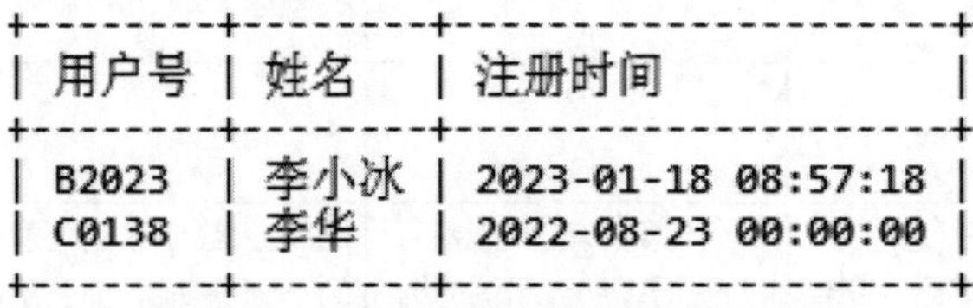

用户号	姓名	注册时间
B2023	李小冰	2023-01-18 08:57:18
C0138	李华	2022-08-23 00:00:00

图 5-9 使用 LIKE 运算符查询李姓会员

上例中如果采用“_”进行模糊查询，“姓名 LIKE '李_'”找出的是姓李的单名的会员，而要找姓李的双名的会员，需要使用两个“_”，查询语句如下，结果如图 5-10 所示。

```
SELECT 用户号,姓名,注册时间
    FROM members
        WHERE 姓名 LIKE '李__';
```

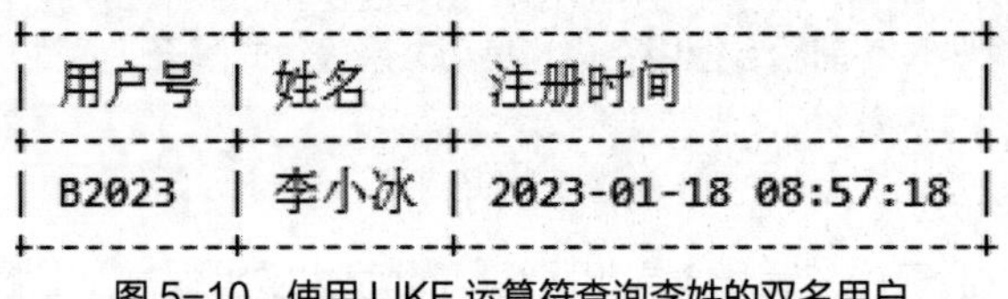

用户号	姓名	注册时间
B2023	李小冰	2023-01-18 08:57:18

图 5-10 使用 LIKE 运算符查询李姓的双名用户

【例 5-12】查询 book 表中图书编号倒数第二位为 6 的图书编号和书名。

```
SELECT 图书编号, 书名  FROM  book
        WHERE 图书编号 LIKE  '%6_';
```

如果想要查找特殊符号（“_”“%”），必须使用转义字符。例如，要查找下画线“_”，可以使用“ESCAPE '#'”定义“#”为转义字符，这样，语句中在“#”后面的下画线就失去了它原来的特殊意义，被视为正常的下画线。

【例 5-13】查询 book 表中书名中包含下画线的图书。

```
SELECT 图书编号,书名
    FROM  book
        WHERE 书名 LIKE '%#_%'ESCAPE  '#';
```

4．范围比较

用于范围比较的关键字有 BETWEEN 和 IN 两个。

当要查询的条件是某个值的范围时，可以使用 BETWEEN 关键字。BETWEEN 关键字用于指出查询范围，格式如下。

表达式 **[NOT] BETWEEN *表达式1* AND *表达式2***

说明：若***表达式***的值在***表达式 1***与***表达式 2***之间（包括这两个值），返回 TRUE，否则返回 FALSE；使用 NOT 时，返回值刚好相反。***表达式 1***的值不能大于***表达式2***的值。

【例 5-14】查询 book 表中 2023 年出版的图书的情况。

```
SELECT  *
   FROM book
      WHERE 出版时间  BETWEEN  '2023-1-1'  AND  '2023-12-31';
```

下列语句与上面的语句等价。

```
SELECT  *
   FROM book
      WHERE 出版时间 >= '2023-1-1'  AND  出版时间 <= '2023-12-31';
```

若要查询 book 表中在 2023 年之外出版的所有图书的情况，则要使用 NOT 关键字。

```
SELECT  *
   FROM book
      WHERE 出版时间 NOT  BETWEEN  '2023-1-1'  AND  '2023-12-31';
```

上面的语句与下列语句等价。

```
SELECT  *
   FROM book
      WHERE 出版时间 <= '2023-1-1'  OR  出版时间 >= '2023-12-31';
```

使用 IN 关键字可以指定一个值表，值表中列出了所有可能的值，当字段的值与值表中的任意一个值匹配时，返回 TRUE，否则返回 FALSE。

使用 IN 关键字指定值表的格式如下。

表达式 **[NOT] IN (*子查询* | *表达式1* [,…*表达式n*]**

IN 关键字最常用于子查询。

【例 5-15】查询 book 表中“高等教育出版社”“北京大学出版社”“人民邮电出版社”出版的图书的情况。

```
SELECT *  FROM book
   WHERE 出版社 IN （ '高等教育出版社', '北京大学出版社',
                    '人民邮电出版社');
```

该语句与下列语句等价。

```
SELECT *  FROM book
   WHERE 出版社 = '高等教育出版社'  OR 出版社 = '北京大学出版社'
              OR 出版社 = '人民邮电出版社' ;
```

5. 空值比较

v5-6 空值比较

当需要判定一个表达式的值是否为空值时，可使用 IS NULL 关键字，格式如下。

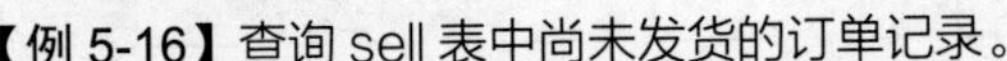

表达式 **IS [NOT] NULL**

若***表达式***的值为空值，返回 TRUE，否则返回 FALSE；当使用 NOT 关键字时，结果刚好相反。

【例 5-16】查询 sell 表中尚未发货的订单记录。

```
SELECT *   FROM sell
      WHERE 是否发货 IS NULL;
```

本例即查找“是否发货”字段为空值的记录。

5.2 多表查询

5.2.1 FROM 子句

前面介绍了如何使用 SELECT 语句选择列，下面讨论 SELECT 的查询对象（即数据源）的构成形式。SELECT 的查询对象由 FROM 子句指定。

FROM 子句的格式如下。

```
FROM 表名1 [ [AS] 别名1 ] [ , 表名2[ [AS] 别名2]] …          /*查询表*/
     | JOIN子句                                              /*连接表*/
```

说明如下。

- *表名 1*[[AS] *别名 1*]：与列别名一样，可以使用 AS 子句为表指定别名；表别名主要用在相关子查询及连接查询中；如果 FROM 子句指定了表别名，则这条 SELECT 语句中的其他子句都必须使用表别名来代替原始的表名；当同一个表在 SELECT 语句中多次被提到时，就必须使用表别名来加以区分。
- JOIN 子句：将在 5.2.2 小节中讨论。

FROM 子句可以用两种方式引用一个表。第一种方式是使用 USE 语句让某个数据库成为当前数据库，在这种情况下，如果在 FROM 子句中指定表名，则该表应该属于当前数据库；第二种方式是指定的时候在表名前加上该表所属数据库的名字。例如，假设当前数据库是 db1，现在要显示数据库 db2 里的表 tb 的内容，可以使用语句“SELECT * FROM db2.tb;”。

当然，在 SELECT 关键字后指定列名时也可以在列名前加上其所属数据库和表的名字，但是一般来说，如果选择的字段在各表中是唯一的，就没有必要去特别指定。

【例 5-17】从 members 表中检索出所有会员的信息，并使用表别名 Users。

```
SELECT *
    FROM  members AS Users;
```

5.2.2 多表连接

如果要在不同表中查询数据，则必须在 FROM 子句中指定多个表。将不同表的数据组合到一个表中称为表的连接。例如，在 Bookstore 数据库中查找订购了《网页程序设计》的会员的姓名和订购数量，就需要将 book、members 和 sell 3 个表进行连接，才能查找到正确结果。

1. 连接方式

（1）全连接

全连接是指将每个表的每行都与其他表中的每行进行连接，以产生所有可能的组合，结果列中包含所有表中出现的列，也就是笛卡儿积。例如，表 5-3 有 3 行，表 5-4 有 2 行，表 5-3 和表 5-4 全连接后的结果中有 6 行（3×2=6），如表 5-5 所示。

v5-7 多表连接

表 5-3 A 表

*T*1	*T*2
1	*A*
6	*F*
2	*B*

表 5-4　B 表

*T*3	*T*4	*T*5
1	3	*M*
2	0	*N*

表 5-5　表 5-3 和表 5-4 全连接后的结果

*T*1	*T*2	*T*3	*T*4	*T*5
1	*A*	1	3	*M*
6	*F*	1	3	*M*
2	*B*	1	3	*M*
1	*A*	2	0	*N*
6	*F*	2	0	*N*
2	*B*	2	0	*N*

（2）内连接

从表 5-5 可以看出，全连接得到的表中有很多行，因为得到的行数为每个表的行数之积。但是，全连接产生的表在大多数情况下都没有意义。在这样的情形下，通常要设定条件来得到行数减少且有意义的表，这样的连接即内连接。如果设定的条件是等值条件，则也叫等值连接。

若表 5-3 和表 5-4 进行等值连接（*T*1=*T*3），则得到的结果如表 5-6 所示，只有两行。

表 5-6　表 5-3 和表 5-4 等值连接（*T*1=*T*3）后的结果

*T*1	*T*2	*T*3	*T*4	*T*5
1	*A*	1	3	*M*
2	*B*	2	0	*N*

（3）外连接

外连接包括左外连接（LEFT OUTER JOIN）和右外连接（RIGHT OUTER JOIN）两种。

左外连接：结果集中除了匹配行外，还包括左表有但右表中不匹配的行，对于这样的行，从右表中选择的列的值被设置为 NULL。表 5-3 与表 5-4 左外连接（*T*1=*T*3）后的结果如表 5-7 所示。

表 5-7　表 5-3 和表 5-4 左外连接（*T*1=*T*3）后的结果

*T*1	*T*2	*T*3	*T*4	*T*5
1	*A*	1	3	*M*
2	*B*	2	0	*N*
6	*F*	NULL	NULL	NULL

右外连接：结果集中除了匹配行外，还包括右表有但左表中不匹配的行，对于这样的行，从左表中选择的列的值被设置为 NULL。表 5-4 与表 5-3 右外连接（*T*3=*T*1）后的结果如表 5-8 所示。

表 5-8　表 5-4 和表 5-3 右外连接（$T3=T1$）后的结果

$T3$	$T4$	$T5$	$T1$	$T2$
1	3	M	1	A
2	0	N	2	B
NULL	NULL	NULL	6	F

在 FROM 子句中将各个表用逗号分隔，这样就指定了全连接，全连接后的结果中包含非常多的行。经常需要用 WHERE 子句来筛选满足条件的记录。

【例 5-18】查找 Bookstore 数据库中会员订购的图书书名、订购册数和订购时间。

```
SELECT  book.书名, sell.订购册数, sell.订购时间
      FROM  book, sell
          WHERE book.图书编号 = sell.图书编号;
```

可以从 sell 表中查询会员订购图书的图书编号、订购册数和订购时间，但查询不到会员订购的图书书名；但若知道图书编号，就可以到 book 表中查找对应的书名，这就要用多表查询来完成。

例 5-18 的执行结果如图 5-11 所示，数据来自 book 表与 sell 表。

```
+---------------+----------+---------------------+
| 书名          | 订购册数 | 订购时间            |
+---------------+----------+---------------------+
| PHP高级语言   |       13 | 2023-11-14 12:13:49 |
| 计算机网络技术 |        3 | 2023-11-21 12:25:12 |
| PHP高级语言   |        6 | 2023-03-26 12:25:23 |
| MYSQL数据库   |       10 | 2023-08-01 12:13:49 |
| PHP高级语言   |      133 | 2023-08-01 12:13:49 |
| ASP网站制作   |        4 | 2023-08-20 00:00:00 |
| 计算机网络技术 |       43 | 2023-11-08 12:13:49 |
| MYSQL数据库   |        5 | 2023-11-21 00:00:00 |
| DW网站制作    |        6 | 2023-11-28 18:23:35 |
+---------------+----------+---------------------+
```

图 5-11　book 表与 sell 表等值连接后的结果

2. JOIN 连接

使用 JOIN 关键字建立多表连接时，JOIN 子句中定义了如何使用 JOIN 关键字连接表。

JOIN 子句的格式如下。

```
表名1 INNER JOIN 表名2
|表名1 { LEFT | RIGHT} [OUTER] JOIN 表名2
            ON 连接条件  | USING (列名)
```

使用 JOIN 关键字的连接主要分为以下 2 种。

（1）内连接

v5-8　内连接

指定了 INNER 关键字的连接是内连接。内连接是在 FROM 子句产生的中间结果中应用 ON 条件后得到的结果。

【例 5-19】使用内连接实现例 5-18 中的查询要求。

```
SELECT  book.书名, sell.订购册数, sell.订购时间
   FROM  book INNER JOIN sell
      ON  (book.图书编号 = sell.图书编号);
```

这里内连接“ON (book.图书编号=sell.图书编号)”的条件是等值条件，结果和例 5-18 等值连接的结果相同。等值连接是内连接的子集，当内连接的条件是等值条件时，等值连接和内连接的结果相同。

内连接是系统默认的，可以省略 INNER 关键字。使用内连接后，FROM 子句中的 ON 条件主

要用来连接表，其他并不用来连接表的条件可以使用 WHERE 子句来指定。

【例 5-20】用 JOIN 关键字查询购买了《MySQL 数据库》且订购册数大于 5 本的图书的书名和订购册数。

```
SELECT 书名,订购册数
   FROM book JOIN sell
      ON book.图书编号 = sell. 图书编号
         WHERE 书名 = 'MYSQL 数据库'  AND 订购册数 > 5;
```

内连接还可以用于多个表的连接。

【例 5-21】用 JOIN 关键字查询购买了《MySQL 数据库》且订购册数大于 5 本的图书信息及用户姓名和订购册数。

```
SELECT book.图书编号, 姓名, 书名, 订购册数
   FROM  sell  JOIN  book  ON  book.图书编号 = sell.图书编号
      JOIN   members   ON  sell.用户号 = members.用户号
         WHERE 书名 = 'MYSQL 数据库'  AND 订购册数 > 5 ;
```

作为特例，可以将一个表与它自身进行连接，称为自连接。若要在一个表中查找具有相同列值的行，则可以使用自连接。使用自连接时，须为表指定两个别名，且对所有列的引用均要用别名限定。

【例 5-22】查找 Bookstore 数据库中订单号不同、图书编号相同的图书的订单号、图书编号和订购册数。

```
SELECT DISTINCT a.订单号,a.图书编号,a.订购册数
   FROM  sell  AS  a  JOIN  sell  AS  b
      ON  a. 图书编号 = b. 图书编号 AND a. 订单号 != b. 订单号;
```

如果要连接的表中有相同的列名，并且连接的条件就是列相等，那么 ON 条件也可以替换成 USING 子句。USING (column_list) 子句用于指定一系列列的名称。这些列必须同时存在于两个表中。其中 column_list 为两个表共同的列名。

【例 5-23】查找 members 表中所有订购过图书的会员的姓名。

```
SELECT  DISTINCT 姓名 FROM members
      JOIN  sell USING (用户号);
```

查询的结果为 sell 表中所有出现的用户号对应的会员的姓名。

例 5-23 的语句与下列语句等价。

```
SELECT  DISTINCT 姓名
   FROM Members JOIN  Sell
   ON Members.用户号 = Sell.用户号 ;
```

v5-9　外连接

（2）外连接

指定了 OUTER 关键字的连接为外连接。

【例 5-24】查找所有“计算机”类图书的图书编号、单价及订购了该类图书的会员的用户号；若用户从未订购过，也要显示其信息。

```
SELECT book.图书编号,book.单价,用户号
    FROM book LEFT OUTER JOIN sell
 ON book.图书编号 = sell.图书编号 WHERE 图书类别 = '计算机';
```

例 5-24 的执行结果如图 5-12 所示。

若不使用左外连接，则结果中不会包含未订购过图书的会员信息。使用了左外连接后，结果中返回的行中有未订购过图书的会员信息，相应行的用户号字段值为 NULL，如图 5-12 所示。

图书编号	图书类别	单价	用户号
TP.2462	计算机	45.00	NULL
TP.2463	计算机	25.50	C0138
TP.2463	计算机	25.50	D1963
TP.2525	计算机	33.25	C0138
TP.2525	计算机	33.25	D1963
TP.2525	计算机	33.25	C0132
TP.6625	计算机	33.00	NULL

图 5-12　book 表与 sell 表左外连接后的结果

【例 5-25】使用右外连接查找男性会员的订单号、图书编号、订购册数以及其姓名和联系电话，包含未订购图书的男性会员。

```
SELECT 订单号,图书编号,订购册数, members.姓名, members.联系电话
    FROM sell RIGHT JOIN members
        ON members.用户号 = sell.用户号 WHERE 性别 = '男';
```

例 5-25 的执行结果如图 5-13 所示。

订单号	图书编号	订购册数	姓名	联系电话
NULL	NULL	NULL	赵宏宇	13601234123
6	Tw.2562	4	张凯	13611320001
NULL	NULL	NULL	王林	12501234123
3	TP.2525	6	张三	51985523
2	TP.2463	3	张三	51985523

图 5-13　sell 表与 members 表右外连接后的结果

从执行结果可以看出，若某会员从来没有购买过图书，sell 表中就没有该会员的订单信息，结果集中相应行的订单信息字段值均为 NULL。

5.2.3 子查询

在查询中，另一个查询的结果可以作为条件的一部分，例如，判定列值是否与某个查询的结果集中的值相等，作为查询条件的一部分的查询称为子查询。标准 SQL 允许使用嵌套多层的 SELECT 语句，从而表示复杂的查询。子查询除了可以用在 SELECT 语句中，还可以用在 INSERT、UPDATE 及 DELETE 语句中。子查询通常与 IN、EXISTS 谓词及比较运算符结合使用。

v5-10　子查询

1. IN 子查询

IN 子查询用于判断一个给定值是否在子查询的结果集中。

语句格式如下。

```
表达式 [ NOT ] IN  ( 子查询 )
```

语法说明如下。

- 当*表达式*与*子查询*的结果集中的某个值相等时，IN 谓词返回 TRUE，否则返回 FALSE；若使用了 NOT，则返回的值刚好相反。

- IN （*子查询*）：只能返回一列数据。对于较复杂的查询，可以使用嵌套的子查询。

【例 5-26】查找 Bookstore 数据库中“张三”的订单信息。

因为含有订单信息的 sell 表中不包含会员的姓名，只有会员的用户号，而要查找“张三”的订单信息，先要知道“张三”的用户号，所以先要在 members 表中查找“张三”的用户号，再根据用户号查询其订单信息。

```
SELECT *
    FROM sell
      WHERE  用户号 IN
              ( SELECT  用户号 FROM  members WHERE 姓名 = '张三' );
```

在执行包含子查询的 SELECT 语句时，系统先执行子查询，产生一个结果集，再执行外查询。本例中，先执行子查询“SELECT 用户号 FROM members WHERE 姓名 = '张三'”，得到一个只含有用户号的结果集；再执行外查询，若 sell 表中某行的用户号的值等于子查询结果集中的任意一个值，则该行就被选择。

【例 5-27】查找购买了除《MySQL 数据库》以外的图书的用户信息。

要查找用户信息，先要知道用户号，而要知道购买了除《MySQL 数据库》以外的图书的用户号，可以按图书编号在 sell 表中查找，但是《MySQL 数据库》的图书编号要通过查找 book 表才可以获得。

```
SELECT * FROM  members    WHERE  用户号 IN
    (SELECT 用户号  FROM  sell  WHERE  图书编号 NOT  IN
        ( SELECT 图书编号 FROM  book  WHERE  书名 = 'MySQL 数据库'));
```

本例是两重子查询的嵌套。

2. 比较子查询

这种子查询可以认为是 IN 子查询的扩展，它使表达式的值与子查询的结果集进行比较运算。

语法格式如下。

```
表达式 { < | <= | = | > | >= | != | <> } { ALL | SOME | ANY } ( 子查询 )
```

语法说明如下。

- *表达式*：与子查询的结果集进行比较的表达式。
- ALL | SOME | ANY：说明对比较运算的限制。

如果子查询的结果集只返回一行数据，可以通过比较运算符直接比较；如果子查询的结果集返回多行数据，则需要用{ ALL | SOME | ANY }来限定。

  - ALL 指定表达式要与子查询结果集中的每个值都进行比较，当与结果集中的每个值都满足比较的关系时，才返回 TRUE，否则返回 FALSE。
  - SOME 和 ANY 是同义词，表示表达式只要与子查询结果集中的某个值满足比较的关系，就返回 TRUE，否则返回 FALSE。

【例 5-28】查找购买了图书编号为“TP.2525”的图书的会员信息。

```
SELECT * FROM members  WHERE  用户号 = ANY
          (SELECT 用户号 FROM sell
              WHERE 图书编号 = 'TP.2525');
```

先查找购买了图书编号为“TP.2525”的图书的会员的用户号。

```
SELECT 用户号 FROM sell    WHERE 图书编号 = 'TP.2525';
```

执行结果如图 5-14 所示。

因为有 3 位会员购买了图书，所以在子查询的比较条件中要用 ANY 或 SOME。例 5-28 的执行结果如图 5-15 所示。

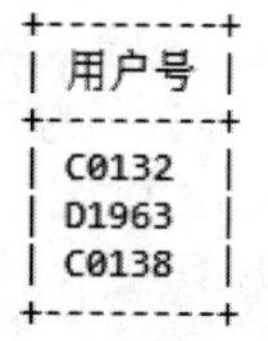

```
+--------+
| 用户号 |
+--------+
| C0132  |
| D1963  |
| C0138  |
+--------+
```

图 5-14　查找用户号

用户号	姓名	性别	密码	联系电话	注册时间
C0132	张莉	女	123456	13822555432	2022-09-23 00:00:00
D1963	张三	男	222222	51985523	2022-01-23 08:15:45
C0138	李华	女	123456	13822551234	2022-08-23 00:00:00

图 5-15　子查询中使用 ANY 的查询结果

本例也可以用 IN 子查询，例 5-28 中的语句与下列语句等价。

```
SELECT * FROM members  WHERE  用户号 IN
   (SELECT 用户号 FROM sell WHERE 图书编号 = 'TP.2525');
```

【例 5-29】查找 book 表中所有比“网页设计”类图书单价高的图书的基本信息。

```
SELECT  图书编号,图书类别,单价  FROM  book
     WHERE  单价 > ALL
        (SELECT 单价 FROM book WHERE 图书类别 = '网页设计' );
```

先要知道“网页设计”类图书的单价，因为“网页设计”类图书不止一本，所以会有多个价格，可以使用下列语句查询“网页设计”类图书的价格信息，查询结果如图 5-16 所示。

```
SELECT 图书类别,书名,单价 FROM book WHERE 图书类别 = '网页设计';
```

图书类别	书名	单价
网页设计	DW网站制作	27.00
网页设计	ASP网站制作	30.50
网页设计	网页程序设计	25.00

图 5-16　“网页设计”类图书价格

因为“比‘网页设计’类图书单价高”就是比子查询中每一条记录的单价都要高，所以在子查询的比较条件中要用 ALL。例 5-29 的执行结果如图 5-17 所示。

图书编号	图书类别	单价
TP.2462	计算机	45.00
TP.2525	计算机	33.25
TP.6625	计算机	33.00

图 5-17　子查询中使用 ALL 的查询结果

【例 5-30】查找 sell 表中订购册数不少于图书编号为“Ts.3035”的图书的任何一个订单的订购册数的订单信息。

```
SELECT 图书编号,订购册数 FROM  sell  WHERE 订购册数 > SOME
   (SELECT 订购册数 FROM sell WHERE 图书编号 = 'Ts.3035' );
```

先查询图书编号为“Ts.3035”的图书的所有订单的订购册数，查询结果如图 5-18 所示。

```
SELECT 图书编号,订购册数 FROM sell WHERE 图书编号 = 'Ts.3035';
```

```
+----------+----------+
| 图书编号 | 订购册数 |
+----------+----------+
| Ts.3035  |       10 |
| Ts.3035  |        5 |
+----------+----------+
```

图 5-18　编号为“Ts.3035”的所有订单的订购册数

“订购册数不少于图书编号为‘Ts.3035’的图书的任何一个订单的订购册数”意味着 sell 表中的订购册数要比上面两条记录中的某一条记录多或与其相等，即订购册数要大于等于 5，所以子查询中用 ANY 或 SOME。例 5-30 的执行结果如图 5-19 所示。

```
+----------+----------+
| 图书编号 | 订购册数 |
+----------+----------+
| TP.2525  |       13 |
| TP.2525  |        6 |
| Ts.3035  |       10 |
| TP.2525  |      133 |
| TP.2463  |       43 |
| Tw.1283  |        6 |
+----------+----------+
```

图 5-19　子查询中使用 SOME 的查询结果

3. EXISTS 子查询

EXISTS 谓词用于测试子查询的结果集是否为空，若子查询的结果集不为空，EXISTS 返回 TRUE，否则返回 FALSE。EXISTS 还可与 NOT 结合使用，即 NOT EXISTS，其返回值与 EXISTS 刚好相反。

EXISTS 子查询的格式如下。

```
[ NOT ] EXISTS ( 子查询 )
```

【例 5-31】查找每次订购 10 本以上图书的会员的姓名。

```
SELECT 姓名 FROM members WHERE EXISTS
   ( SELECT  *  FROM  Sell
      WHERE  用户号 = members.用户号 AND  订购册数 > 10);
```

本例的子查询虽然是单表查询，但查询条件中使用了外查询的列名引用“members.用户号”，表示这里的“用户号”列来自表 members。因此，本例与前面的子查询例子执行方式不同。前面的例子中，子查询只处理一次，得到一个结果集，再依次处理外查询；而本例的子查询要处理多次，因为子查询与“members.用户号”有关，外查询中 members 表的不同行有不同的用户号。这类子查询称为相关子查询，因为子查询的条件依赖外查询的某些值。其处理过程是：先查找外查询中 members 表的第一行，根据该行的“用户号”列值处理子查询，若结果不为空，则 WHERE 条件为真，把该行的姓名值取出来作为结果集的一行；然后再查找 members 表的第 2、3……行，重复上述处理过程直到 members 表的所有行都查找完。

5.2.4　联合查询

人们经常会碰到这样的情况：两个表的数据按照一定的查询条件查询出来以后，需要将结果合并到一起显示。这个时候就需要用到 UNION 关键字。其语法格式如下。

```
SELECT 语句 1 UNION [UNION 选项] SELECT 语句 2;
```

语法说明如下。

UNION 选项：分为 ALL 和 DISTINCT，联合查询时默认为 DISTINCT，即去掉结果集中的重复行；如果要保留结果集中的所有行，必须指定 ALL。

【例 5-32】将 sell 表中用户号为“C0138”的订单和图书编号为“TP.2525”的订单合并。

查询 sell 表中用户号为“C0138”的订单的 SQL 语句如下，结果如图 5-20 所示。

```
SELECT 订单号, 用户号,图书编号,订购册数 FROM sell WHERE 用户号 = 'C0138';
```

订单号	用户号	图书编号	订购册数
4	C0138	Ts.3035	10
5	C0138	TP.2525	133
7	C0138	TP.2463	43
8	C0138	Ts.3035	5

图 5-20　用户号为“C0138”的订单查询结果

查询 sell 表中图书编号为“TP.2525”的订单的 SQL 语句如下，结果如图 5-21 所示。

```
SELECT 订单号, 用户号,图书编号,订购册数 FROM sell WHERE 图书编号 = 'TP.2525';
```

订单号	用户号	图书编号	订购册数
1	C0132	TP.2525	13
3	D1963	TP.2525	6
5	C0138	TP.2525	133

图 5-21　图书编号为“TP.2525”的订单查询结果

使用 UNION 将图 5-20 和图 5-21 的结果合并，SQL 语句如下，结果如图 5-22 所示。

```
    SELECT 订单号, 用户号,图书编号,订购册数 FROM sell WHERE 用户号 = 'C0138'
UNION
    SELECT 订单号, 用户号,图书编号,订购册数 FROM sell WHERE 图书编号 = 'TP.2525';
```

订单号	用户号	图书编号	订购册数
4	C0138	Ts.3035	10
5	C0138	TP.2525	133
7	C0138	TP.2463	43
8	C0138	Ts.3035	5
1	C0132	TP.2525	13
3	D1963	TP.2525	6

图 5-22　用户号为“C0138”的订单和图书编号为“TP.2525”的订单合并结果

图 5-20 和图 5-21 的结果中都有 5 号订单，使用 UNION 合并后，去掉了重复行，图 5-22 的结果中只有一条 5 号订单的记录，所以联合查询时默认采用 DISTINCT。如果要保留所有的记录，则使用 ALL，SQL 语句如下，结果如图 5-23 所示。

```
    SELECT 订单号, 用户号,图书编号,订购册数 FROM sell WHERE 用户号 = 'C0138 '
UNION ALL
    SELECT 订单号, 用户号,图书编号,订购册数 FROM sell WHERE 图书编号 = 'TP.2525';
```

订单号	用户号	图书编号	订购册数
4	C0138	Ts.3035	10
5	C0138	TP.2525	133
7	C0138	TP.2463	43
8	C0138	Ts.3035	5
1	C0132	TP.2525	13
3	D1963	TP.2525	6
5	C0138	TP.2525	133

图 5-23　使用 ALL 选项的查询结果

联合查询是将任意表查询的结果合并在一起输出，是一种强制的人为操作。因此联合查询跟字段的类型无关，只要求每个 SELECT 语句查询的字段数一样，能对应即可。

【例 5-33】 将 sell 表中订购册数大于 30 本的订单和 book 表中数量大于 50 本的记录合并。

查询 sell 表中订购册数大于 30 本的订单的 SQL 语句如下，结果如图 5-24 所示。

```
SELECT 图书编号,订购册数,订购单价 FROM sell WHERE 订购册数 > 30;
```

```
+----------+---------+---------+
| 图书编号 | 订购册数 | 订购单价 |
+----------+---------+---------+
| TP.2525  |     133 |    33.5 |
| TP.2463  |      43 |      30 |
+----------+---------+---------+
```

图 5-24　sell 表中订购册数大于 30 本的订单查询结果

查询 book 表中数量大于 50 本的记录的 SQL 语句如下，结果如图 5-25 所示。

```
SELECT 图书编号,数量,单价 FROM book WHERE 数量 > 50;
```

```
+----------+------+-------+
| 图书编号 | 数量 | 单价  |
+----------+------+-------+
| TP.6625  |   60 | 33.00 |
| Ts.3035  |  500 | 20.00 |
+----------+------+-------+
```

图 5-25　book 表中数量大于 50 本的记录查询结果

使用 UNION 将图 5-24 和图 5-25 的结果合并，SQL 语句如下，结果如图 5-26 所示。

```
   SELECT 图书编号,订购册数,订购单价 FROM sell WHERE 订购册数 > 30
UNION
   SELECT 图书编号,数量,单价 FROM book WHERE 数量 > 50;
```

```
+----------+---------+---------+
| 图书编号 | 订购册数 | 订购单价 |
+----------+---------+---------+
| TP.2525  |     133 |    33.5 |
| TP.2463  |      43 |      30 |
| TP.6625  |      60 |      33 |
| Ts.3035  |     500 |      20 |
+----------+---------+---------+
```

图 5-26　sell 表和 book 表的合并结果

从图 5-26 可以看出，使用联合查询后，结果集的字段名（表头）是 sell 表的字段名，也就是联合查询语句中第一个 SELECT 语句中的字段名。

在联合查询中，当使用 ORDER BY 的时候，需要为 SELECT 语句添加括号，并且要与 LIMIT 结合使用才能生效，SQL 语句如下，结果如图 5-27 所示。

```
  (SELECT 图书编号,订购册数,订购单价 FROM sell WHERE 订购册数 > 30
          ORDER BY 订购单价 LIMIT 2)
UNION ALL
  (SELECT 图书编号,数量,单价 FROM book WHERE 数量 > 50 ORDER BY 单价  LIMIT 2 );
```

```
+----------+---------+---------+
| 图书编号 | 订购册数 | 订购单价 |
+----------+---------+---------+
| TP.2463  |      43 |      30 |
| TP.2525  |     133 |    33.5 |
| Ts.3035  |     500 |      20 |
| TP.6625  |      60 |      33 |
+----------+---------+---------+
```

图 5-27　sell 表和 book 表查询合并后排序的结果

5.3 分类汇总与排序

5.3.1 聚合函数

SELECT 语句的表达式中可以包含所谓的聚合函数（Aggregation Function）。聚合函数常用于对一组值进行计算，然后返回单个值。除 COUNT 函数外，聚合函数都会忽略空值。聚合函数通常与 GROUP BY 子句一起使用。如果 SELECT 语句中有一个 GROUP BY 子句，这个聚合函数将对所有列起作用；如果没有，则 SELECT 语句只产生一行作为结果。表 5-9 中列出了常用的聚合函数。

表 5-9　常用的聚合函数

函数名	说明
COUNT	求组中项数，返回 int 类型的整数
MAX	求最大值
MIN	求最小值
SUM	返回表达式中所有值的和
AVG	求组中值的平均值

1. COUNT 函数

聚合函数中经常使用 COUNT 函数，用于统计表中满足条件的行数或总行数，返回 SELECT 语句检索到的行中非空值的数目，若找不到匹配的行，则返回 0。

语法格式如下。

```
COUNT ( { [ ALL | DISTINCT ] 表达式 } | * )
```

语法说明如下。

- *表达式*：可以是常量、列、函数或表达式，其数据类型是除 blob 或 text 之外的任何类型。
- ALL | DISTINCT：ALL 表示对所有行进行统计，DISTINCT 表示去除重复行，默认为 ALL。
- 使用 COUNT(*)时将返回检索行的总数目，不论其是否包含空值。

【例 5-34】求会员总人数。

```
SELECT COUNT(*) AS '会员数' FROM members;
```

执行结果如图 5-28 所示。

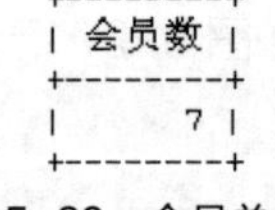

图 5-28　会员总人数

【例 5-35】统计已收货的订单数。

```
SELECT COUNT(是否收货) AS '已收货的订单数' FROM sell;
```

执行结果如图 5-29 所示。

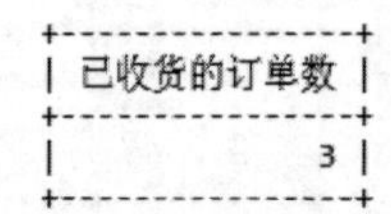

图 5-29　已收货的订单数

这里 COUNT(是否收货)只统计不为 NULL 的行。

【例 5-36】统计订购册数在 5 本以上的订单数。

```
SELECT COUNT(订购册数)  AS  '订购册数在 5 本以上的订单数'
    FROM sell  WHERE 订购册数 > 5;
```

2. MAX 函数和 MIN 函数

MAX 函数和 MIN 函数分别用于求表达式中所有值项中的最大值与最小值。

语法格式如下。

```
MAX / MIN ( [ ALL | DISTINCT ] 表达式 )
```

语法说明如下。

- 当给定列上只有空值或检索出的中间结果为空时，MAX 函数和 MIN 函数的值也为空。
- MAX 函数和 MIN 函数的语法与 COUNT 函数相同。

【例 5-37】求图书编号为“Ts.3035”的图书的最高订购册数和最低订购册数。

```
SELECT MAX(订购册数), MIN(订购册数)
    FROM sell
        WHERE  图书编号 = 'Ts.3035';
```

执行结果如图 5-30 所示。

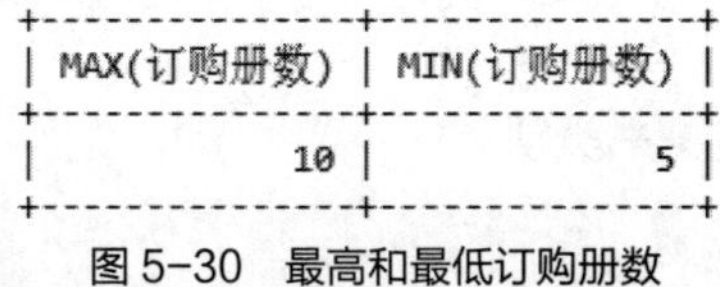

MAX(订购册数)	MIN(订购册数)
10	5

图 5-30　最高和最低订购册数

3. SUM 函数和 AVG 函数

SUM 函数和 AVG 函数分别用于求表达式中所有值项的总和与平均值。

语法格式如下。

```
SUM / AVG ( [ ALL | DISTINCT ] 表达式 )
```

语法说明如下。

- ***表达式***：可以是常量、列、函数或表达式，其数据类型只能是数值类型。
- SUM 函数和 AVG 函数的语法与 COUNT 函数相同。

【例 5-38】求图书编号为“Ts.3035”的图书的总订购册数。

```
SELECT SUM(订购册数)  AS  '总订购册数'
    FROM sell  WHERE  图书编号 = 'Ts.3035';
```

执行结果如图 5-31 所示。

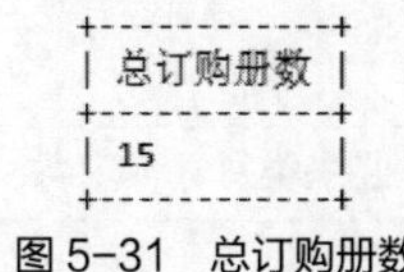

总订购册数
15

图 5-31　总订购册数

【例 5-39】求图书编号为“Ts.3035”的图书的每笔订单的平均册数。

```
SELECT AVG(订购册数)  AS  '每笔订单平均册数'
    FROM sell   WHERE  图书编号 = 'Ts.3035';
```

执行结果如图 5-32 所示。

```
+----------------+
| 每笔订单平均册数 |
+----------------+
| 7.5000         |
+----------------+
```
图5-32　每笔订单平均册数

5.3.2　GROUP BY 子句

v5-11　GROUP BY子句

GROUP BY子句主要用于根据字段对行进行分类汇总。例如，根据学生所学的专业对学生基本情况表中的所有行进行分组，结果是同一个专业的学生成为一组。

语法格式如下。

```
GROUP BY {列名 |表达式 } [ASC | DESC], … [WITH ROLLUP]
```

语法说明如下。

- GROUP BY子句后通常包含列名或表达式。
- MySQL对GROUP BY子句进行了扩展，可以在列的后面指定ASC（升序）或DESC（降序）。

GROUP BY子句可以根据一个或多个列进行分组，也可以根据表达式进行分组，经常和聚合函数一起使用。

【例5-40】输出book表中的图书类别。

```
SELECT 图书类别
    FROM book
        GROUP BY 图书类别;
```

执行结果如图5-33所示。

```
+----------+
| 图书类别 |
+----------+
| 计算机   |
| 数据库   |
| 网页设计 |
+----------+
```
图5-33　图书类别

【例5-41】按图书类别统计book表中各类图书的库存数。

```
SELECT 图书类别,sum(数量)  AS  '库存数'
    FROM book
        GROUP BY 图书类别;
```

执行结果如图5-34所示。

```
+----------+--------+
| 图书类别 | 库存数 |
+----------+--------+
| 计算机   | 186    |
| 数据库   | 500    |
| 网页设计 | 50     |
+----------+--------+
```
图5-34　各类图书的库存数

【例5-42】按图书编号分类统计订单数和订单的平均订购册数。

```
SELECT 图书编号, ROUND(AVG(订购册数),2) AS '订购册数' ,
    COUNT(订单号) AS '订单数'
```

```
        FROM sell
            GROUP BY 图书编号;
```

执行结果如图 5-35 所示。

图书编号	订购册数	订单数
TP.2525	50.67	3
TP.2463	23.00	2
Ts.3035	7.50	2
Tw.2562	4.00	1
Tw.1283	6.00	1

图 5-35　按图书编号分类统计的结果

使用带 WITH ROLLUP 的 GROUP BY 子句，可以使结果集内不仅包含由 GROUP BY 提供的正常行，还包含汇总行。

【例 5-43】按图书类别、出版社分类统计 book 表中各类图书的库存数。

```
SELECT 图书类别, 出版社, Sum(数量) AS '库存数'
    FROM book  GROUP BY 图书类别, 出版社;
```

执行结果如图 5-36 所示。

图书类别	出版社	库存数
计算机	清华大学出版社	76
计算机	中国青年出版社	63
数据库	北京大学出版社	500
网页设计	人民邮电出版社	NULL
网页设计	中国青年出版社	50
网页设计	清华大学出版社	NULL

图 5-36　按图书类别、出版社分类统计的结果

如果需要对上述统计数据进行分类统计，可以使用 WITH ROLLUP。

```
SELECT 图书类别, 出版社, Sum(数量) AS '库存数'
    FROM book
        GROUP BY 图书类别, 出版社
            WITH  ROLLUP;
```

执行结果如图 5-37 所示。

图书类别	出版社	库存数
数据库	北京大学出版社	500
数据库	NULL	500
网页设计	中国青年出版社	50
网页设计	人民邮电出版社	NULL
网页设计	清华大学出版社	NULL
网页设计	NULL	50
计算机	中国青年出版社	63
计算机	清华大学出版社	76
计算机	NULL	139
NULL	NULL	689

图 5-37　使用 WITH ROLLUP 的统计结果

从上述执行结果可以看出，使用了 WITH ROLLUP 后，将对 GROUP BY 子句中所指定的各列产生汇总行，产生的规则是按列逆序依次进行汇总。例如，本例根据图书类别将表分为 3 组，使用 WITH ROLLUP 后，先对出版社字段产生了汇总行（针对图书类别相同的行），然后对图书类别与出版社均不同的值产生了汇总行。所产生的汇总行对应的原始数据行在某些列上具有不同的值，

则在汇总行中将这些列值置为 NULL。

带 WITH ROLLUP 的 GROUP BY 子句可以与复杂的查询条件和连接查询一起使用。

5.3.3 HAVING 子句

使用 HAVING 子句的目的与使用 WHERE 子句类似，不同的是 WHERE 子句用来在 FROM 子句之后选择行，而 HAVING 子句用来在 GROUP BY 子句之后选择行。例如，查找 Bookstore 数据库中平均订购册数在 5 本以上的会员，就是在 sell 表中按用户号分组后筛选出符合平均订购册数大于 5 本的会员。

语法格式如下。

```
HAVING 条件
```

语法说明如下。

条件：定义和 WHERE 子句中的条件类似，不过 HAVING 子句中的条件可以包含聚合函数，而 WHERE 子句中的条件则不可以。

SQL 标准要求 HAVING 子句必须引用 GROUP BY 子句中的列或用于聚合函数中的列。不过，MySQL 支持对这一要求进行扩展，允许 HAVING 子句引用 SELECT 语句中的列和外部子查询中的列。

【例 5-44】查找 sell 表中平均订购册数在 5 本以上的用户号和平均订购册数。

```
SELECT 用户号, ROUND(AVG(订购册数),2) AS '平均订购册数'
   FROM sell
      GROUP BY 用户号
         HAVING AVG(订购册数) > 5;
```

先统计 sell 表中每个会员的平均订购册数，结果如图 5-38 所示。

```
SELECT 用户号, ROUND(AVG(订购册数),2) AS '平均订购册数'
   FROM sell
      GROUP BY 用户号;
```

用户号	平均订购册数
C0132	9.50
D1963	4.50
C0138	47.75
A3013	4.00

图 5-38　会员的平均订购册数

对上面的统计结果进行筛选，选取平均订购册数在 5 本以上的记录，筛选条件为“HAVING AVG(订购册数) >5”。例 5-44 的执行结果如图 5-39 所示。

用户号	平均订购册数
C0132	9.50
C0138	47.75

图 5-39　平均订购册数在 5 本以上的用户号

【例 5-45】查找 sell 表中订单数在 2 笔及以上且每笔订购册数都在 5 本以上的用户号。

```
SELECT 用户号
   FROM sell
```

```
        WHERE 订购册数 > 5
            GROUP BY 用户号
                HAVING COUNT(*) >= 2;
```

先查找每笔订购册数都在 5 本以上的用户号，结果如图 5-40 所示。

```
SELECT 用户号,订购册数  FROM sell  WHERE 订购册数 > 5;
```

用户号	订购册数
C0132	13
D1963	6
C0138	10
C0138	133
C0138	43
C0132	6

图 5-40　订购册数在 5 本以上的用户号

对上面的查询结果中的用户号进行分类统计，结果如图 5-41 所示。

```
SELECT 用户号,count(*)  FROM sell  WHERE 订购册数 > 5
    GROUP BY 用户号;
```

用户号	count(*)
C0132	2
C0138	3
D1963	1

图 5-41　订购册数在 5 本以上的会员订单数统计

对上面的统计结果进行筛选，筛选条件为“HAVING COUNT(*) >=2”，综合以上分析，本例的执行结果如图 5-42 所示。

用户号
C0132
C0138

图 5-42　执行结果

本查询将 sell 表中订购册数大于 5 的记录按用户号分组，再对每组记录进行计数，筛选出记录数大于等于 2 的各组的用户号值形成结果集。

5.3.4　ORDER BY 子句

在 SELECT 语句中，如果不使用 ORDER BY 子句，结果集中行的顺序是不可预料的；使用 ORDER BY 子句后可以使结果集中的行按一定顺序排列。

语法格式如下。

```
ORDER BY {列名 | 表达式 | 列编号} [ASC | DESC] , …
```

语法说明如下。

- ORDER BY 子句后可以是一个列、一个表达式或一个正整数。***列编号***是正整数，表示对结果集中该位置的列进行排序。例如，ORDER BY 3 表示对 SELECT 语句的列清单上的第 3 列进行排序。
- ASC 关键字表示升序排列，DESC 表示降序排列，系统默认为 ASC。

【例 5-46】将 book 表中的记录按出版时间的先后排序。

```
SELECT *   FROM book
    ORDER BY 出版时间;
```

【例 5-47】将 sell 表中的记录按订购册数从多到少排序。

```
SELECT *    FROM sell
    ORDER BY 订购册数 DESC;
```

5.3.5 LIMIT 子句

LIMIT 子句是 SELECT 语句的最后一个子句，主要用于限制 SELECT 语句返回的行数。

语法格式如下。

```
LIMIT {[偏移量,] 行数|行数 OFFSET 偏移量}
```

语法说明如下。

语法格式中的***偏移量***和***行数***都必须是非负的整数。

- ***偏移量***：指定返回的第一行的偏移量。
- ***行数***：返回的行数。

例如，“LIMIT 5”表示返回 SELECT 语句的结果集中最前面的 5 行，而“LIMIT 3，5”则表示从第 4 行开始返回 5 行。

【例 5-48】查找 members 表中注册时间最早的 5 位会员的信息。

```
SELECT * FROM members
    ORDER BY 注册时间
        LIMIT 5;
```

如果初始行不是从头开始的，则要使用两个参数：偏移量、行数。值得注意的是，初始行的偏移量为 0，而不是 1。

【例 5-49】查找 book 表中从第 4 条记录开始的 5 条记录。

```
SELECT * FROM book
        ORDER BY 图书编号
        LIMIT 3, 5;
```

【商业实例】Petstore 数据查询

下面将以单元 4 的商业实例中 Petstore 数据库的样本数据（见表 4-4～表 4-8）为例，讲解数据查询语句的综合应用。

任务 1 列查询实例操作

（1）查询 account 表中用户的姓名（fullname）、地址（address）和电话（phone），显示的列标题为“姓名”“地址”“电话”。

```
SELECT fullname AS 姓名, address AS 地址, phone AS 电话 FROM account;
```

（2）查询 lineitem 表中的商品号（itemid）和单价（unitprice），要求消除重复行。

```
SELECT DISTINCT itemid, unitprice FROM lineitem;
```

（3）计算 lineitem 表中每条记录的商品金额。

```
SELECT orderid, itemid, quantity * unitprice AS 金额 FROM lineitem;
```

（4）查询 account 表中用户的姓名（fullname）和性别（sex），要求性别为“男”时显示 1，为“女”时显示 0。

```
SELECT fullname,
   CASE WHEN sex = '男' THEN '1'
      WHEN sex = '女' THEN '0'
   END AS sex
FROM account;
```

（5）查询 product 表中的商品名（name）和档次。档次按单价（unitcost）划分，1000 元以下显示为“低档商品”，1000 元到 2000 元之间显示为“中档商品”，2000 元及以上显示为“高档商品”。

```
SELECT  name,
   CASE
      WHEN unitcost < 1000 THEN  '低档商品'
   WHEN unitcost >= 1000 and unitcost < 2000 THEN '中档商品'
      ELSE '高档商品'
   END  AS 档次
FROM  product;
```

任务 2　条件查询实例操作

（1）显示 orders 表中单笔订单金额大于等于 200 元的用户号（userid）、订单总价（totalprice）和订单状态（status）。

```
SELECT userid, totalprice, status FROM orders WHERE totalprice >= 200;
```

（2）查询 orders 表中 2020 年 4 月的所有订单。

```
SELECT * FROM orders
   WHERE orderdate >= '2020-04-01' AND orderdate <= '2020-04-30';
```

（3）查询 account 表中女用户的姓名（fullname）、地址（address）和电话（phone），显示的列标题为“姓名”“地址”“电话”。

```
SELECT fullname AS 姓名, address AS 地址, phone AS 电话
   FROM account WHERE  sex = '女';
```

（4）查询 account 表中姓吴的用户的信息。

```
SELECT * FROM account WHERE fullname like '吴%';
```

（5）查询 orders 表中订单总价在 200～500 元的订单信息。

```
SELECT * FROM orders WHERE totalprice >= 200 and totalprice <= 500;
```

（6）查询 product 表中商品号（productid）倒数第 4 位为“W”的商品信息。

```
SELECT * FROM product WHERE productid like '%W___';
```

任务 3　多表查询实例操作

（1）查询 lineitem 表中的订单号、购买数量及对应的商品名称。

```
SELECT orderid, name ,quantity FROM  lineitem
   JOIN product ON(itemid = productid);
```

（2）显示 orders 表中单笔订单金额大于等于 300 元的用户名、订单总价。

```
SELECT fullname,totalprice FROM orders
   JOIN account  ON (orders.userid = account.userid)
      WHERE totalprice >= 300;
```

（3）查询“刘晓和”的注册信息和订单信息。

```
SELECT * FROM orders JOIN account
    ON (orders.userid=account.userid)
        WHERE fullname = '刘晓和';
```

（4）统计2020年5月以前订购了商品的女用户的姓名和订单总价。

```
SELECT fullname,totalprice FROM orders
    JOIN account ON (orders.userid=account.userid)
        WHERE orderdate <= '2020-05-01' and sex = '女';
```

（5）查找购买了商品号为“FI-SW-02”的商品的订单号、用户号和订单日期。

```
SELECT orderid, userid, orderdate FROM orders
 WHERE orderid IN
        ( SELECT orderid FROM lineitem WHERE itemid = 'FI-SW-02' );
```

（6）查找product表中价格不低于“波斯猫”的商品信息。

```
SELECT * FROM product WHERE unitcost >= ANY
    ( SELECT unitcost FROMproduct WHERE name = '波斯猫' );
```

任务4　分类汇总与排序实例操作

（1）统计用户总数。

```
SELECT COUNT( * ) AS 总人数 FROM account;
```

（2）计算orders表中每笔订单的平均价格。

```
SELECT AVG( totalprice ) AS 每单平均价 FROM orders;
```

（3）计算orders表中的成交总额。

```
SELECT SUM(totalprice) as 成交总额 FROM orders;
```

（4）显示orders表中的单笔最高成交额和最低成交额。

```
SELECT MAX( totalprice ) AS 最高成交额,
    MIN( totalprice ) AS 最低成交额
        FROM orders;
```

（5）按性别统计用户人数。

```
SELECT sex,COUNT(*) FROM account GROUP BY sex;
```

（6）按商品类别统计各类商品总数、平均单价。

```
SELECT catid,SUM(qty),AVG(unitcost) FROM product GROUP BY catid;
```

（7）将用户信息按电话号码从大到小排序。

```
SELECT * FROM account ORDER BY phone DESC;
```

（8）将orders表按用户号从小到大排序，用户号相同的按订单日期从大到小排序。

```
SELECT * FROM orders ORDER BY userid ,orderdate DESC;
```

（9）显示lineitem表中商品的购买总数量超过两件的商品号和购买总数量，并按购买总数量从小到大排序。

```
SELECT itemid, sum( quantity ) FROM lineitem
    GROUP BY itemid
        HAVING sum( quantity ) >= 2
            ORDER BY sum( quantity );
```

注意　　**前面我们详细讨论了SELECT语句的各个子句的应用，当SELECT语句中出现多个子句时，子句出现的先后顺序是不能调整的，如语句“SELECT 订单号,订购册数 FROM sell WHERE 订购册数 >10　ORDER BY 订购册数 DESC;”正确，但语**

句“SELECT 订单号,订购册数 FROM sell ORDER BY 订购册数 DESC WHERE 订购册数>10 ;”就是错误的，因为在 SELECT 语句中，WHERE 子句必须放在 ORDER BY 子句前，如果颠倒了这两个子句的位置，MySQL 将提示语法错误而无法执行语句，这一点初学者要特别注意。

【综合实训】LibraryDB 数据查询

一、实训目的

（1）掌握列查询的基本方法。

（2）掌握条件查询的基本方法。

（3）掌握多表查询的基本方法。

（4）掌握数据库表的统计与排序方法。

二、实训内容

LibraryDB 数据库中的数据参见单元 4 的综合实训中的表 4-9～表 4-13，对 LibraryDB 数据库完成以下查询。

1. 列查询

（1）查询库存表中的书号和库存状态，要求消除重复行。

（2）查询读者表中的姓名和单位，显示的列标题分别为“name”“college”。

（3）查询图书表中每种书的书名和金额（金额=数量×单价）。

（4）查询库存表中的条码和库存状态，要求库存状态值为“在馆”时显示“1”，“借出”时显示“0”，为“丢失”时显示“-1”。

2. 条件查询

（1）查询图书表中数量大于 10 本的图书的书名、数量和出版社。

（2）查询库存表中位置中含有“A”且库存状态为“借出”的图书的信息。

（3）查询图书表中财经和文学类图书中数量大于 5 的图书信息。

（4）查询借阅表中还书日期为空的记录。

3. 多表查询

（1）查询“张小东”的基本情况和图书借阅情况。

（2）查询借阅状态为“借阅”的图书的书号和条码。

（3）查询每个读者的姓名、单位、可借天数和可借数量。

（4）查询每个读者的借阅信息，包括读者姓名、书名、借阅日期、借阅状态。

（5）查询库存表中每本书的条码、位置及对应的借阅的读者编号。没有借阅的，读者编号用 NULL 表示。

4. 分类汇总与排序

（1）按单位统计出该单位的读者人数。

（2）查找读者数在 2 人及以上的单位名称和读者人数。

（3）分别统计各出版社图书的平均单价和总金额。

（4）对借阅表先按读者编号，再按条码统计图书的借阅次数，并显示小计。

（5）将图书表按数量从大到小排序。

（6）将借阅表按借阅状态排序，若状态相同则按借阅日期从小到大排序。

（7）对借阅表中的读者按类别分组，同类别的再按单位分别统计借阅次数，并按借阅次数从大到小排序。

单元小结

- 数据查询是数据库最重要的功能之一，使用 SQL 语句可以在表或视图中迅速、方便地检索数据。SELECT 语句可以实现对表的选择、投影及连接操作。
- FROM 子句用于指定查询数据的来源。如果在 FROM 子句中只指定表名，则该表应该属于当前数据库，否则需要在表名前加上该表所属数据库的名字。如果要在不同表中查询数据，则必须在 FROM 子句中指定多个表。FROM 子句使用 JOIN 关键字实现内连接（INNER JOIN）、左外连接（LEFT OUTER JOIN）和右外连接（RIGHT OUTER JOIN）。
- WHERE 子句用于实现按条件对 FROM 子句的中间结果中的行进行选择。WHERE 子句中的条件判定运算包括比较运算、逻辑运算、模式匹配、范围比较、空值比较和子查询。在查询中，可以使用另一个查询的结果作为查询条件的一部分的查询被称为子查询。子查询通常与 IN、EXISTS 谓词及比较运算符结合使用。子查询可以嵌套多层从而完成复杂的查询。子查询除了可以用在 SELECT 语句中，还可以用在 INSERT、UPDATE 及 DELETE 语句中。
- 使用 ORDER BY 子句可以使结果中的行按一定顺序排列。
- 使用聚合函数可以实现对一组值进行计算，主要用于数据的统计分析。GROUP BY 子句根据字段对行进行分组，而 HAVING 子句用来对 GROUP BY 子句分组结果中的行进行选择。聚合函数常与 GROUP BY 子句和 HAVING 子句一起使用，实现数据的分类统计。

理论练习

一、选择题

1. 下列运算符中可以实现模糊查询的是（　　）。

A. =　　B. IN　　C. LIKE　　D. <>

2. 在 SELECT 语句中使用“*”表示（　　）。

A. 选择全部元组　　B. 选择全部列
C. 选择主键所在的列　　D. 选择有非空约束的列

3. 在 SELECT 语句的 WHERE 子句的条件表达式中，可以匹配 0 个到多个字符的通配符是（　　）。

A. *　　B. %　　C. -　　D. ?

4. SELECT 查询中，要把结果中的行按照某一列的值进行排序，所用到的子句是（　　）。

A. ORDER BY　　B. WHERE　　C. GROUP BY　　D. HAVING

5. 在 SELECT 语句中，用于去除重复行的关键字是（　　）。

A. TOP　　B. DISTINCT　　C. PERCENT　　D. HAVING

6. SELECT 语句中，通常与 HAVING 子句同时使用的是（　　）子句。

A. ORDER BY　　B. WHERE　　C. GROUP BY　　D. 无须配合

7. MySQL 中，下列涉及空值的操作，不正确的是（　　）。

A. age IS NULL　　B. age IS NOT NULL
C. age = NULL　　D. NOT (age IS NULL)

8. 假设职工表中有 10 条记录，获得职工表最前面两条记录的命令为（　　）。

A. SELECT 2 * FROM 职工

B. SELECT * FROM 职工 LIMIT 2
C. SELECT PERCENT 2 * FROM 职工
D. SELECT 2 FROM 职工

9. 如果要查询公司员工的平均收入，可以使用以下哪个聚合函数？(　　)

A. SUM　　B. ABS　　C. COUNT　　D. AVG

10. 在 SELECT 查询语句中，如果要对得到的结果中的某个字段进行降序处理，则应在 ORDER BY 子句中使用参数(　　)。

A. ASC　　B. DESC　　C. BETWEEN　　D. IN

二、分析应用题

中国高铁从零起步，到如今运营里程突破 4 万千米，纵横神州，驰骋天下。以 2008 年我国第一条设计时速为 350 千米的京津城际铁路建成运营为标志，十几年来，中国高铁串珠成线、连线成网，从当初的“四纵四横”到现如今的“八纵八横”。四通八达的高铁以最直观的方式向世界展示了“中国速度”，见证了中国综合国力的飞跃，弹指十余年，铁路大变样。

表 5-10 所示为黑龙江省高铁运行数据表，请对该表数据进行以下统计分析。

(1) 统计黑龙江省内高铁总里程。

(2) 将表中数据按设计时速从大到小排序。

(3) 按铁路名称的后两个字分类统计省内里程，并进行合计计算。

表 5-10　黑龙江省高铁运行数据表

铁路名称	省内里程(km)	设计时速(km/h)	开通时间
哈大高铁	81	350	2012-12-01
哈齐高铁	266	300	2015-08-17
牡绥铁路	139	200	2015-12-28
哈佳铁路	343	200	2018-09-30
哈牡客专	300	250	2018-12-25
牡佳客专	372	250	2021-12-06

【实战演练】SchoolDB 数据查询

学生成绩管理系统数据库 SchoolDB 的数据如单元 4 的实战演练中所示，对 SchoolDB 数据库完成以下查询。

1. 单表查询

(1) 查询全体学生的姓名和年龄，要求分别用 name 和 age 表示列名。提示：年龄可以根据当前日期和出生日期算出；从日期中取年的函数为 YEAR，取系统当前时间的函数为 NOW。

(2) 查询成绩表，成绩列用优(>=90)、良(75~90)、及格(60~75)、不及格(<60)表示。

(3) 查询学时大于等于 48 的课程名和学分。

(4) 查询前置课为空的课程名和学期。

(5) 查询姓“王”且名字为 3 个字的学生记录。

2. 多表查询

(1) 查询所有学生的学号、姓名、课程号和成绩。

（2）查询会计学院全体同学的学号、姓名和班级名称。

（3）查询成绩在 90 分以上的学生的学号、姓名和成绩。

（4）使用左外连接，查询所有课程的课程号、课程名和选修了该课程的学生的学号和成绩。没有学生选修的课程也要显示。

（5）使用子查询查找“计算机 24-1 班”所有学生的学号、姓名。

3. 分类汇总与排序

（1）按性别统计学生人数。

（2）统计每个学生的选课门数、平均分、最高分。

（3）查询平均分在 80 分以上的每个学生的选课门数、平均分、最高分。

（4）先按性别，再按民族统计学生人数，并按人数从小到大排序。

单元6 数据视图

06

问题引入

数据库中存储的数据可以供众多用户同时使用，即数据共享，这是数据库的主要特点之一。当我们享受数据共享带来的好处的同时，千万不要忽略数据安全。数据安全对企业来说至关重要，有时甚至关乎国家利益。加强对关键数据资源的保护能力、增强数据安全预警和溯源能力十分重要。视图是基于基本表的虚表，通过视图，用户只能访问数据的特定子集，只能查询和修改在其权限范围内的数据，从而有效保护关键数据的安全。接下来，就让我们学习如何定义视图以及通过视图查询、修改、删除和更新数据吧。

学习目标

- ◆ 知识点
  - 理解视图的功能和作用。
  - 掌握创建和管理视图的 SQL 语句的用法。
- ◆ 技能点
  - 能根据用户需求创建基于基本表的视图。
  - 掌握运用视图操纵基本表中的数据的要点和方法。
- ◆ 素养点
  - 提高自主探究能力。
  - 加强安全教育，提高数据安全意识。

思维导图

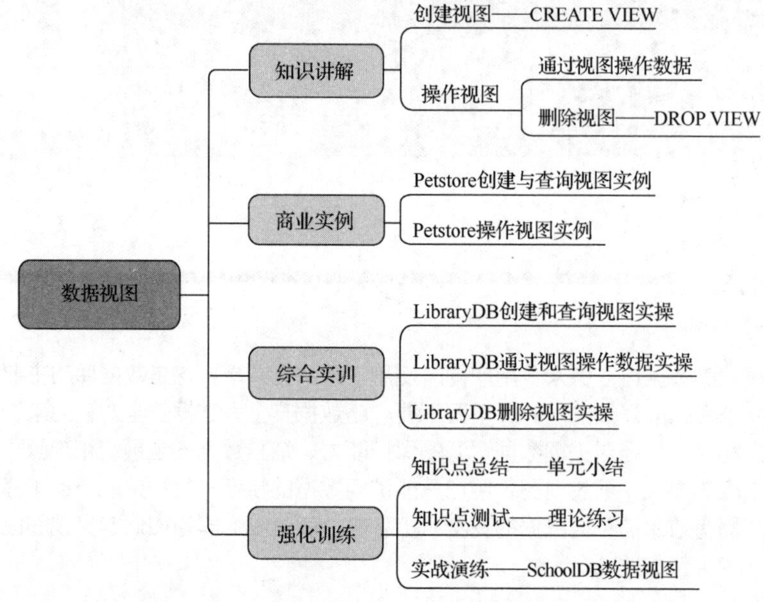

相关知识

6.1 创建和查询视图

v6-1 视图概述

6.1.1 视图概述

视图是从一个或多个表（或视图）中导出的虚拟表。视图与表［有时为与视图区分，也称表为基本表（Base Table）］不同，视图是一个虚表，即视图所对应的数据不进行实际存储，数据库中只存储视图的定义，对视图中的数据进行操作时，系统根据视图的定义去操作与视图相关联的基本表。

视图一经定义，就可以像表一样被查询、修改、删除和更新。使用视图有下列优点。

- 为用户集中数据，简化用户的数据查询和处理操作。有时用户需要的数据分散在多个表中，定义视图可将它们集中在一起，从而方便用户查询和处理数据。
- 屏蔽数据库的复杂性。用户不必了解复杂的数据库中的表结构，并且数据库表的更改也不影响用户对数据库的使用。
- 简化用户权限的管理。只需授予用户使用视图的权限，而不必指定用户只能使用表中的特定列，这样也增强了数据的安全性。
- 便于数据共享。同样的数据只需存储一次，各用户不必定义和存储已有的数据，使用视图可共享数据库的数据。

- 可以重新组织数据，以便输出到其他应用程序中使用。

6.1.2 创建视图

v6-2 创建视图

语法格式如下。

```
CREATE [OR REPLACE]  VIEW 视图名 [(列名列表)]
    AS SELECT 语句
        [WITH [CASCADED | LOCAL] CHECK OPTION]
```

语法说明如下。

- ***列名列表***：要想为视图的列定义明确的名称，可使用可选的***列名列表***子句，在其中列出由逗号隔开的列名。***列名列表***中的名称数目必须等于 SELECT 语句检索的列数。若使用与源表或视图中相同的列名，可以省略***列名列表***。
- OR REPLACE：用于替换已有的同名视图。
- ***SELECT 语句***：用来创建视图的 SELECT 语句，可在 SELECT 语句中查询多个表或视图。
- WITH CHECK OPTION：指出在可更新视图上做的修改都要符合***SELECT 语句***指定的限制条件，这样可以确保数据修改后，可通过视图看到修改的数据。当视图根据另一个视图定义时，WITH CHECK OPTION 会给出 LOCAL 和 CASCADED 两个参数，它们决定了检查的范围。LOCAL 关键字使 WITH CHECK OPTION 只对定义的视图进行检查，CASCADED 则会对所有视图进行检查。如果未给定关键字，则默认为 CASCADED。

使用视图时，要注意下列事项。

- 在默认情况下，将在当前数据库中创建新视图。要想在给定数据库中明确创建视图，创建时应将其名称指定为“库名.视图名”。
- 视图的命名必须遵循标识符命名规则，不能与表同名。对于每个用户，视图名必须是唯一的；对于不同用户，即使是定义相同的视图，也必须使用不同的名字。
- 不能把规则、默认值或触发器与视图相关联。
- 不能在视图上建立任何索引，包括全文索引。
- 在视图中使用 SELECT 语句有以下限制。
    - 定义视图的用户必须对所参照的表或视图有查询权限，即可执行 SELECT 语句的权限；在定义中引用的表或视图必须存在。
    - 不能包含 FROM 子句中的子查询，不能引用系统变量或用户变量，不能引用预处理语句中的参数。
    - 在视图定义中允许使用 ORDER BY 子句，但是，如果从一个已经定义了 ORDER BY 子句的视图中选择数据时，视图定义中的 ORDER BY 子句将被忽略。

【例 6-1】创建 Bookstore 数据库上的 jsj_sell 视图，该视图中包括计算机类图书的订单号、图书编号、书名、订购册数；要保证对该视图的订单修改符合计算机类这个条件。

```
CREATE OR REPLACE VIEW  jsj_sell
    AS
        SELECT 订单号,sell.图书编号,书名,订购册数
            FROM  book,  sell
            WHERE  book.图书编号 = sell. 图书编号
                AND  book.图书类别 = '计算机'
            WITH CHECK OPTION;
```

因为订单号、订购册数来自 sell 表，而图书编号、书名来自 book 表，要查询这些信息，需要建立多表查询。

```
SELECT 订单号,sell.图书编号,书名,订购册数 FROM  book,  sell
WHERE  book.图书编号 = sell.图书编号 AND  book.图书类别 = '计算机';
```

若要保证对该视图的订单修改符合计算机类这个条件，需要使用参数 WITH CHECK OPTION。

【例 6-2】创建 Bookstore 数据库中计算机类图书的销售视图 sale_avg，其中包括书名（在视图中列名为“name”）和该类图书的平均订购册数（在视图中列名为“sale_avg”）。

```
CREATE VIEW sale_avg (name, sale_avg)
AS
SELECT 书名,avg(订购册数)
   FROM  jsj_sell
GROUP BY 书名;
```

例 6-1 已经创建了计算机类图书的销售视图 jsj_sell，这里可以直接从 jsj_sell 视图中查询相关信息来生成所需的新视图。

6.1.3 查询视图

定义视图后，就可以像查询基本表那样对视图进行查询。

【例 6-3】在视图 jsj_sell 中查找计算机类图书的订单号和订购册数。

```
SELECT 订单号, 订购册数
   FROM  jsj_sell;
```

创建视图可以向最终用户隐藏复杂的表连接操作，简化了 SQL 程序设计。

【例 6-4】查找平均订购册数大于 5 本的会员的用户号和平均订购册数。

先创建会员平均订购视图 kh_avg，其中包括会员的用户号（在视图中列名为“userID”）和平均订购册数（在视图中列名为“order_avg”）；再对 kh_avg 视图进行查询。

创建会员平均订购视图 kh_avg。

```
CREATE VIEW  kh_avg ( userID, order_avg )
   AS
   SELECT 用户号, AVG(订购册数)
      FROM  sell
      GROUP BY 用户号;
```

再对 kh_avg 视图进行查询。

```
SELECT  *  FROM  kh_avg   WHERE  order_avg > 5;
```

注意　**进行视图查询时，若其关联的基本表中添加了新字段，该视图将不包含新字段；如果与视图相关联的表或视图被删除，则该视图将不能再使用。例如，假设视图 ls_sell 中的列关联了 sell 表中的所有列，若 sell 表新增了“送货地址”字段，那么 ls_sell 视图中将查询不到“送货地址”字段的数据。**

6.2 操作视图

v6-3　操作视图

6.2.1 通过视图操作数据

1. 可更新视图

要通过视图更新基本表中的数据，必须保证视图是可更新视图，即可以在 INSERT、UPDATE

或 DELETE 等语句中使用它们。对于可更新视图，视图中的行和基本表中的行必须具有一对一的关系。如果视图包含下述结构中的任何一种，那么它就是不可更新的。

（1）聚合函数。

（2）DISTINCT 关键字。

（3）GROUP BY 子句。

（4）ORDER BY 子句。

（5）HAVING 子句。

（6）UNION 运算符。

（7）位于选择列表中的子查询。

（8）FROM 子句中包含多个表。

（9）SELECT 语句中引用了不可更新视图。

（10）WHERE 子句中的子查询，引用 FROM 子句中的表。

2. 插入数据

当使用视图插入数据时，如果在创建视图时加上了 WITH CHECK OPTION 子句，WITH CHECK OPTION 子句会在插入数据的时候检查新数据是否符合视图定义中 WHERE 子句的条件。

WITH CHECK OPTION 子句只能和可更新视图一起使用。

【例 6-5】创建视图 jsj_book，视图中包含计算机类图书的信息，并向 jsj_book 视图中插入一条记录“TP.0837，计算机，Office 应用实例，张拾怡，人民邮电出版社，2023-10-21，34.5，NULL，NULL，NULL”。

首先创建视图 jsj_book。

```
CREATE OR REPLACE VIEW jsj_book
    AS
    SELECT *
        FROM book
        WHERE 图书类别 = '计算机'
    WITH CHECK OPTION;
```

接下来插入记录。

```
INSERT INTO jsj_book
    VALUES(
    'TP.0837','计算机','Office 应用实例','张拾怡',
    '人民邮电出版社','2023-10-21',34.5,NULL,NULL,NULL);
```

执行例 6-5 的 SQL 语句后使用 SELECT * FROM jsj_book 查询视图，结果如图 6-1 所示。

图书编号	图书类别	书名	作者	出版社	出版时间	单价	数量	折扣	封面图片
TP.0837	计算机	Office应用实例	张拾怡	人民邮电出版社	2023-10-21	34.50	NULL	NULL	NULL
TP.2462	计算机	计算机应用基础	陆大一	清华大学出版社	2022-10-19	45.00	45	0.80	NULL
TP.2463	计算机	计算机网络技术	林力尔	清华大学出版社	2021-10-16	25.50	31	0.80	D\pic\ll.jpg
TP.2525	计算机	PHP高级语言	王大山	中国青年出版社	2022-06-20	33.25	3	0.80	D:\pic\js.jpg
TP.6625	计算机	JavaScript编程	谢为士	中国青年出版社	2021-08-05	33.00	60	0.80	NULL

图 6-1　视图 jsj_book 查询结果

使用 SELECT * FROM book 查询 book 表，结果如图 6-2 所示。

从图 6-1 和图 6-2 中可见，在视图 jsj_book 和基本表 book 中，该记录都已经被添加。

这里插入记录时，图书类别只能为“计算机”，如果插入其他类别的图书，系统将提示“#1369 - CHECK OPTION failed 'bookstore.jsj_book' ”错误信息。

当视图所依赖的基本表有多个时，不能向该视图插入数据，因为这将会影响多个基本表。例如，不能向视图 jsj_sell 中插入数据，因为 jsj_sell 依赖 book 和 sell 两个基本表。

图书编号	图书类别	书名	作者	出版社	出版时间	单价	数量	折扣	封面图片
TP.0837	计算机	Office应用实例	张拾怡	人民邮电出版社	2023-10-21	34.50	NULL	NULL	NULL
TP.2462	计算机	计算机应用基础	陆大一	清华大学出版社	2022-10-19	45.00	45	0.80	NULL
TP.2463	计算机	计算机网络技术	林力尔	清华大学出版社	2021-10-16	25.50	31	0.80	D\pic\ll.jpg
TP.2525	计算机	PHP高级语言	王大山	中国青年出版社	2022-06-20	33.25	3	0.80	D:\pic\js.jpg
TP.6625	计算机	JavaScript编程	谢为士	中国青年出版社	2021-08-05	33.00	60	0.80	NULL
Ts.3010	数据库	ORACLE	张小五	北京大学出版社	2022-08-02	28.00	NULL	NULL	NULL
Ts.3035	数据库	MySQL数据库	李陸	北京大学出版社	2020-12-26	20.00	500	0.80	D:\pic\jp.jpg
Tw.1283	网页设计	DW网站制作	李七	人民邮电出版社	2021-10-01	27.00	NULL	NULL	NULL
Tw.2562	网页设计	ASP网站制作	胡莉芭	中国青年出版社	2022-07-24	30.50	50	0.80	NULL
Tw.3020	网页设计	网页程序设计	刘玖	清华大学出版社	2023-02-15	25.00	NULL	NULL	NULL

图 6-2　基本表 book 查询结果

对于 INSERT 语句还有一个限制：INSERT 语句中必须包含 FROM 子句中指定表的所有不能为空的列。例如，若定义 jsj_book 视图时不加上“书名”字段，则插入数据的时候会出错。

3. 修改数据

使用 UPDATE 语句可以实现通过视图修改基本表中的数据。

【例 6-6】将 jsj_book 视图中的所有图书的单价降低 5 %。

```
UPDATE jsj_book
    SET 单价 = 单价*(1-0.05);
```

该语句实际上是将 jsj_book 视图所依赖的基本表 book 中所有计算机类图书的单价降低 5%。

若一个视图依赖多个基本表，则修改一次该视图只能改变一个基本表中的数据。

【例 6-7】将 jsj_sell 视图中图书编号为“TP.2525”的图书的书名改为“PHP 网站制作”，将订单号为 5 的订单的订购册数改为 100。

改书名，如下所示。

```
UPDATE  jsj_sell
    SET 书名 = 'PHP 网站制作'
    WHERE 图书编号 = 'TP.2525';
```

改订购册数，如下所示。

```
UPDATE  jsj_sell
    SET 订购册数 = 100
    WHERE 订单号 = 5;
```

本例中，视图 jsj_sell 依赖 book 和 sell 两个基本表，对 jsj_sell 视图的一次修改只能改变一个基本表中的数据，即书名（源于 book 表）或订购册数（源于 sell 表）。所以以下修改是错误的。

```
UPDATE  jsj_sell
    SET 书名 = 'PHP 网站制作', 订购册数 = 100
        WHERE 订单号 = 5 AND 图书编号 = 'TP.2525';
```

4. 删除数据

如果视图数据来源于单个基本表，可以使用 DELETE 语句通过视图删除基本表中的数据。

【例 6-8】删除 jsj_book 中“人民邮电出版社”的记录。

```
DELETE FROM jsj_book
    WHERE 出版社 = '人民邮电出版社';
```

对依赖多个基本表的视图，不能使用 DELETE 语句。例如，不能通过对 jsj_sell 视图执行 DELETE 语句删除与之相关联的基本表 book 和 sell 中的数据。

6.2.2 修改视图定义

使用 ALTER 语句可以对已有视图的定义进行修改。

语法格式如下。

```
ALTER VIEW 视图名 [(列名列表)]
AS SELECT 语句
[WITH [CASCADED | LOCAL] CHECK OPTION]
```

ALTER VIEW 语句的语法和 CREATE VIEW 的类似，这里不再赘述。

【例 6-9】将 jsj_book 视图修改为只包含计算机类图书的图书编号、书名和单价。

```
ALTER VIEW jsj_book
AS
    SELECT 图书编号,书名,单价  FROM  book
        WHERE 图书类别 = '计算机';
```

6.2.3 删除视图

语法格式如下。

```
DROP VIEW [IF EXISTS]
视图名1 [,视图名2] …
```

如果声明了 IF EXISTS，就算视图不存在，也不会出现错误信息。使用 DROP VIEW 可以一次删除多个视图，示例如下。

```
DROP VIEW jsj_book, jsj_sell;
```

上面的语句一次删除了视图 jsj_book 和 jsj_sell。

【商业实例】Petstore 数据视图

任务 1 创建与查询视图

（1）创建视图 account_v1，其中包含所有男用户的用户号、姓名、密码、性别和电话，字段名用中文表示，同时要求对视图的修改也符合上述条件。

```
CREATE VIEW account_v1
AS
       (SELECT userid AS 用户号, fullname AS 姓名,
               password AS 密码,sex AS 性别,phone AS 电话
       FROM account where sex = '男' )
           WITH CHECK OPTION;
```

（2）从 account_v1 中查询姓“张”的用户的信息。

```
SELECT * FROM account_v1 WHERE 姓名 LIKE '张%';
```

（3）创建视图 orders_v2，其中包含订单号、用户姓名和住址、订单日期及订单总价。

```
CREATE VIEW orders_v2
AS
   (SELECT orderid,fullname,address,orderdate,totalprice
   FROM orders JOIN account
      ON (orders.userid = account.userid) );
```

（4）从 orders_v2 中查询 2020 年的订单。

```
SELECT * FROM orders_v2 WHERE year(orderdate ) = 2020;
```

（5）创建视图 lineitem_v3，其中包含商品名、订单日期、数量和单价。

```
CREATE VIEW lineitem_v3
AS
    (SELECT name,orderdate,quantity,unitprice
    FROM lineitem
        JOIN orders ON (lineitem.orderid = orders.orderid)
        JOIN product ON (lineitem.itemid = product.productid) ) ;
```

任务 2 操作视图

（1）向 account_v1 中插入一条记录“u0007，张华，123456，男，13901234567”。

```
INSERT INTO account_v1
    VALUES ('u0007', '张华', '123456', '男', '13901234567');
```

（2）将 orders_v2 中订单号为“20130411”的订单的总价加 200 元。

```
UPDATE orders_v2 SET totalprice = totalprice + 200
    WHERE orderid = 20130411;
```

（3）删除视图 account_v1 中用户号为“u0002”的用户的记录。

```
DELETE FROM account_v1 WHERE 用户号 = 'u0002';
```

（4）删除视图 orders_v2、lineitem_v3。

```
DROP VIEW orders_v2,lineitem_v3;
```

【综合实训】LibraryDB 数据视图

一、实训目的

（1）掌握视图的功能和作用。

（2）掌握视图的创建和管理方法。

二、实训内容

对 LibraryDB 数据库完成以下视图操作。

1. 创建和查询视图

（1）创建视图 L_view1，其中包含读者的读者编号、姓名、类名、可借天数和可借数量。

（2）从 L_view1 视图中查询读者的读者编号、姓名、可借天数和可借数量。

（3）创建视图 L_view2，其中包含借阅号、书号、姓名、借阅日期和还书日期。

（4）从 L_view2 视图中查询还书日期为空的记录。

（5）创建视图 L_view3，其中包含所有借阅状态为“借阅”或“已还”的记录。在创建视图的时候加上 WITH CHECK OPTION 子句。

2. 通过视图操作数据

（1）向 L_view3 视图中插入一条记录“100010，411112，2001，2023-10-18，Null，借出”。

（2）修改 L_view2，将借阅号为“100001”的记录的借阅日期改为系统当天日期。

（3）删除视图 L_view3 中还书日期不为空的记录。

3. 删除视图

删除视图 L_view2 和 L_view3。

单元小结

- 视图是根据用户的不同需求，在物理数据库上定义的数据结构。视图是一个虚表，数据库中只存储视图的定义，不实际存储视图所对应的数据。对视图中的数据进行操作时，系统根据视图的定义去操作与视图相关联的基本表。
- 视图一经定义，就可以像表一样被查询、修改、删除和更新，但对视图使用 INSERT、UPDATE 及 DELETE 语句时，有以下一些限制。
  - 要通过视图更新基本表中的数据，必须保证视图是可更新视图。在创建视图时加上 WITH CHECK OPTION 子句，WITH CHECK OPTION 子句会在插入数据时检查新数据是否符合视图定义中 WHERE 子句的条件。
  - 对视图使用 INSERT 语句插入数据时，创建该视图的 SELECT 语句中必须包含 FROM 子句中指定表的所有不能为空的列。当视图所依赖的基本表有多个时，不能向该视图插入数据，因为这将会影响多个基本表。
  - 若一个视图依赖多个基本表，则一次修改该视图只能改变一个基本表的数据。对依赖多个基本表的视图，不能使用 DELETE 语句。

理论练习

一、选择题

1. 下面关于视图的说法中，错误的是（　　）。

   A. 视图是个虚拟表

   B. 可以使用视图更新数据，但每次更新只能影响一个表

   C. 不能为视图定义触发器

   D. 可以创建基于视图的视图

2. 下列说法正确的是（　　）。

   A. 视图是观察数据的一种方法，只能基于基本表建立

   B. 视图是虚表，观察到的数据是实际基本表中的数据

   C. 视图是虚表，所以不能使用视图更新数据

   D. 视图创建后就不可修改其定义

3. 在 MySQL 中，建立视图使用的命令是（　　）。

   A. CREATE SCHEMA　　B. CREATE TABLE

   C. CREATE VIEW　　D. CREATE INDEX

4. 在视图上不能完成的操作是（　　）。

   A. 定义查询　　B. 定义基本表　　C. 更新视图　　D. 定义新视图

5. MySQL 的视图是从（　　）中导出的。

   A. 基本表　　B. 视图　　C. 基本表或视图　　D. 数据库

6. 视图提高了数据库系统的（　　）。

   A. 完整性　　B. 并发控制　　C. 隔离性　　D. 安全性

7. 在MySQL中，删除视图使用的命令是（　　）。
   A. DROP SCHEMA　　B. DROP VIEW
   C. CREATE TABLE　　D. CREATE INDEX
8. 在MySQL中，修改视图定义使用的命令是（　　）。
   A. CREATE TABLE　　B. ALTER TABLE
   C. CREATE DATABASE　　D. ALTER VIEW
9. 在MySQL中，通过视图查询数据使用的命令是（　　）。
   A. SELECT　　B. AS　　C. VIEW　　D. CREATE
10. 视图中包含下面哪种结构它还是可更新视图（　　）。
   A. GROUP BY子句　　B. ORDER BY子句
   C. HAVING子句　　D. WHERE 子句

二、分析应用题

开源网络数据作为大数据的绝对主体，正在成为新一轮国际竞争的重要战略资源。我国的《中华人民共和国数据安全法》权衡了发展和安全的辩证关系，强调要坚持安全与发展并重，明确了发展是安全的目的。在加强互联网数据保护的同时，也要注重发挥开源网络数据的价值，利用相关方法手段，维护网络空间安全和国家数据安全。视图在方便数据共享的同时，提供了数据安全保护机制。视图是虚表，真正的表数据的动态更新等不受视图的影响。通过视图，不同的用户可以被限制在数据的不同子集上，用户只能查询和修改他们所能见到的数据。因此，我们在设计数据库系统时，可以充分利用视图的数据安全保护机制，在满足不同用户需求的同时，更好地保护机密数据。

针对视图的应用，回答以下问题。

1. 用户可以通过视图完成哪些基本表的操作？
2. 视图中包含哪些特殊结构时，所建立的视图是不可更新的？
3. 视图中使用SELECT语句时有哪些限制？

【实战演练】SchoolDB数据视图

1. 在SchoolDB数据库上创建视图V_score，其中包括所有男同学的学号、姓名、民族以及选修的课程号与对应的成绩。

2. 在视图V_score中查找少数民族学生的学号、姓名以及选修的课程号与对应的成绩。

3. 创建视图V_avg，其中包括学号（在视图中列名为“num”）和平均成绩（在视图中列名为“score_avg”）。

4. 使用视图V_avg，查找平均成绩在80分以上的学生的学号和平均成绩。

5. 创建视图V_student，视图中包含所有汉族的学生的信息，并向V_student视图中插入一条记录“2020410001，李牧，男，2008-10-21，广东，汉，NULL”。

6. 删除V_student中女同学的记录。

单元7 索引与分区

07

问题引入

我们处在一个信息爆炸的时代，这使得我们经常需要处理海量的数据。比如，为了实现优化人口发展战略，需要开展人口普查，通过对人口普查数据的分析，及时调整与完善人口政策，推动人口结构优化，提升人口素质。但是人口普查得到的数据是海量的，如何保证海量数据完整、有效，又如何对其进行快速检索、合理存储呢？为了快速找到书中的内容，我们在书的前面建立了目录，同样，我们可以为数据库表建立类似于目录的索引来加快检索速度；对于巨大的数据库表，我们可能找不到一块如此大的存储空间来存放它，但我们可以将数据库表按某种规则进行分割存储，即数据分区。

学习目标

- ◆ 知识点
  - 理解索引的功能和作用。
  - 理解索引对查询的影响以及索引的弊端。
- ◆ 技能点
  - 能使用多种方法创建索引。
  - 能使用多种方法删除索引。
- ◆ 素养点
  - 培养学生合作沟通的能力。
  - 培养学生精益求精的工匠精神。

思维导图

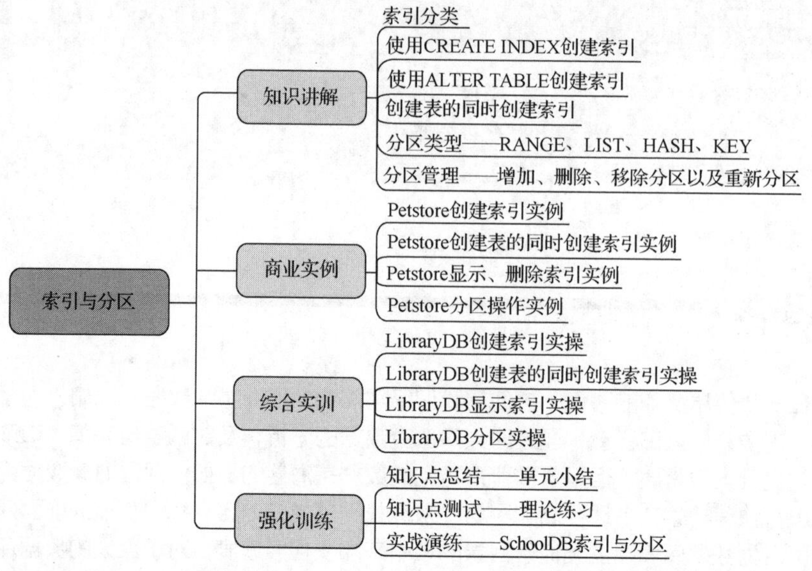

相关知识

7.1 索引的分类

数据库中的索引与书的目录类似，表中的数据类似于书的内容。书的目录有助于读者快速找到书中相关的内容，数据库的索引有助于加快数据检索速度。在MySQL中，建立索引的机制有两种，即B-树（BTREE）索引和哈希（HASH）索引。不同的存储引擎，采用的索引类型、每个表的最大索引数、最大索引长度等都有所不同。

v7-1 索引的分类

MySQL将一个表的索引都保存在同一个索引文件中。如果更新表中的一个值或者向表中添加一行，MySQL会自动地更新索引，因此索引总是和表中的内容保持一致。

MySQL的主要索引类型如下。

1. 普通索引（INDEX）

这是最基本的索引类型，它没有唯一性之类的限制。创建普通索引的关键字是INDEX。

2. 唯一性索引（UNIQUE）

这种索引和普通索引基本相同，唯一区别是索引列的所有值都只能出现一次，即必须是唯一的。创建唯一性索引的关键字是UNIQUE。

3. 主键（PRIMARY KEY）

主键是一种唯一性索引，每个表只能有一个主键索引，它必须指定为“PRIMARY KEY”。一般在创建表的时候指定主键，也可以通过修改表的方式设置主键。

4. 全文索引（FULLTEXT）

MySQL支持全文检索和全文索引。全文索引的索引类型为FULLTEXT，只能在varchar或

text 类型的列上创建。查询数据量较大的字符串类型的字段时，使用全文索引可以提高查询速度，但只能在 MyISAM 表中创建全文索引。

7.2 创建索引

7.2.1 使用 CREATE INDEX 语句

v7-2 使用 CREATE INDEX 语句

使用 CREATE INDEX 语句可以在一个已有表上创建索引，一个表可以创建多个索引。

语法格式如下。

```
CREATE [UNIQUE | FULLTEXT] INDEX 索引名
ON 表名 (列名 [(长度)] [ASC | DESC],…)
```

语法说明如下。

- *索引名*：索引的名称，索引在一个表中的名称必须是唯一的。
- *列名*：表示创建索引的列名。*长度*表示使用列的前多少个字符创建索引。使用列的一部分创建索引可以使索引文件大大减小，从而节省磁盘空间。在某些情况下，只能对列的前缀进行索引。例如，索引列的长度有一个最大上限，如果索引列的长度超过了这个上限，那么就有可能需要利用前缀进行索引。blob 或 text 类型的列必须用前缀进行索引。前缀最长为 255 字节，但对于 MyISAM 和 InnoDB 表，前缀最长为 1000 字节。
- ASC | DESC：规定索引按升序（ASC）或降序（DESC）排列，默认为 ASC。如果一条 SELECT 语句中的某列按照降序排列，那么在该列上定义一个降序索引可以加快处理速度。
- UNIQUE | FULLTEXT：UNIQUE 表示创建的是唯一性索引，FULLTEXT 表示创建的是全文索引。

从上面的语法说明可以看出，CREATE INDEX 语句并不能创建主键。

【例 7-1】 根据 book 表“书名”列的前 6 个字符建立一个升序索引 name_book。

```
CREATE INDEX  name_book
    ON   book(书名(6)  ASC);
```

> **注意**　**如果索引的值很长，最好使用前缀来进行索引。如例 7-1 中书名最长可以为 40 个字符，但是如果只取前 6 个字符就没有重复的书名，这样使用前 6 个字符建立的前缀索引可以提高检索速度。**

一个索引的定义中可以包含多个列，每个列中间用逗号隔开，但是它们要属于同一个表。这样的索引叫作复合索引。

v7-3 使用 ALTER TABLE 语句

【例 7-2】 在 sell 表的“用户号”列和“图书编号”列上建立一个复合索引 user_bh_sell。

```
CREATE INDEX  user_bh_sell
    ON   sell(用户号,图书编号);
```

7.2.2 使用 ALTER TABLE 语句

对于已有的表，可以使用 ALTER TABLE 语句向表中添加索引。

语法格式如下。

```
ALTER TABLE 表名
ADD INDEX [索引名] (列名,…)                    /*添加普通索引*/
| ADD PRIMARY KEY [索引方式] (列名,…)           /*添加主键*/
| ADD UNIQUE [索引名] (列名,…)                 /*添加唯一性索引*/
| ADD FULLTEXT [索引名] (列名,…)               /*添加全文索引*/
```

语法说明如下。

- *索引方式*：语法格式为 USING {BTREE | HASH}，用于指定索引类型。
- *索引名*：指定索引名，如果没有指定，则使用默认索引名，主键的索引名叫作 PRIMARY，其他索引使用索引的第一个列名作为索引名。如果存在多个索引的名字以某一个列的名字开头，就在列名后面加一个顺序号码。

【例 7-3】在 book 表的“书名”列上创建一个普通索引。

```
ALTER TABLE book
    ADD INDEX (书名);
```

使用 ALTER TABLE 语句可以同时添加多个索引。

【例 7-4】假设 book 表中未设定主键，为 book 表创建以“图书编号”为主键的索引，“出版社”“出版时间”为复合索引，以加快该表的检索速度。

```
ALTER TABLE book
    ADD PRIMARY KEY(图书编号),
        ADD INDEX (出版社,出版时间);
```

这个例子中，既包括主键，也包括复合索引，说明在 MySQL 中可以同时创建多个索引。需要注意，建立主键的列，必须是一个具有 NOT NULL 属性的列。

如果想要查看表中创建的索引的情况，可以使用 SHOW INDEX FROM *表名* 语句，示例如下。

```
SHOW INDEX FROM book;
```

可以使用 EXPLAIN select 语句来分析查询过程中索引的使用情况，从而优化查询性能。举例来说，如果在 book 表中，已经建立了图书编号的主键索引而数量没有建立索引，可以执行 EXPLAIN select 语句并查看执行计划，如图 7-1 所示。

```
mysql> EXPLAIN select * from book where 数量>5;
+----+-------------+-------+------------+------+---------------+------+---------+------+------+----------+-------------+
| id | select_type | table | partitions | type | possible_keys | key  | key_len | ref  | rows | filtered | Extra       |
+----+-------------+-------+------------+------+---------------+------+---------+------+------+----------+-------------+
|  1 | SIMPLE      | book  | NULL       | ALL  | NULL          | NULL | NULL    | NULL |    9 |    33.33 | Using where |
+----+-------------+-------+------------+------+---------------+------+---------+------+------+----------+-------------+
1 row in set (0.14 sec)

mysql> EXPLAIN select * from book where 图书编号='TP.2525';
+----+-------------+-------+------------+-------+---------------+---------+---------+-------+------+----------+-------+
| id | select_type | table | partitions | type  | possible_keys | key     | key_len | ref   | rows | filtered | Extra |
+----+-------------+-------+------------+-------+---------------+---------+---------+-------+------+----------+-------+
|  1 | SIMPLE      | book  | NULL       | const | PRIMARY       | PRIMARY | 40      | const |    1 |   100.00 | NULL  |
+----+-------------+-------+------------+-------+---------------+---------+---------+-------+------+----------+-------+
1 row in set (0.13 sec)
```

图 7-1　使用 EXPLAIN SELECT 语句分析查询中索引的使用情况

7.2.3　在创建表时创建索引

v7-4　在创建表时创建索引

在前面两种情况下，索引都是在表创建之后创建的。索引也可以在创建表时一起创建，在创建表的 CREATE TABLE 语句中可以包含索引的定义。

语法格式如下。

```
CREATE TABLE 表名 ( 列名, … | [索引项])
```

其中，*索引项*的语法格式如下。

```
PRIMARY KEY (列名,…)                              /*主键索引*/
| {INDEX | KEY} [索引名] (列名,…)                   /*普通索引*/
| UNIQUE [INDEX] [索引名] (列名,…)                  /*唯一性索引*/
| [FULLTEXT] [INDEX] [索引名] (列名,…)              /*全文索引*/
```

索引项的语法与 CREATE INDEX 语法类似，这里不再重复介绍。

KEY 通常是 INDEX 的同义词。在定义列选项的时候，也可以将某列定义为主键，但是当主键由多个列组成时，定义列时无法定义此主键，必须在语句最后加上 PRIMARY KEY(*列名 1,列名 2*…)子句。

【例 7-5】创建 sell_copy 表，设置“用户号”“图书编号”为联合主键，并在“订购册数”列上创建索引。

```
CREATE TABLE sell_copy (
    用户号   char(18) NOT NULL,
    图书编号   char(20) NOT NULL,
    订购册数   int(5),
    订购时间   datetime,
    PRIMARY KEY(用户号, 图书编号),
    INDEX (订购册数)
);
```

7.3 删除索引

1. 使用 DROP INDEX 语句删除索引

语法格式如下。

```
DROP INDEX 索引名 ON 表名
```

这个语句的语法非常简单，*索引名*为要删除的索引的名称，*表名*为索引所在的表的名称。

【例 7-6】删除 book 表上名为“书名”的索引。

```
DROP INDEX 书名 ON book;
```

2. 使用 ALTER TABLE 语句删除索引

语法格式如下。

```
ALTER [IGNORE] TABLE 表名
| DROP PRIMARY KEY                                /*删除主键*/
| DROP INDEX 索引名                                /*删除索引*/
```

其中，使用 DROP INDEX 子句可以删除各种类型的索引。使用 DROP PRIMARY KEY 子句时不需要提供索引名称，因为一个表中只有一个主键。

【例 7-7】删除 book 表上的主键和 name_book 索引。

```
ALTER TABLE book
    DROP PRIMARY KEY,
    DROP INDEX name_book;
```

如果从表中删除了列，则索引可能会受到影响。如果所删除的列为索引的组成部分，则该列也会从索引中删除。如果组成索引的所有列都被删除，则整个索引将被删除。

7.4 索引对查询的影响

索引可以提高检索数据的速度，特别是有依赖关系的子表和父表之间的联合查询时，合理的索引可以提高查询速度；使用分组和排序子句进行数据查询时，索引可以显著节省查询中分组和排序的时间。

当查询所涉及的表最多只有几十行的数据时，无论有没有建立索引，查询速度的差异都不会太明显；可是当一个表有成千上万行数据时，差异就非常明显了。假设有一个商品表中有 1000 条记录，商品编号为 1～1000，如果没有索引，要找编号为 1000 的商品，只能一行一行地比较，服务器需进行 1000 次比较运算。而当在该列上创建一个索引后，则可以先在索引值中找到编号为 1000 的记录的位置，然后直接找到 1000 所指向的记录，这种方法在速度上比全表扫描快了许多。

当执行涉及多个表的连接查询时，索引将更有价值。假设有 3 个无索引的表 t1、t2、t3，每个表都由 1000 行组成。若要将 3 个表进行等值连接，此查询的结果应该为 1000 行。如果在无索引的情况下处理此查询，则需要逐行寻找出所有组合，可能的组合数目为 1000×1000×1000（10 亿）种，是匹配数目的 100 万倍。如果对每个表建立索引，就能极大地加快查询进程，从理论上说，这时的查询速度比未用索引时要快 100 万倍。因此，当查询涉及的表很大和表很多时，速度将会非常慢，系统性能也会下降，这时建立索引可以加快多表查询的速度。

当然，索引在加速查询速度的同时，也有其弊端。首先，索引是以文件的形式存储的，索引文件要占用磁盘空间。如果有大量的索引，索引文件可能会比数据文件更快地达到最大的文件尺寸限制。

其次，在更新表中索引列上的数据时，对索引也需要更新，这可能需要重新组织一个索引，如果表中的索引很多，这是很浪费时间的。也就是说，索引将降低添加、删除、修改和其他写入操作的效率。表中的索引越多，则更新表的时间就越长。

为了验证索引的性能，MySQL 8.0 中增加了隐形索引。默认情况下，索引是可见的。可以用 INVISIBLE 关键字指定除主键以外的索引为隐形索引，它将不会被优化器使用，验证索引的必要性时先将索引隐藏，如果优化器的性能无影响，就可以真正删除索引。

【例 7-8】在 book 表的“出版社”列上创建隐形索引。

```
ALTER TABLE book
    ADD INDEX (出版社) INVISIBLE;
```

使用索引可以提高查询性能，但不必要的索引可能导致性能下降。初学者往往不知道应该在哪些字段上创建索引和创建什么类型的索引。以下是一些索引的设计原则。

1. 选择唯一性索引

唯一性索引的值是唯一的，可以更快速地通过该索引来确定某条记录。例如，members 表中用户号是具有唯一性的字段，为该字段建立唯一性索引可以很快地确定某个会员的信息；如果该字段是姓名，就可能存在同名现象，从而降低查询速度。

2. 为经常需要进行排序、分组和联合操作的字段建立索引

对于经常需要进行 ORDER BY、GROUP BY、DISTINCT UNINON 等操作的字段，排序操作会浪费很多时间，如果为这些字段建立索引，就可以有效地加快排序速度。

3. 为常作为查询条件的字段建立索引

如果某个字段经常用作查询条件，那么该字段的查询速度会影响整个表的查询速度。因此，为这样的字段建立索引可以提高整个表的查询速度。

4. 限制索引的数目

索引的数目不是越多越好。每个索引都会占用磁盘空间，因此随着索引数量的增加，对磁盘空间的需求也会增加。此外，当对表进行修改时，需要进行索引的重构和更新操作，而随着索引数量的增多，这些操作将变得更加烦琐。

5. 尽量使用数据量少的索引

如果索引的值很长，那么查询的速度会受到影响。例如，对一个 char(100)类型的字段进行全文检索需要的时间肯定要比对 char(10)类型的字段进行全文检索需要的时间多。

6. 尽量使用前缀来进行索引

如果索引的值很长，最好用值的前缀来进行索引。例如，对 text 和 blob 类型的字段进行全文检索会很浪费时间，如果只检索字段前面的若干字符，就可以提高检索速度。

7. 删除不再使用或者很少使用的索引

表中的数据被大量更新，或者数据的使用方式被改变后，原有的一些索引可能不再需要。此时应当定期找出这些索引，将它们删除，从而降低索引对更新操作的影响。删除时可以利用隐藏索引的功能先将索引隐藏，确定这些索引对性能无影响后，再将其删除。

注意 

创建索引的最终目的是使查询的速度变快，上面给出的是基本的设计原则，初学者不必拘泥，要根据实际情况进行分析和判断，选择最合适的索引方式。

7.5 数据库分区

日常开发中经常会遇到大表，所谓的大表是指存储了百万乃至千万条记录的表。一个表过于庞大，不仅会导致数据库在查询和插入数据的时候耗时太长，性能低下，而且也难以找到一块集中的存储空间来存放该表。数据库分区就是在物理层面将一个表分割成许多个小块进行存储，这样在查找数据时，就不需要进行全表查询了，只需要知道这条数据存储的块号，然后到相应的块中去查找即可。这样可以减轻数据库的负担，提高数据库的工作效率。

分区是指根据一定的规则，将一个表分解成多个小的、更容易管理的部分。就访问数据库的应用而言，逻辑上只有一个表或一个索引，但是实际上这个表可能由数十个物理分区对象组成，每个分区都是一个独立的对象，可以独立存在，也可以作为表的一部分进行处理。分区对应用来说是完全透明的，不影响应用的业务逻辑。

MySQL 从 5.1 版本开始支持分区的功能。对于 MySQL 5.6 以下的版本，可以使用“SHOW VARIABLES LIKE '%partition%';”命令来确定当前的 MySQL 是否支持分区，如果看到变量 have_partition_engine 的值为 YES，那么该版本就支持分区；对于 MySQL 5.6 及以上的版本，要使用命令 SHOW PLUGINS 检查当前版本是否安装了分区插件。当看到有 partition 且状态是 ACTIVE 时，表示该版本支持分区；MySQL 8.0 对分区功能进行了较大的修改，在 8.0 版本之前，分区表在 Server 层实现，支持多种存储引擎；从 8.0 版本开始，分区表功能移到引擎层实现，目前 MySQL 8.0 只有 InnoDB 存储引擎支持分区。

7.5.1 分区类型

目前 MySQL 支持 4 种类型的分区，即 RANGE 分区、LIST 分区、HASH 分区、KEY 分区。分区的条件是数据类型必须是整型，如果数据类型不是整型，则需要通过函数将其转换为整型。当表存在主键或唯一性索引时，分区列必须是主键或唯一性索引的一个组成部分。也就是说，要么分区表上没有主键或唯一性索引，如果有，就不能使用除主键或唯一性索引字段之外的其他字段进行分区。

MySQL 支持的 4 种类型的分区的特点如下。

- RANGE 分区：基于一个给定连续区间的列值，把多行分配给分区。
- LIST 分区：类似于 RANGE 分区，区别是它基于列值匹配离散值集合中的某个值来进行选择。
- HASH 分区：基于用户定义的表达式的返回值来进行选择，该表达式使用将要插入表中的行的列值进行计算；这个表达式可以包含 MySQL 中有效的、产生非负整数值的任何表达式。
- KEY 分区：类似于按 HASH 分区，区别在于 KEY 分区只支持计算一列或多列，且 MySQL 服务器提供其自身的哈希函数；必须有一列或多列包含整数值。

1. RANGE 分区

RANGE 分区利用取值范围将数据分区，区间要连续并且不能重叠，使用 VALUES LESS THAN 操作符进行分区定义。

语法格式如下。

```
PARTITION BY RANGE(表达式)
（PARTITION 分区1  VALUES LESS THAN  (值1),
        ......
PARTITION 分区n  VALUES LESS THAN  (值n  |[MAXVALUE])）
```

【例 7-9】将 sell 表中的数据按“订购时间”进行分区，2020 年以前的数据放在 p1 分区，2020 年～2022 年的数据放在 p2 分区，2022 年以后的数据放在 p3 分区。

```
alter table sell
    partition by range(year(订购时间))
    (partition p1 values less than (2020),
    partition p2 values less than (2022),
    partition p3 values less than maxvalue);
```

在上述语句中，2020 年之前的订单记录保存在 p1 分区中，2020～2022 年的记录保存在 p2 分区中，VALUES LESS THAN MAXVALUE 表示将 2022 年之后的记录都保存在分区 p3 中，MAXVALUE 代表最大可能整数值。如果没有 MAXVALUE，当插入一条大于 2022 年的记录时系统会报错，因为服务器不知道该把记录保存在哪里。

RANGE 分区的区间要连续且不能重叠，因此如果将 p2 分区设为 2021 而将 p1 分区设为 2022，就会报错。

RANGE 分区只支持对整数列进行分区，如果想要对其他类型的列进行分区，则可以使用函数进行转换，如 year(订购日期)，或者使用 RANGE COLUMNS。

在 MySQL 中不能使用除主键或唯一性索引字段之外的其他字段进行分区，如果 sell 表的主键为“订单号”字段，且设置为自动递增，通过 year(订购日期)字段进行分区的时候，MySQL 会提示返回失败，要先取消主键“订单号”，且将“订单号”列的数据类型改为普通整型，SQL 语句如下。

```
ALTER TABLE bookstore.sell
    MODIFY COLUMN `订单号` int NOT NULL FIRST,
    DROP PRIMARY KEY;
```

再执行例 7-9 的 SQL 语句才能成功。使用下面的 SQL 语句可以查看分区情况，结果如图 7-2 所示。

```
SELECT
 PARTITION_NAME part,
 PARTITION_EXPRESSION expr,
 PARTITION_DESCRIPTION descr,
 TABLE_ROWS
```

```
FROM INFORMATION_SCHEMA.PARTITIONS
WHERE TABLE_SCHEMA = SCHEMA() AND TABLE_NAME = 'sell';
```

```
+------+-----------------+-----------+------------+
| part | expr            | descr     | TABLE_ROWS |
+------+-----------------+-----------+------------+
| p1   | year(`订购时间`) | 2020      |          0 |
| p2   | year(`订购时间`) | 2022      |          0 |
| p3   | year(`订购时间`) | MAXVALUE  |          9 |
+------+-----------------+-----------+------------+
```

图 7-2　sell 表 RANGE 分区结果

RANGE 分区的适用场合主要有以下两个。

- 当需要删除一个分区上的“旧”数据时，只需删除该分区即可。如果使用例 7-9 的分区方案，将 2020 年以前的订单删除，则只需简单地使用“ALTER TABLE sell DROP PARTITION p1;”语句，即可删除 2020 年以前对应的所有行。对有大量数据行的表来说，删除分区比执行“DELETE FROM sell WHERE year(订购时间)<=2020;”语句要高效得多。
- 经常执行包含分区键（即用于分区的字段）的查询。例如，当执行查询语句“SELECT COUNT() FROM sell WHERE year(订购时间)<2020 GROUP BY 图书编号;”时，MySQL 可以迅速确定只有 p1 分区需要扫描，这是因为其他的分区不可能包含符合该 WHERE 条件的任何记录。

2. LIST 分区

LIST 分区类似于 RANGE 分区，但 LIST 分区通过一组离散值来实现分区。

语法格式如下。

```
PARTITION BY LIST(表达式)
(PARTITION 分区1 VALUES IN (值列表1),
        ……
PARITION 分区n VALUES IN (值列表n)
```

其中***表达式***是某列值或基于某列值返回一个整数值的表达式。***值列表***是一个通过逗号分隔的整数列。

【例 7-10】假设 sell 表中的“是否结清”列为整数类型，1 表示结清，0 表示未结清。将 sell 表中的数据按“是否结清”进行分区，已结清的放在 p1 分区，未结清的放在 p2 分区。

```
alter table sell
   partition by list (是否结清)
   (partition p1 values in (1),
   partition p2 values in (0));
```

与 RANGE 分区不同的是，LIST 分区不必遵循特定的顺序，也没有像 RANGE 分区的“VALUES LESS THAN MAXVALUE”那样包含其他值的定义。当插入记录时，如果“是否结清”字段是除 0 或 1 之外的其他值，插入操作会失败且系统会报错。

使用下面的 SQL 语句可以查看分区情况，结果如图 7-3 所示。

```
SELECT
 PARTITION_NAME part,
 PARTITION_EXPRESSION expr,
 PARTITION_DESCRIPTION descr,
 TABLE_ROWS
 FROM INFORMATION_SCHEMA.PARTITIONS
 WHERE TABLE_SCHEMA = SCHEMA() AND TABLE_NAME = 'sell';
```

```
+------+------------+-------+------------+
| part | expr       | descr | TABLE_ROWS |
+------+------------+-------+------------+
| p1   | `是否结清`  | 1     |          2 |
| p2   | `是否结清`  | 0     |          7 |
+------+------------+-------+------------+
```

图 7-3　sell 表 LIST 分区结果

3. HASH 分区

使用 HASH 分区来分割一个表的语法格式如下。

```
PARTITION BY [ LINEAR] HASH(表达式)  [PARTITIONS n ]
```

其中***表达式***可以是一个基于某列值返回一个整数值的表达式，也可以是字段类型为整数类型的某个字段。此外，可以在后面再添加一个 PARTITIONS n 子句，其中 n 是一个非负整数，它表示表将要被分割成的分区数量。如果没有包含 PARTITIONS n 子句，那么分区的数量会默认为 1。

【例 7-11】假设 sell 表中“订单号”为主键，其字段为整数类型。将 sell 表中的数据按订单号通过 HASH 分区分为 3 个分区。

先将订单号设为主键，SQL 语句如下。

```
ALTER TABLE bookstore.sell
   ADD PRIMARY KEY (订单号);
```

然后执行分区命令。

```
alter table sell
   partition by hash(订单号) partitions  3;
```

使用下面的 SQL 语句可以查看分区情况，结果如图 7-4 所示。

```
SELECT
 PARTITION_NAME part,
 PARTITION_EXPRESSION expr,
 PARTITION_DESCRIPTION descr,
 TABLE_ROWS
 FROM INFORMATION_SCHEMA.PARTITIONS
 WHERE TABLE_SCHEMA = SCHEMA() AND TABLE_NAME = 'sell';
```

```
+------+----------+-------+------------+
| part | expr     | descr | TABLE_ROWS |
+------+----------+-------+------------+
| p0   | `订单号`  | NULL  |          3 |
| p1   | `订单号`  | NULL  |          3 |
| p2   | `订单号`  | NULL  |          3 |
+------+----------+-------+------------+
```

图 7-4　sell 表 HASH 分区结果

MySQL 支持两种 HASH 分区，即常规 HASH 分区和线性 HASH 分区，常规 HASH 分区使用的是取模的算法 MOD(表达式,*n*)，线性 HASH 分区采用的是线性的 2 的幂（Powers-of-two）运算法则。例 7-11 采用的是常规 HASH 分区，对“订单号”执行取模运算 MOD(订单号,3)。在常规 HASH 分区中，每次进行数据的插入、更新、删除时，都需要重新计算，故表达式不能太过复杂，否则容易引起性能问题。

常规 HASH 分区虽然计算简便，查询效率较高，但是当增加或合并分区时就会出现问题。例如，原来有 4 个 HASH 分区，现在需要增加两个 HASH 分区，变为 6 个分区，则根据 MOD(表达式,*n*)算法，*n* 由原来的 4 变成 6，所有的数据都要重新计算并分区，管理代价太大。为减小管理代价，MySQL 提供了线性 HASH 分区。线性 HASH 分区和常规 HASH 分区在语法上的唯一区别是线性

HASH 分区在“PARTITION BY”语句中添加了 LINEAR 关键字，如“PARTITION BY LINEAR HASH (订单号) PARTITIONS 3”。

线性 HASH 分区的优点在于增加、删除、合并和拆分分区变得更加快捷，有利于处理含有大量数据的表。但与常规 HASH 分区得到的数据分区相比，线性 HASH 分区的各区数据的分布可能不均衡。

4. KEY 分区

KEY 分区和 HASH 分区相似，区别在于以下几点。

- KEY 分区允许多列，而 HASH 分区只允许一列。
- 在有主键或唯一性索引的情况下，KEY 分区列可不指定，默认为主键或唯一性索引列；如果没有主键或唯一性索引，则必须显性指定列，而 HASH 分区是包含列的表达式。
- KEY 分区对象必须为列，HASH 分区是基于列的表达式。
- 算法不一样，常规 HASH 分区采用 MOD(表达式,*n*)算法，而 KEY 分区基于列的 MD5 值。

【例 7-12】假设 sell 表中“订单号”为主键，其字段为整数类型。将 sell 表中的数据按订单号进行 KEY 分区，共有 3 个分区。

```
alter table sell
   partition by Key() partitions  3;
```

使用下面的 SQL 语句可以查看分区情况，结果如图 7-5 所示。

```
SELECT
 PARTITION_NAME part,
 PARTITION_EXPRESSION expr,
 PARTITION_DESCRIPTION descr,
 TABLE_ROWS
 FROM INFORMATION_SCHEMA.PARTITIONS
 WHERE TABLE_SCHEMA=SCHEMA() AND TABLE_NAME = 'sell';
```

part	expr	descr	TABLE_ROWS
p0	NULL	NULL	2
p1	NULL	NULL	3
p2	NULL	NULL	4

图 7-5　sell 表 KEY 分区结果

在创建 KEY 分区时，可不指定分区列，默认会选择主键作为分区列。例 7-12 中，默认使用主键“订单号”作为分区列。

需要注意的是，在 KEY 分区上，不能通过执行“ALTER TABLE DROP PRIMARY KEY;”语句来删除主键。

在创建 KEY 分区时，如果没有主键，默认会选择非空唯一性索引列作为分区列；如果没有主键和唯一性索引列，则必须指定分区列。

7.5.2　分区管理

分区建立以后，可以根据需要对分区进行管理和维护，如根据业务的需要执行增加分区、重新分区、删除分区、移除分区等操作。

1. 增加分区

【例 7-13】在例 7-10 中，将 sell 表的数据按“是否结清”分成了两个分区，“是否结清”字段中 1 表示已结清，该类数据放在 p1 分区；0 表示未结清，该类数据放在 p2 分区。现在，因为业务需要，免单的订单用“是否结清”字段中的 2 表示，需要增加一个分区 p3，用于存放免单的订单。

```
ALTER TABLE sell
    ADD PARTITION (PARTITION p3 VALUES IN (2));
```

2. 重新分区

【例 7-14】sell 表已经按“是否结清”列分为 3 个分区，如例 7-10 和例 7-13 所示，请将 p2 和 p3 分区合并为一个分区 m。

```
ALTER TABLE sell
    REORGANIZE PARTITION  p2,p3 INTO (PARTITION m VALUES IN (0,2));
```

合并分区时，只能合并相邻的几个分区，不能跨分区合并。例如，不能合并 p1 和 p3 两个分区，只能合并相邻的 p2 和 p3 分区。

重新分区时，如果创建原分区的 SQL 语句里存在“MAXVALUE”，则新的分区里面也必须包含“MAXVALUE”，否则就会出错。

3. 删除分区

【例 7-15】将 sell 表中的 p1 分区删除。

```
ALTER TABLE sell
    DROP PARTITION p1;
```

删除分区的同时会将分区中的数据也删除，同时该分区对应的枚举列值也会被删除，以后无法再往表中插入该值的数据。

删除分区操作只能删除 RANGE 分区和 LIST 分区。

4. 移除分区

如果只想去掉分区，同时保留分区中的数据，可以采用移除分区操作。

【例 7-16】将 sell 表中的分区移除。

```
ALTER TABLE sell
    REMOVE PARTITIONING ;
```

使用 REMOVE 移除分区仅仅是移除分区的定义，并不会删除其中的数据，而使用 DROP PARTITION 会将分区连同数据一起删除。

【商业实例】Petstore 索引与分区

任务 1 按要求为 Petstore 数据库建立相关索引

（1）使用 CREATE INDEX 语句创建索引

① 对 account 表中的“email”列按降序创建普通索引 I_em_ind。

```
CREATE INDEX  I_em_ind ON account(email DESC);
```

② 对 account 表中的“fullname”“address”列创建复合索引 C_fa_ind。

```
CREATE INDEX C_fa_ind ON account(fullname,address);
```

③ 对 product 表中“name”列的前 4 个字创建唯一性索引 U_na_ind。

```
CREATE UNIQUE INDEX  U_na_ind ON product(name(4));
```

（2）使用 ALTER TABLE 语句创建索引

① 对 category 表中的“catid”列创建主键索引，对“catname”列创建一个唯一性索引 U_ca_ind。

```
ALTER TABLE category
    ADD PRIMARY KEY(catid),
    ADD UNIQUE U_ca_ind(catname);
```

② 对 lineitem 表中的“orderid”“itemid”列创建主键索引，对“quantity”“unitprice”列创建一个复合索引 C_qu_ind。

```
ALTER TABLE lineitem
    ADD PRIMARY KEY(orderid,itemid),
    ADD INDEX C_qu_ind(quantity,unitprice);
```

③ 对 account 表中的“userid”列创建主键索引，对“fullname”列创建唯一性索引 U_fu_ind。

```
ALTER TABLE account
    ADD PRIMARY KEY(userid),
    ADD UNIQUE U_fu_ind(fullname)
```

（3）创建表的同时创建索引

创建购物车表 shopcat（购物车编号“shopcatid”，用户号“userid”，商品号“itemid”，数量“quantity”，单价“unitprice”），并将购物车编号“shopcatid”设置为主键，在用户号“userid”和商品号“itemid”列上创建复合索引 C_up_ind。

```
CREATE TABLE shopcat(
    shopcatid int(11) NOT NULL PRIMARY KEY ,
    userid char(10) NOT NULL,
    itemid char(10) NOT NULL,
    quantity int(11) NOT NULL,
    unitprice decimal(10,2) NOT NULL,
    INDEX C_up_ind( userid,itemid )
);
```

（4）显示 shopcat 表的索引情况

```
SHOW INDEX FROM shopcat;
```

（5）删除 shopcat 表上的 C_up_ind 索引

```
DROP INDEX C_up_ind ON shopcat;
```

任务 2 Petstore 分区

订单表 order 的主键为“orderid”，按主键值分 3 个分区存放订单表。

```
alter table order partition by Key() partitions 3;
```

【综合实训】LibraryDB 索引与分区

一、实训目的

（1）掌握索引的功能和作用。

（2）掌握索引的创建方法。

二、实训内容

1. 使用 CREATE INDEX 语句创建索引

（1）对读者表中的单位列按降序创建普通索引 I_bm。

（2）对借阅表中的条码和读者编号列创建复合索引 I_tr。

（3）对库存表中的位置列创建唯一性索引 U_wz。

2. 使用 ALTER TABLE 语句创建索引

（1）对图书表中的书名列创建一个唯一性索引，对作者和出版社列创建一个复合索引。

（2）对读者类型表中的类别号列创建主键索引。

3. 创建表的同时创建索引

创建表cpk（产品编号，产品名称，单价，库存量），并将产品编号设置为主键，在库存量和单价列上创建复合索引。

4. 显示图书表的索引情况

5. 将借阅表按借阅号进行HASH分区，共有3个分区

单元小结

- 索引是加快查询速度的最重要的工具，MySQL 索引是一种特殊的文件，查询的时候根据索引值直接找到记录所在的行。MySQL会自动更新索引，以保证索引总是和表中的内容保持一致。
- MySQL的主要索引类型有普通索引、唯一性索引、主键和全文索引，创建索引的方法有使用CREATE INDEX语句、使用ALTER TABLE语句，以及在创建表时创建索引。
- 当查询涉及多个表和表记录很多时，索引可以加快检索数据的速度。但是索引也有其弊端，索引需要占用额外的磁盘空间，在更新表的同时，也需要更新索引，从而降低了表的写入操作的效率；表中的索引越多，更新表的时间就越长。
- 如果一个表过于庞大，数据分区可以在物理层面将一个表分割成许多个小块进行存储，查找数据时，只需要到相应的分区中去查找即可，这样可以减轻数据库的负担，提高数据库的工作效率。MySQL支持4种类型的分区，即RANGE分区、LIST分区、HASH分区和KEY分区。

理论练习

一、选择题

1. 以下哪种情况应尽量创建索引？（　　）

   A. 在Where子句中出现频率较高的列　　B. 具有很多NULL值的列

   C. 记录较少的基本表　　D. 需要频繁更新的基本表

2. “Create Unique Index AAA On 学生表(学号)”将在学生表上创建名为AAA的（　　）。

   A. 唯一性索引　　B. 聚集索引

   C. 复合索引　　D. 唯一聚集索引

3. 下面对索引的描述正确的是（　　）。

   A. 一个表可以建立多个主键索引

   B. 索引只能建立在1个字段上

   C. 索引可以加快表之间连接的速度

   D. 可以使用ADD INDEX语句创建索引

4. 在MySQL中，下列（　　）不是索引类型。

   A. 唯一性索引　　B. 主键索引　　C. 全文索引　　D. 外键索引

5. 数据库中存放了两个关系：教师（教师编号，姓名）和课程（课程号，课程名，教师编号），为快速查找出某位教师所讲授的课程，应该（　　）。

   A. 在教师表上按教师编号创建索引　　B. 在课程表上按课程号创建索引

   C. 在课程表上按教师编号创建索引　　D. 在教师表上按姓名创建索引

6. 下面有关主键的叙述正确的是（　　）。
   A. 不同的记录可以具有重复的主键值或空值
   B. 一个表中的主键可以是一个或多个字段
   C. 一个表中的主键只能是一个字段
   D. 表中主键的数据类型必须是 char 或 varchar 类型
7. 在 MySQL 中，删除索引可以使用的命令是（　　）。
   A. DROP INDEX　　B. DROP VIEW
   C. DROP　USER　　D. DROP PROCEDURE
8. 在 MySQL 中，增加分区使用的命令是（　　）。
   A. CREATE TABLE　　B. ALTER TABLE
   C. CREATE USER　　D. ALTER VIEW
9. 以下哪个不是 MySQL 的分区类型？（　　）
   A. RANGE 分区　B. AS 分区　C. LIST 分区　D. KEY 分区
10. 以下哪个不属于 MySQL 的分区管理操作？（　　）
   A. 增加分区　B. 重新分区　C. 修改分区　D. 移除分区

二、分析应用题

开展人口普查，有利于优化人口发展战略，了解人口增长、劳动力供给、流动人口变化等情况，对于调整与完善人口政策，推动人口结构优化，促进人口素质提升具有重要意义。但是我国人口众多，人口普查得到的数据是海量的，将数据集中到一个大表，不仅会导致数据库在查询和插入数据的时候耗时太长，性能低下，而且也难以找到一块集中的存储空间来存放巨大的数据表。当遇到人口普查表这样含有大量记录的表时，我们可以采用数据分区的方式进行处理。数据库分区可以在物理层面将一个表分割成许多个小块进行存储，这样我们在查找数据时，就不需要进行全表查询了，只需要知道这条数据存储的块号，到相应的块中去查找即可，从而减少数据库的负担，提高数据库的工作效率。

根据数据分区的相关知识，回答以下问题。

（1）MySQL 数据库支持哪几种类型的分区？

（2）想用取值范围对数据进行划分，应采用哪种类型的分区？

（3）分区建立后，对分区进行管理和维护的操作包含哪些？

【实战演练】SchoolDB 索引与分区

1. 索引

（1）对 SchoolDB 数据库中 course 表的“课程名”列的前 3 个字符建立一个升序索引 I_kc。

（2）在 class 表的“院系”列和“年级”列上建立一个复合索引 I_cx。

（3）在 student 表的“姓名”列上创建一个唯一性索引。

（4）为 course 表（假设 class 表中未设定主键）创建主键索引，以提高表的检索速度。

（5）在 score 表上设置“学号”“课程号”为联合主键，并在“成绩”列上创建普通索引。

（6）删除 course 表上的主键。

2. 分区

将 course 表的数据按“学分”进行 KEY 分区，分为 4 个分区。

单元8 数据库编程

08

问题引入

在学习高级编程语言（如 Java、PHP）时，我们通常将多条命令组合成一个程序，以一次性解决特定问题，提高操作效率。在之前的单元中，我们学习了 SQL，它采用了一种联机交互的方式，每次执行一条命令。那么，SQL 是否支持编程呢？答案是肯定的。SQL 不仅是一种自含式语言，还是一种嵌入式语言。作为自含式语言，SQL 采用联机交互的使用方式。作为嵌入式语言，SQL 语句可以嵌入高级语言（如 C 语言、Java）程序中，并且可以将多条 SQL 语句组合成一个程序，以一次性执行。在 MySQL 中，这样的程序被称为过程式对象，包括存储过程、存储函数、触发器和事件。在本单元，我们将学习如何使用 MySQL 特有的语言元素和标准的 SQL 创建过程式对象，并深入探讨各种过程式对象的作用及它们独特的运行机制等。

学习目标

- 知识点
  - 理解存储过程的功能与作用。
  - 理解存储函数的功能与作用。
  - 理解触发器与事件的功能及它们的触发机制。
- 技能点
  - 能编写简单的存储过程并掌握调用存储过程的方法。
  - 能编写简单的存储函数并掌握其使用方法。
  - 能编写触发器和事件的相关代码并掌握其使用方法。
- 素养点
  - 提升学生软件开发的能力。
  - 加强思想道德建设，提高学生的道德水准和文明素养。

思维导图

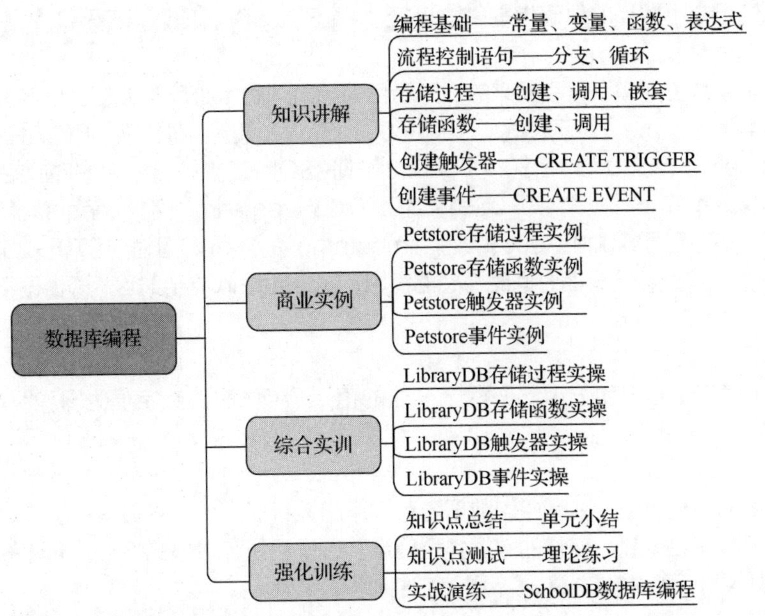

相关知识

8.1 编程基础知识

前面几个单元介绍了 SQL 语句，其采用的是联机交互的使用方式，命令执行的方式是每次执行一条。为了提高操作效率，有时需要把多条命令组合在一起形成一个程序一次性执行。因为程序可以重复使用，这样就可以减少数据库开发人员的工作量，也可通过设定程序的权限来限制用户对程序的定义和使用，从而提高系统安全性。几乎所有数据库管理系统都提供了程序设计结构，这些程序设计结构在标准 SQL 的基础上进行了扩展，例如，Oracle 定义了 PL/SQL 程序设计结构，SQL Server 定义了 T-SQL 程序设计结构，PostgreSQL 定义了 PL/pgSQL 程序设计结构。当然 MySQL 也不例外，本单元就以 MySQL 为例来介绍数据库编程的相关知识。

MySQL 数据库对数据的存储、查询及更新所使用的语言是遵循标准 SQL 的，但为了方便用户编程，MySQL 也增加了一些自己特有的语言元素。这些语言元素不是标准 SQL 所包含的内容，包括常量、变量、运算符、函数、流程控制语句等。

8.1.1 常量与变量

1. 常量

（1）字符串常量

字符串是指用单引号或双引号引起来的字符序列。如'hell' '你好'等。每个汉字字符用两个字节存储，而每个ASCII字符用一个字节存储。

（2）数值常量

数值常量可以分为整数常量和浮点数常量。

整数常量即不带小数点的十进制数，如1894、2、+145345234、-2147483648。

浮点数常量是带小数点的数值常量，如5.26、-1.39、101.5E5、0.5E-2。

（3）日期时间常量

日期时间常量是由用单引号引起来的、表示日期与时间的字符串构成的。日期型常量包括年、月、日，数据类型为 date，表示形式如'1999-06-17'。时间型常量包括小时、分钟、秒及微秒，数据类型为 time，表示形式如'12:30:43.00013'。MySQL 还支持日期/时间的组合，数据类型为 datetime 或 timestamp，如'1999-06-17 12:30:43'。datetime 和 timestamp 的区别在于：datetime 的年份范围为 1000～9999，而 timestamp 的年份范围为 1970～2037，还有就是 timestamp 在插入带微秒的日期时间时将忽略微秒；timestamp 支持时区，即根据不同时区对时间进行转换。

（4）布尔值

布尔值只包含 TRUE 和 FALSE 两个可能的值。FALSE 的数字值为 0，TRUE 的数字值为 1。

2. 变量

变量用于临时存放数据，变量中的数据随着程序的运行而变化。变量有名字与数据类型两个属性，变量名用于标识该变量，变量的数据类型确定了该变量所存放值的格式及允许的运算。根据变量的定义方式，MySQL 中的变量分为用户变量和系统变量。

（1）用户变量

用户可以在表达式中使用自己定义的变量，这样的变量叫作用户变量。用户变量在使用前必须定义和初始化。如果使用没有初始化的变量，它的值为 NULL。

用户变量与连接有关。也就是说，一个客户端定义的变量不能被其他客户端看到或使用。当客户端退出时，该客户端连接的所有用户变量将自动释放。

定义和初始化一个用户变量可以使用 SET 语句。

语法格式如下。

```
SET @用户变量1=表达式1 [, 用户变量2=表达式2 , …]
```

语法说明如下。

- *用户变量1*、*用户变量2*为用户变量名，变量名可以由当前字符集的文字、数字，以及符号"."" _ ""$"等组成。当变量名中需要包含一些特殊符号（如空格、#等）时，可以使用双引号或单引号将整个变量引起来。
- *表达式1*、*表达式2*为要给变量赋的值，可以是常量、变量或表达式。
- @符号必须放在用户变量的前面，以便将它和列名区分开。

如果要创建用户变量 name 并将其值设置为"张华"，则使用如下语句。

```
SET @name = '张华';
```

利用 SET 语句可以同时定义多个变量，中间用逗号隔开，示例如下。

```
SET @var1 = 1, @user2 = 'abcd', @user3 = '欢迎';
```

定义用户变量时变量值可以是一个表达式。

在一个用户变量被创建后，它可以以一种特殊形式的表达式用于其他 SQL 语句中。变量名前面也必须加上符号@，也可以使用查询语句给变量赋值。

【例 8-1】查询 book 表中图书编号为“Ts.3035”的书名，并存储在变量 b_name 中。

```
SET @b_name =
(SELECT 书名 FROM book WHERE 图书编号 = 'Ts.3035');
```

在查询中也可以引用用户变量的值。

```
SELECT * FROM book  WHERE 书名 = @b_name;
```

在 SELECT 语句中，表达式发送到客户端后才进行计算。所以在 HAVING、GROUP BY 或 ORDER BY 子句中，不能使用包含 SELECT 列表中所设的变量的表达式。

（2）系统变量

系统变量是 MySQL 的一些特定的设置。当 MySQL 服务器启动的时候，这些设置被读取从而决定下一步骤。例如，有些设置定义了数据如何被存储，有些设置则影响处理速度，还有些设置与日期有关。和用户变量一样，系统变量也有一个值和数据类型，但不同的是，系统变量在 MySQL 服务器启动时就被引入并初始化为默认值。

例如，使用“SELECT @@VERSION;”可以获得现在使用的 MySQL 版本。

在 MySQL 中，系统变量 VERSION 的值为版本号。在变量名前必须加两个@符号才能正确返回该变量的值。

使用 SHOW VARIABLES 语句可以得到系统变量清单。

8.1.2 系统内置函数

1. 数学函数

数学函数用于执行一些比较复杂的算术操作。MySQL 支持很多数学函数。若发生错误，所有数学函数都会返回 NULL。下面对一些常用的数学函数进行讲解。

（1）GREATEST 和 LEAST 函数

GREATEST 和 LEAST 是常用的数学函数，它们的功能是获得一组数中的最大值和最小值。

```
SELECT GREATEST(10,9,128,1),LEAST(1,2,3);
```

注意

MySQL 不允许函数名和括号之间有空格。

（2）FLOOR 和 CEILING 函数

FLOOR 函数用于获得小于一个数的最大整数值，CEILING 函数用于获得大于一个数的最小整数值。

```
SELECT FLOOR(-1.2), CEILING(-1.2), FLOOR(9.9), CEILING(9.9);
```

（3）ROUND 和 TRUNCATE 函数

ROUND 函数用于获得一个数四舍五入后的整数值。

```
SELECT ROUND(5.1),ROUND(25.501),ROUND(9.8);
```

TRUNCATE 函数用于把一个数字截取为一个拥有指定小数位数的数字，逗号后面的数字用于指定小数的位数。

```
SELECT TRUNCATE(1.54578, 2),TRUNCATE(-76.12, 5);
```

（4）ABS 函数

ABS 函数用来获得一个数的绝对值。

```
SELECT ABS(-878),ABS(-8.345);
```

（5）SIGN函数

SIGN函数用来返回数值的符号，返回的结果是正数（1）、负数（-1）或零（0）。

```
SELECT SIGN(-2),SIGN(2),SIGN(0);
```

2. 字符串函数

字符串函数中包含的字符串必须要用单引号引起来。MySQL 有很多字符串函数，下面对其中一些重要的函数进行介绍。

（1）ASCII函数

ASCII(char)用来返回字符串最左端字符的ASCII值。参数char的类型为字符型，其返回值为整型。

```
SELECT ASCII('A');
```

返回字母A的ASCII值65。

（2）CHAR函数

CHAR(x1,x2,x3,…)用来将x1、x2……的ASCII值转换为字符，并将结果组合成一个字符串。参数x1、x2、x3……为0～255的整数，返回值为字符型。

```
SELECT CHAR(65,66,67);
```

返回ASCII值为65、66、67的字符，组成一个字符串'ABC'。

（3）LEFT和RIGHT函数

LEFT | RIGHT(str, x)分别返回从字符串str左边或右边开始的x个字符。

```
SELECT LEFT(书名, 3) FROM book;
```

返回book表中书名最左边的3个字符。

（4）TRIM、LTRIM和RTRIM函数

TRIM | LTRIM | RTRIM(str)，使用LTRIM和RTRIM可以分别删除字符串前面的空格和尾部的空格，返回值为字符串。参数str为字符型表达式，返回值类型为varchar。

TRIM用于删除字符串首部和尾部的所有空格。

```
SELECT TRIM('  MySQL   ');
```

返回MySQL 5个字符。

（5）REPLACE函数

REPLACE(str1, str2, str3)，用字符串str3替换str1中出现的所有str2字符串，最后返回替换后的字符串。

```
SELECT REPLACE('Welcome to CHINA', 'o', 'K');
```

（6）SUBSTRING函数

SUBSTRING(expression, Start, Length)，返回 expression 中指定的部分数据。参数expression可为字符串、二进制串、text、image字段或表达式。Start、Length均为整型，前者指定子串的开始位置，后者指定子串的长度（要返回的字节数）。如果expression是字符类型和二进制类型，则返回值类型与expression的类型相同。如果为text类型，则返回值是varchar类型。

【例8-2】显示members表中的会员姓名，要求在一列中显示姓氏，在另一列中显示名字。

```
SELECT SUBSTRING(姓名, 1,1) AS 姓,
    SUBSTRING(姓名, 2, LENGTH(姓名)-1)  AS 名
    FROM members  ORDER BY 姓名;
```

LENGTH函数的作用是返回一个字符串的长度。

3. 日期和时间函数

MySQL 有很多日期和时间数据类型，所以也有许多操作日期和时间的函数。下面介绍几个比

较重要的函数。

（1）NOW 函数

使用 NOW 函数可以获得当前的日期和时间，它以 YYYY-MM-DD HH：MM：SS 的格式返回当前的日期和时间。

```
SELECT NOW();
```

（2）CURTIME 和 CURDATE 函数

CURTIME 和 CURDATE 函数分别返回当前的时间和日期，没有参数。

```
SELECT CURTIME(),CURDATE();
```

（3）YEAR 函数

YEAR 函数返回日期值中关于年的部分。

```
SELECT YEAR(20080512142800),YEAR('1982-11-02');
```

（4）MONTH 和 MONTHNAME 函数

MONTH 和 MONTHNAME 函数分别以数值和字符串的形式返回月份。

```
SELECT MONTH(20080512142800), MONTHNAME('1982-11-02');
```

（5）DAYNAME 函数

DAYNAME 函数和 MONTHNAME 函数相似，DAYNAME 函数以字符串的形式返回星期名。

```
SELECT DAYNAME('2008-06-01');
```

日期和时间函数在 SQL 语句中的应用相当广泛。

【例 8-3】求 members 表中会员注册的年数。

```
SELECT 姓名, YEAR(NOW()) - YEAR(注册时间)  AS 注册年数
    FROM members;
```

4．控制流函数

MySQL 中有几个函数是用来进行条件操作的。这些函数可以实现 SQL 的条件逻辑，允许开发者将一些应用程序的业务逻辑转换到数据库后台。

IF(expr1,expr2,expr3)这个函数有 3 个参数，第一个参数是要被判断的表达式，如果表达式为真，返回第二个参数；如果为假，返回第三个参数。

```
SELECT IF(2 * 4 > 9 - 5, '是', '否');
```

先判断“2*4”是否大于“9-5”，是则返回“是”，否则返回“否”。

【例 8-4】返回 members 表中名字为两个字的会员姓名和性别。性别为女则显示为 0，为男则显示为 1。

```
SELECT 姓名, IF(性别 = '男', 1, 0)  AS 性别
        FROM members WHERE 姓名 LIKE '__';
```

8.1.3 表达式

MySQL 表达式由常量、变量、列名、函数以及运算符组成。与常量和变量一样，表达式的值也具有数据类型属性，可能的数据类型有字符串类型、数值类型、日期和时间类型。根据表达式的值的类型，表达式可分为字符串型表达式、数值型表达式和日期表达式。

表达式还可分为单一表达式和复合表达式。单一表达式就是一个单一的值，如一个常量或列名。复合表达式是由运算符将多个单一表达式连接而成的表达式。例如，1+2+3，a=b+3，'2008-01-20'+ INTERVAL 2 MONTH。

表达式一般用在 SELECT 语句及 SELECT 语句的 WHERE 子句中。

MySQL 的运算符包括以下几种。

1. 算术运算符

算术运算符用于对两个表达式执行数学运算，这两个表达式可以是任意数值数据类型。算术运算符有：+（加）、-（减）、*（乘）、/（除）和%（求模）。

2. 比较运算符

比较运算符（又称关系运算符）用于比较两个表达式的值，其运算结果为逻辑值，可以为 1（真）、0（假）及 NULL（不能确定）。

3. 逻辑运算符

逻辑运算符用于对某个条件进行测试，运算结果为 TRUE（1）或 FALSE（0）。

当一个复杂的表达式有多个运算符时，运算符优先级决定了执行运算的先后次序。运算符优先级如表 8-1 所示。

表 8-1 运算符优先级

运算符	优先级	运算符	优先级
+（正）、-（负）	1	NOT	5
*（乘）、/（除）、%（模）	2	AND	6
+（加）、-（减）	3	OR	7
=，>，<，>=，<=，<>，!=，!>，!<	4	=（赋值）	8

8.1.4 流程控制语句

v8-1 流程控制语句

流程控制语句是用来控制程序执行流程的语句。使用流程控制语句可以提高编程语言的处理能力。在 MySQL 中，常见的流程控制语句有 IF 语句、CASE 语句、LOOP 语句、WHILE 语句和 LEAVE 语句等。

> **注意** 流程控制语句只能放在存储过程体、存储函数体或触发器动作中，不能单独执行。

1. 分支语句

（1）IF 语句

IF…THEN…ELSE 语句用于控制程序根据不同的条件执行不同的操作。

语法格式如下。

```
IF 条件1 THEN 语句序列1
[ELSEIF 条件2 THEN 语句序列2] …
[ELSE 语句序列e]
END IF
```

语法说明如下。

- *条件*是判断的条件。当*条件*为真时，就执行相应的 SQL 语句。
- *语句序列*中包含一个或多个 SQL 语句。

IF 语句不同于系统内置的 IF 函数，IF 函数只能判断两种情况。

【例 8-5】 判断输入的两个参数 K1 和 K2 哪一个更大，将结果放在 K3 中。

比较 K1 和 K2 两个参数大小的流程图如图 8-1 所示。

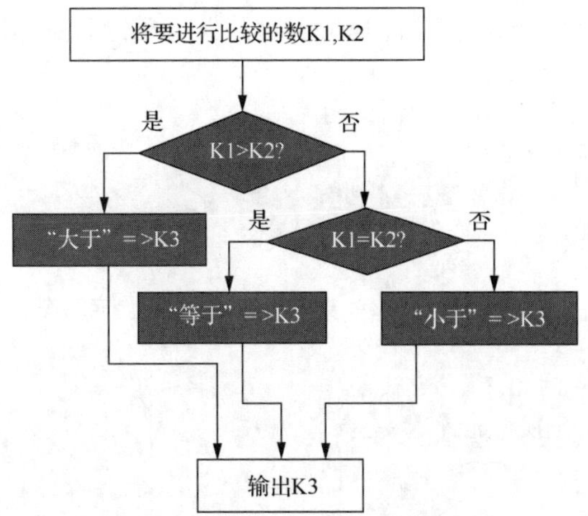

图 8-1 比较 K1 和 K2 大小的流程图

将图 8-1 中的深色底纹部分转换为 IF…THEN…ELSE 语句，如下所示。

```
IF K1>K2 THEN
   SET K3 = '大于';
ELSEIF K1 = K2 THEN
   SET K3 = '等于';
ELSE
   SET K3 = '小于';
END IF;
```

（2）CASE 语句

CASE 语句在前面提到过，这里介绍 CASE 语句在存储过程中的用法，与之前略有不同。

语法格式如下。

```
CASE 表达式
    WHEN 值1 THEN 语句序列1
    [WHEN 值2 THEN 语句序列2] ……
    [ELSE 语句序列e]
END CASE
```

或如下。

```
CASE
    WHEN 条件1  THEN 语句序列1
    [WHEN 条件2  THEN 语句序列2] ……
    [ELSE 语句序列e]
END CASE
```

语法说明如下。

- 第一种格式中的***表达式***是要被判断的值或表达式，接下来是一系列的 WHEN…THEN 块，每一块的***值***都要与***表达式***的值比较，如果为真，就执行对应***语句序列***中的 SQL 语句。如果前面的每一个块都不匹配，就会执行 ELSE 块指定的语句。CASE 语句以 END CASE 结束。
- 第二种格式中的 CASE 关键字后面没有参数，在 WHEN…THEN 块中，***条件***指定了一个比较表达式，表达式为真时执行 THEN 后面的语句。

第二种格式与第一种格式相比，能够实现更为复杂的条件判断，使用起来更方便。

CASE 语句经常可以充当 IF…THEN…ELSE 语句。

【例 8-6】 判断变量 str，当其值为 U 时返回“上升”，其值为 D 时返回“下降”，为其他值时返回“不变”。

```
CASE str
   WHEN 'U' THEN SET direct = '上升';
   WHEN 'D' THEN SET direct = '下降';
   ELSE  SET direct = '不变';
END CASE;
```

【例 8-7】 采用 CASE 语句的第二种格式来实现例 8-6，如下所示。

```
CASE
   WHEN str = 'U' THEN SET direct = '上升';
   WHEN str = 'D' THEN SET direct = '下降';
   ELSE  SET direct = '不变';
END CASE;
```

2. 循环语句

MySQL 支持 3 条用来创建循环的语句，分别为 WHILE 语句、REPEAT 语句和 LOOP 语句。在存储过程中可以定义 0 个、1 个或多个循环语句。

（1）WHILE 语句

语法格式如下。

```
WHILE 条件  DO
程序段
END WHILE
```

语法说明如下。

首先判断***条件***是否为真，为真则执行***程序段***中的语句；然后再次进行判断，为真则继续循环，不为真则结束循环。

【例 8-8】 使用 WHILE 语句创建一个执行 5 次的循环。

```
DECLARE a INT DEFAULT 5;
WHILE  a > 0  DO
   SET a = a - 1;
END WHILE;
```

（2）REPEAT 语句

语法格式如下。

```
REPEAT
   程序段
UNTIL 条件
END REPEAT
```

语法说明如下。

REPEAT 语句首先执行***程序段***中的语句，然后判断***条件***是否为真，为真则停止循环，不为真则继续循环。REPEAT 语句也可以带有标签。

用 REPEAT 语句替换例 8-8 的 WHILE 语句，代码如下。

```
REPEAT
   SET a = a - 1;
   UNTIL a < 1
END REPEAT;
```

REPEAT 语句和 WHILE 语句的区别在于：REPEAT 语句先执行程序段中的语句，后进行判断；而 WHILE 语句是先判断，条件为真时才执行语句。

（3）LOOP 语句

语法格式如下。

```
[语句标号:]  LOOP
        程序段
END LOOP  [语句标号]
```

语法说明如下。

LOOP 语句允许某个特定语句或语句组的重复执行，从而实现一个简单的循环结构，在循环内的语句将一直重复，直到循环被退出，通常退出循环时会使用 LEAVE 语句。

（4）LEAVE 语句

LEAVE 语句经常和 BEGIN…END 语句或循环语句一起使用。

语法格式如下。

```
LEAVE  语句标号
```

语法说明如下。

语句标号是语句中标注的名字，这个名字是自定义的，加上 LEAVE 关键字就可以用来退出被标注的循环语句。

使用 LOOP 语句重写例 8-8 的循环过程。

```
SET @a = 5;
Label: LOOP
       SET @a = @a - 1;
       IF @a < 1 THEN
          LEAVE Label;
       END IF;
END LOOP Label;
```

上述语句先定义了一个用户变量并为其赋值 5，接着进入 LOOP 循环，标注为 Label，执行减 1 语句；再判断用户变量是否小于 1，是则使用 LEAVE 语句跳出循环。

8.2 存储过程

存储过程是存放在数据库中的一段程序，是数据库对象之一。它由声明式的 SQL 语句（如 CREATE、UPDATE 和 SELECT 等语句）和过程式的 SQL 语句（如 IF…THEN…ELSE 语句）组成。存储过程可以由程序、触发器或另一个存储过程调用，从而执行其中的 SQL 语句。

v8-2　存储过程

8.2.1 创建存储过程

创建存储过程可以使用 CREATE PROCEDURE 语句。要在 MySQL 中创建存储过程，必须具有 CREATE ROUTINE 权限。

1. 创建存储过程的语法

（1）创建存储过程

语法格式如下。

```
CREATE PROCEDURE 存储过程名 ([参数[,…]]) 存储过程体
```

语法说明如下。

- ***存储过程名***：存储过程默认在当前数据库中创建。需要在特定数据库中创建存储过程时，要在存储过程名前面加上数据库的名称，格式为***数据库名.存储过程名***。值得注意的是，这个名称应当

尽量避免与 MySQL 的内置函数名称相同，否则会发生错误。

- ***参数***：存储过程的参数，格式如下。

```
[ IN | OUT | INOUT ] 参数名 类型
```

当有多个参数的时候，中间用逗号隔开。存储过程可以有 0 个、1 个或多个参数。MySQL 存储过程支持 3 种类型的参数，包括输入参数、输出参数和输入/输出参数，关键字分别是 IN、OUT 和 INOUT。输入参数将数据传递给存储过程。当需要返回一个答案或结果的时候，存储过程便会用到输出参数。输入/输出参数既可以充当输入参数，也可以充当输出参数。存储过程也可以不加参数，但是名称后面的括号是不可省略的。

另外，参数的名字不要与列的名字相同，否则虽然不会返回出错消息，但是存储过程中的 SQL 语句会将参数名看作列名，从而可能产生不可预知的结果。

- ***存储过程体***：这是存储过程的主体部分，里面包含在调用存储过程时必须执行的语句，这个部分总是以 BEGIN 开始，以 END 结束；当存储过程体中只有一个 SQL 语句时，可以省略 BEGIN 与 END 标识。

（2）修改结束符号

在开始创建存储过程之前，先介绍一个很实用的命令，即 DELIMITER 命令。在 MySQL 中，服务器处理语句的时候是以分号为结束标识的，但是在创建存储过程的时候，存储过程体中可能包含多个 SQL 语句，如果每个 SQL 语句都以分号结尾，则服务器处理程序时遇到第一个分号就会认为程序结束，这肯定是不行的。所以这里使用 DELIMITER 命令将 MySQL 语句的结束标识修改为其他符号。

语法格式如下。

```
DELIMITER $$
```

语法说明如下。

“$$”是用户定义的结束符，通常这个符号可以是一些特殊的符号，如两个“#”、两个“a”等。当使用 DELIMITER 命令时，应该避免使用反斜杠（\）字符，因为那是 MySQL 的转义字符。

例如，如果要将 MySQL 结束符修改为两个“#”符号，可使用如下语句。

```
DELIMITER ##;
```

执行完这条命令后，程序结束的标识就变成“##”了。

接下来的语句即使用“##”作为结束标识。

```
SELECT 姓名 FROM members WHERE 用户号 = 'A0012' ##
```

要想恢复使用分号（;）作为结束符，运行如下命令即可。

```
DELIMITER ;
```

【例 8-9】编写一个存储过程，其功能是删除指定会员的信息。

```
DELIMITER $$
CREATE PROCEDURE  del_member(IN xm  CHAR(8))
BEGIN
   DELETE FROM members WHERE 姓名 = xm;
END$$
DELIMITER ;
```

BEGIN 和 END 关键字之间指定了存储过程体，因为在程序开始时用 DELIMITER 语句设置语句结束标识为“$$”，所以 BEGIN 和 END 被看作一个整体，在 END 后用“$$”结束。当然，BEGIN…END 语句还可以嵌套使用。

当调用这个存储过程时，MySQL 根据参数 xm 的值删除 members 表中对应的数据。调用存储过程的语句是 CALL，后面会讲解该语句。接下来介绍存储过程体。

2. 存储过程体

（1）局部变量

在存储过程中可以声明局部变量，它们可以用来存储临时结果。要声明局部变量，必须使用 DECLARE 语句。在声明局部变量的同时，也可以为其赋一个初始值。

语法格式如下。

```
DECLARE 变量[,…] 类型 [DEFAULT 值]
```

DEFAULT 子句为变量指定一个默认值，如果不指定，则默认为 NULL。

例如，声明一个整型变量和两个字符串型变量。

```
DECLARE num int(4);
DECLARE str1, str2 varchar(6);
```

局部变量只能在 BEGIN…END 语句块中声明。局部变量必须在存储过程的开头就声明，声明之后，可以在声明它的 BEGIN…END 语句块中使用，在其他语句块中不可以使用。

> **注意**　**前面已经学习过用户变量，在存储过程中可以声明局部变量，不过千万不要将这两者混淆。局部变量和用户变量的区别在于局部变量前面没有@符号，局部变量在其所在的 BEGIN…END 语句块执行完成后就消失了；而用户变量存在于整个会话当中。**

（2）SELECT…INTO 语句

使用 SELECT…INTO 语句可以把选定的列值直接存储到变量中，但返回的结果只有一行。

语法格式如下。

```
SELECT 列名 [,…] INTO 变量名 [,…]  数据来源表达式
```

语法说明如下。

- *列名* [,…] INTO *变量名*：将选定的列值赋给变量名。
- *数据来源表达式*：SELECT 语句中的 FROM 子句及后面的部分，这里不再赘述。

【例 8-10】 在存储过程体中将 book 表中书名为“计算机基础”的图书的作者和出版社的值分别赋给变量 name 和 publish。

```
SELECT 作者,出版社 INTO name, publish
   FROM book WHERE 书名 = '计算机基础';
```

8.2.2 显示存储过程

要想查看数据库中有哪些存储过程，可以使用 SHOW PROCEDURE STATUS 语句。

```
SHOW PROCEDURE STATUS;
```

要查看某个存储过程的具体信息，可使用 SHOW CREATE PROCEDURE *存储过程名* 语句。

```
SHOW CREATE PROCEDURE 存储过程名;
```

例如，查看例 8-9 创建的存储过程 del_member 的语句如下所示。

```
SHOW CREATE PROCEDURE del_member;
```

8.2.3 调用存储过程

存储过程创建完成后，可以在程序、触发器或存储过程中被调用，调用时都必须使用 CALL 语句。

语法格式如下。

```
CALL 存储过程名( [参数 [,…]])
```

语法说明如下。

- ***存储过程名***：存储过程的名称，如果要调用某个特定数据库的存储过程，则需要在前面加上对应数据库的名称。
- ***参数***：调用该存储过程使用的参数，这条语句中的参数个数必须总是等于存储过程的参数个数。

例如，调用例 8-9 的存储过程，删除会员“张三”的信息。

```
CALL del_member('张三');
```

【例 8-11】创建存储过程，实现查询 members 表中会员人数的功能，并执行它。

先创建查询 members 表中会员人数的存储过程。

```
CREATE PROCEDURE query_members()
   SELECT COUNT(*) FROM members;
```

这是一个不带参数的非常简单的存储过程，通常 SELECT 语句不会被直接用在存储过程中。

调用该存储过程。

```
CALL query_members();
```

【例 8-12】创建一个存储过程，输入月份数字 1～12，返回月份所在的季度。

```
   DELIMITER $$
   CREATE PROCEDURE q_quarter
         (IN mon int, OUT q_name varchar(8) )
   BEGIN
      CASE
         WHEN mon in (1,2,3) THEN SET q_name = '一季度';
         WHEN mon in (4,5,6) THEN SET q_name = '二季度';
         WHEN mon in (7,8,9) THEN SET q_name = '三季度';
         WHEN mon in (10,11,12) THEN SET q_name = '四季度';
      ELSE  SET q_name = '输入错误';
      END CASE;
   END$$
DELIMITER ;
```

调用该存储过程。

```
CALL q_quarter (6 , @R);
```

该存储过程的结果保存在输出参数 R 中，只有当参数定义为用户变量@R 时，才能在存储过程执行完成后查询到结果；如果定义为局部变量 R，存储过程执行完成后，将查询不到结果。要查看输出结果，可以使用如下语句。

```
SELECT @R;
```

输出结果如图 8-2 所示。

图 8-2　输出结果

【例 8-13】创建一个 Bookstore 数据库的存储过程，根据“姓名”“书名”查询订单，如果订购册数小于 5 本，则不打折；如果订购册数为 5～10 本，订购单价打九折；如果订购册数大于 10 本，订购单价打八折。

```
DELIMITER $$
CREATE PROCEDURE
      dj_update(IN c_name  CHAR(8), IN b_name char(20))
```

```
BEGIN
    DECLARE  bh char(20);
    DECLARE  yhh char(10);
    DECLARE  sl TINYINT;
    SELECT 用户号 INTO yhh  FROM members
        WHERE  姓名 = c_name;
    SELECT 图书编号 INTO bh  FROM book WHERE  书名 = b_name;
    SELECT 订购册数 INTO sl FROM sell
        WHERE 用户号 = yhh AND 图书编号 = bh;
    IF sl >= 5 AND sl <= 10 THEN
        UPDATE sell SET 订购单价 = 订购单价 * 0.9
                WHERE 用户号 = yhh AND 图书编号 = bh;
    ELSE
        IF sl > 10 THEN
            UPDATE sell SET 订购单价 = 订购单价 * 0.8
                WHERE 用户号 = yhh AND 图书编号 = bh;
        END IF;
    END IF;
  END$$
DELIMITER ;
```

接下来调用存储过程调整会员“张三”购买图书《PHP 高级语言》的订购单价并查询调用存储过程前后的结果。

调用存储过程 dj_update 前查询订单。

```
SELECT 姓名,书名,订购单价,订购册数
    FROM sell JOIN book ON sell.图书编号 = book.图书编号
        JOIN members ON sell.用户号 = members.用户号
            WHERE 书名 = 'PHP 高级语言' AND 姓名 = '张三';
```

查询结果如图 8-3 所示。

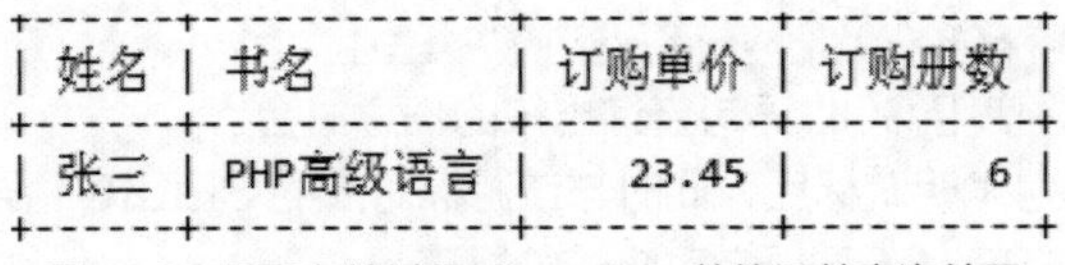

姓名	书名	订购单价	订购册数
张三	PHP高级语言	23.45	6

图 8-3 调用存储过程 dj_update 前的订单查询结果

调用存储过程 dj_update。

```
CALL dj_update ('张三', 'PHP 高级语言');
```

查询订单。

```
SELECT 姓名,书名,订购单价,订购册数
    FROM sell JOIN book ON sell.图书编号 = book.图书编号
        JOIN members ON sell.用户号 = members.用户号
            WHERE 书名 = 'PHP 高级语言' AND 姓名 = '张三';
```

查询结果如图 8-4 所示。

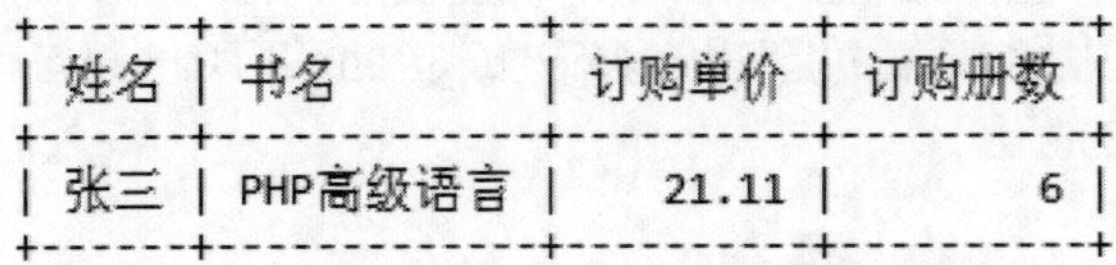

姓名	书名	订购单价	订购册数
张三	PHP高级语言	21.11	6

图 8-4 调用存储过程 dj_update 后的订单查询结果

比较图8-3和图8-4的结果可以看到，会员张三购买的图书《PHP高级语言》的订购册数为6本，所以执行语句“CALL dj_update ('张三', ' PHP高级语言')”后，订购单价打九折，由原来的23.45元变为21.11元。

8.2.4 删除存储过程

存储过程被创建后，使用DROP PROCEDURE语句可将其删除。在此之前，必须确认该存储过程没有任何依赖关系，否则可能会导致其他与之关联的存储过程无法运行。

语法格式如下。

```
DROP PROCEDURE  [IF EXISTS] 存储过程名
```

语法说明如下。

- *存储过程名*：要删除的存储过程的名称。
- IF EXISTS子句：MySQL的扩展，如果存储过程不存在，则使用该子句可以防止发生错误。

例如，要删除存储过程query_members，可以使用如下语句。

```
DROP PROCEDURE IF EXISTS query_members;
```

8.2.5 游标的用法及作用

数据库开发人员在编写存储过程（或者函数）等存储程序时，有时需要让存储程序中的MySQL代码扫描查询结果集中的数据，并对结果集中的每条记录进行简单处理。通过MySQL的游标机制可以完成此类操作。

游标实际上是一种能从包含多条数据记录的结果集中每次提取一条记录的机制。对查询数据库所返回的记录进行遍历时，游标充当指针，一次只指向一行；通过控制游标的移动，能遍历结果集中的所有行，以便进行相应的操作。

1. 游标的用法

（1）声明游标

```
DECLARE 游标名称 CURSOR FOR 结果集（SELECT语句）
```

其中，*结果集*可以是使用SQL语句查询出来的任意集合。

使用DECLARE语句声明游标后，此时与该游标对应的SELECT语句并没有执行，MySQL服务器内存中并不存在与SELECT语句对应的结果集。

（2）打开游标

```
OPEN 游标名称
```

使用OPEN语句打开游标后，与该游标对应的SELECT语句将被执行，MySQL服务器内存中将存放与SELECT语句对应的结果集。

（3）提取数据

```
FETCH  游标名称 INTO 变量列表
```

*变量列表*的个数必须与声明游标时使用的SELECT语句生成的结果集中的字段个数保持一致。

第一次执行FETCH语句时，FETCH语句从结果集中提取第一条记录，再次执行FETCH语句时，FETCH语句从结果集中提取第二条记录，以此类推。

FETCH语句每次仅从结果集中提取出一条记录，因此FETCH语句需要配合循环语句使用，才能实现对整个结果集的遍历。

（4）关闭游标

```
CLOSE 游标名称
```

关闭游标的目的在于释放打开游标后产生的结果集，以节省 MySQL 服务器的内存空间。游标如果没有被明确地关闭，则它将在声明它的 BEGIN…END 语句块的末尾关闭。

游标的操作过程如图 8-5 所示。

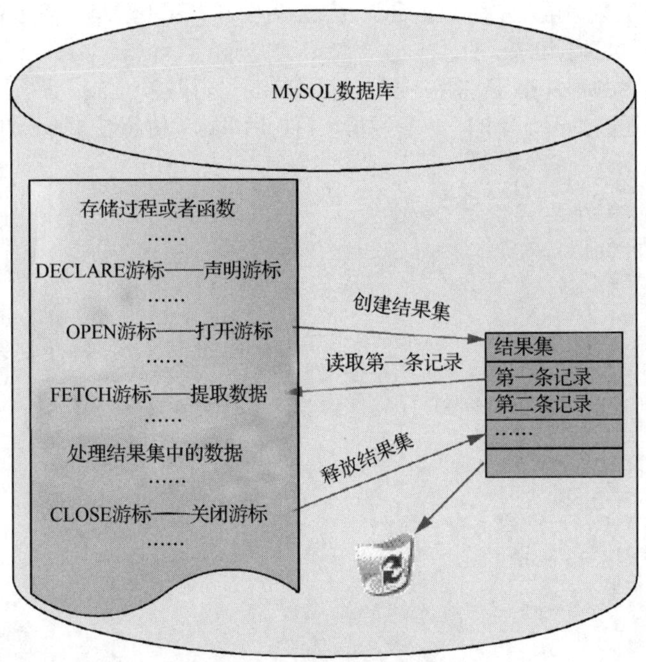

图 8-5　游标的操作过程

2. 错误处理程序

当使用 FETCH 语句从游标中提取出最后一条记录后，再次执行 FETCH 语句时，将产生"ERROR 1329 (02000): No data to FETCH"错误信息，数据库开发人员可以针对 MySQL 错误代码 1329 自定义错误处理程序，以结束对结果集的遍历。

注意　　**游标错误处理程序应该放在游标声明语句之后。游标通常结合错误处理程序一起使用，用于结束对结果集的遍历。**

错误处理程序的语法格式如下。

```
DECLARE 错误处理类型 HANDLER FOR 错误触发条件  错误处理程序
```

语法说明如下。

- *错误处理类型*包括 CONTINUE 和 EXIT。
  - CONTINUE：表示错误发生后，MySQL 立即执行自定义错误处理程序，然后忽略该错误继续执行其他 SQL 语句。
  - EXIT：表示错误发生后，MySQL 立即执行自定义错误处理程序，然后立刻停止其他 SQL 语句的执行。
- *错误触发条件*用于指定自定义错误处理程序运行的条件。

错误触发条件的取值及介绍如下。

  - MySQL 错误代码，如 1452，或 ANSI 标准错误代码，如 23000。

■ SQLWARNING，表示以 01 开头的 SQLSTATE 代码。

■ NOT FOUND，表示以 02 开头的 SQLSTATE 代码。

■ SQLEXCEPTION，触发除 SQLWARNING 和 NOT FOUND 以外的代码。

• ***错误处理程序*** 为错误发生后，MySQL 会立即执行的 SQL 语句。自定义错误处理程序也可以是一个 BEGIN…END 语句块。

【例 8-14】调整 sell 表中指定“用户号”的订购单价，订购单价先打 8 折，但打折后订购单价低于 20 元，且订购册数少于 5 本的，恢复原价；打折后订购单价超过 100 元的再打 9 折。

```
DELIMITER $$
CREATE PROCEDURE dj_s(in c_no char(6))
BEGIN
  DECLARE dj FLOAT(5,2);
  DECLARE cs INT;
  DECLARE ddh CHAR(10);
  DECLARE done INT DEFAULT false;
  DECLARE dj_c CURSOR FOR SELECT 订单号,订购单价,订购册数 FROM sell WHERE 用户号 = c_no;
  DECLARE continue HANDLER FOR not FOUND SET done = true;
  OPEN dj_c;
  FETCH dj_c INTO ddh,dj,cs;
  WHILE(not done) DO
    SET dj=dj * 0.8;
    IF(dj > 100) THEN SET dj = dj * 0.9;
    END IF;
    IF(dj <= 20 and cs <= 5) THEN SET dj = dj / 0.8;
    END IF;
    IF( not done) THEN UPDATE sell SET 订购单价 = dj WHERE 用户号 = c_no AND 订单号 = ddh;
   END IF;
    fetch dj_c into ddh,dj,cs;
  END WHILE;
  CLOSE dj_c;
  END$$
DELIMITER;
```

为了调试存储过程，先调整 sell 表中用户号为“C0138”的订购单价。调用存储过程 dj_s，调用前后的数据变化如图 8-6 所示。

```
mysql> select 订单号,订购单价,订购册数 from sell where 用户号='C0138';
+--------+----------+----------+
| 订单号 | 订购单价 | 订购册数 |
+--------+----------+----------+
|      4 |    18.80 |        3 |
|      5 |   133.50 |      133 |
|      7 |    24.00 |       43 |
|      8 |    36.40 |        4 |
+--------+----------+----------+
4 rows in set (0.06 sec)

mysql> CALL dj_s('c0138');
Query OK, 0 rows affected (0.03 sec)

mysql> select 订单号,订购单价,订购册数 from sell where 用户号='C0138';
+--------+----------+----------+
| 订单号 | 订购单价 | 订购册数 |
+--------+----------+----------+
|      4 |    18.80 |        3 |
|      5 |    96.12 |      133 |
|      7 |    19.20 |       43 |
|      8 |    29.12 |        4 |
+--------+----------+----------+
```

图 8-6 存储过程 dj_s 调用前后的订单查询结果对比

【例 8-15】调整 book 表中指定出版社的图书的数量，每种书的数量加 5 本，调整后总数超过 50 本的，将其数量改为 50 本；调整后的数量如果在 10 本以下，将数量改为 10 本。

```
DELIMITER $$
CREATE PROCEDURE xg_b(in c_cbs char(20))
  BEGIN
  DECLARE bh CHAR(20);
  DECLARE sl INT;
  DECLARE state CHAR(10) DEFAULT 'ok';
  DECLARE xg_c CURSOR FOR SELECT 图书编号,数量 FROM book WHERE 出版社 = c_cbs;
  DECLARE continue HANDLER FOR 1329 SET state = 'error';
  OPEN xg_c;
  REPEAT
    FETCH xg_c INTO bh,sl;
    SET sl = sl+5;
    IF(sl >= 50) THEN SET sl = 50;
    END IF;
    IF(sl <= 10) THEN SET sl = 10;
    END IF;
    IF state = 'ok' THEN
    UPDATE book SET 数量 = sl WHERE 图书编号 = bh;
    END IF;
  until state = 'error'
  END REPEAT;
  CLOSE xg_c;
  END$$
DELIMITER ;
```

对 book 表进行测试。通过调用存储过程 xg_b，调整“中国青年出版社”的图书数量，调用存储过程前后的数据变化如图 8-7 所示。

```
mysql>  select 图书编号,数量 from book where 出版社='中国青年出版社';
+----------+------+
| 图书编号 | 数量 |
+----------+------+
| TP.2525  |   40 |
| TP.6625  |   60 |
| Tw.2562  |    3 |
+----------+------+
3 rows in set (0.04 sec)

mysql> CALL xg_b('中国青年出版社');
Query OK, 0 rows affected (0.04 sec)

mysql>  select 图书编号,数量 from book where 出版社='中国青年出版社';
+----------+------+
| 图书编号 | 数量 |
+----------+------+
| TP.2525  |   45 |
| TP.6625  |   50 |
| Tw.2562  |   10 |
+----------+------+
```

图 8-7　存储过程 xg_b 调用前后的查询结果对比

8.2.6　存储过程的嵌套

存储过程是一段实现特定功能的程序，它像函数一样也可以被其他存储过程直接调用，这种情况称为存储过程的嵌套。

【例 8-16】创建一个存储过程 sell_insert，作用是向 sell 表中插入一行数据。创建另外一个存储过程 sell_update，在其中调用第一个存储过程，如果给定参数为 0，则将第一个存储过程插入的记录的“是否发货”字段修改为“已发货”；如果给定参数为 1，则删除第一个存储过程插入的记录，并将操作结果输出。

创建第一个存储过程：向 sell 表中插入一行数据。

```
CREATE PROCEDURE sell_insert()
  INSERT INTO sell
    VALUES(10,'C0132', 'TP.2462',4, 30, '2023-03-05', NULL, NULL, NULL);
```

创建第二个存储过程：调用第一个存储过程，并输出结果。

```
DELIMITER $$
CREATE PROCEDURE sell_update
(IN X INT(1), OUT STR char(8))
BEGIN
    CALL sell_insert();
    CASE
        WHEN x = 0 THEN
            UPDATE sell SET 是否发货 = '已发货' WHERE 订单号 = 10;
            SET STR = '修改成功';
        WHEN X = 1 THEN
            DELETE FROM sell WHERE 订单号 = 10;
            SET STR = '删除成功';
        END CASE;
    END$$
DELIMITER;
```

接下来调用存储过程 sell_update 并设置参数为 1，查看结果。

```
CALL sell_update (1, @str);
SELECT @str;
```

结果为删除成功。再执行如下所示的 SQL 语句并查看结果。

```
CALL sell_update (0, @str);
SELECT @str;
```

结果为修改成功。

8.3 创建和调用存储函数

存储函数也是过程式对象之一，与存储过程相似，都是由 SQL 和过程式语句组成的代码片段，并且可以从应用程序和 SQL 中调用。然而，它们也有如下区别。

（1）存储函数不再需要额外的输出参数，因为存储函数本身就是输出参数。

（2）不能用 CALL 语句来调用存储函数。

（3）存储函数中必须包含一条 RETURN 语句，而这条特殊的 SQL 语句不允许被包含在存储过程中。

v8-3 创建存储函数

8.3.1 创建存储函数

使用 CREATE FUNCTION 语句可以创建存储函数。

语法格式如下。

```
CREATE FUNCTION 存储函数名 ([参数[,…]])
    RETURNS 类型
    DETERMINISTIC
    函数体
```

语法说明如下。

- ***存储函数名***：存储函数的名称。存储函数不能拥有与存储过程相同的名字。
- ***参数***：存储函数的参数，参数只有名称和数据类型属性，不能指定 IN、OUT 和 INOUT。
- RETURNS ***类型*** 子句：声明函数返回值的数据类型。
- ***函数体***：存储函数的主体，也叫存储函数体，所有在存储过程中使用的 SQL 语句在存储函数中也适用，包括流程控制语句、游标等。但是存储函数体中必须包含一个 RETURN ***值*** 语句，***值*** 为存储函数的返回值。这是存储过程体中没有的。

存储函数的定义格式和存储过程的定义格式相差不大。下面举一些存储函数的例子。

【例 8-17】创建一个存储函数，它返回 book 表中的图书数目。

```
DELIMITER $$
CREATE FUNCTION num_book()
RETURNS INTEGER
DETERMINISTIC
BEGIN
   RETURN (SELECT COUNT(*) FROM Book);
END$$
DELIMITER ;
```

当 RETURN 子句中包含 SELECT 语句时，SELECT 语句的返回结果只能是一行且只能有一列值。

虽然此存储函数没有参数，但使用时也要加上“()”，如 num_book()。

【例 8-18】创建一个存储函数，返回 book 表中某本书的作者姓名。

```
DELIMITER $$
CREATE FUNCTION author_book(b_name CHAR(20))
RETURNS char(8)
DETERMINISTIC
BEGIN
   RETURN (SELECT 作者 FROM book WHERE 书名 = b_name);
END$$
DELIMITER ;
```

此存储函数在给定书名后，返回该书的作者。例如，要查询“计算机应用基础”的作者，用“author_book('计算机应用基础')”语句即可。

【例 8-19】创建一个存储函数来删除 sell 表中有但 book 表中不存在的记录。

```
DELIMITER $$
CREATE FUNCTION del_Sell(b_bh char(20))
   RETURNS BOOLEAN
  DETERMINISTIC
BEGIN
   DECLARE bh char(20);
   SELECT 图书编号 INTO bh FROM book WHERE 图书编号 = b_bh;
   IF bh IS NULL THEN
      DELETE FROM sell WHERE 图书编号 = b_bh;
      RETURN TRUE;
   ELSE
      RETURN FALSE;
   END IF;
END$$
DELIMITER ;
```

此存储函数以图书编号作为输入参数，先按给定的图书编号到 book 表中查找有无该图书编号的书。如果没有，返回 FALSE；如果有，返回 TRUE，同时到 sell 表中删除该图书编号的书的记录。如果要查询图书编号为“TP.2462”的图书，可使用语句“del_sell('TP.2462')”。

8.3.2 调用存储函数

调用存储函数的方法和使用系统提供的内置函数差不多，都是使用 SELECT 语句。

语法格式如下。

```
SELECT 存储函数名([参数[,…]])
```

调用例 8-17 中的存储函数。

```
SELECT num_book();
```

调用例 8-18 中的存储函数。

```
SELECT author_book('计算机应用基础');
```

调用例 8-19 中的存储函数。

```
SELECT del_Sell('TP.2462');
```

在存储函数中还可以调用另外一个存储函数或存储过程。

【例 8-20】 创建一个存储函数 publish_book，通过调用存储函数 author_book 获得图书的作者，并判断该作者是否姓“张”，是则返回出版时间，不是则返回“不合要求”。

```
DELIMITER $$
CREATE FUNCTION publish_book(b_name char(20))
    RETURNS char(20)
   DETERMINISTIC
BEGIN
    DECLARE name char(20);
    SELECT author_book(b_name) INTO name;
    IF name like '张%'  THEN
        RETURN(SELECT 出版时间 FROM book WHERE 书名 = b_name);
    ELSE
        RETURN '不合要求';
    END IF;
END$$
DELIMITER ;
```

接着调用存储函数 publish_book。

```
SELECT publish_book('计算机网络技术');
```

调用存储函数 publish_book 的结果如图 8-8 所示。

```
+-------------------------------+
| publish_book('计算机网络技术') |
+-------------------------------+
| 不合要求                       |
+-------------------------------+
```

图 8-8　调用存储函数 publish_book 的结果（一）

```
SELECT publish_book('ORACLE');
```

再次调用存储函数 publish_book，结果如图 8-9 所示。

```
+------------------------+
| publish_book('ORACLE') |
+------------------------+
| 2022-08-02             |
+------------------------+
```

图 8-9　调用存储函数 publish_book 的结果（二）

删除存储函数的方法与删除存储过程的方法基本一样，都是使用 DROP 语句。

语法格式如下。

```
DROP FUNCTION [IF EXISTS] 存储函数名
```

语法说明如下。

- *存储函数名*：要删除的存储函数的名称。
- IF EXISTS 子句：MySQL 的扩展语法。如果存储函数不存在，使用该子句可以防止发生错误。

删除存储函数 del_sell 的语句如下。

```
DROP FUNCTION IF EXISTS del_sell;
```

8.4 设置触发器

触发器是用于保护表中的数据的，触发器不需要调用，当有操作影响到触发器保护的数据时，触发器会自动执行。利用触发器可以保证数据库中数据的完整性。例如，当删除 Bookstore 数据库的 book 表中某本图书的记录时，该图书在 sell 表中的所有数据也将同时被删除，这样才不会出现多余数据。这一过程可通过定义 DELETE 触发器来实现。

v8-4 创建触发器

8.4.1 创建触发器

使用 CREATE TRIGGER 语句创建触发器。

语法格式如下。

```
CREATE TRIGGER 触发器名 触发时间 触发事件
    ON 表名 FOR EACH ROW 触发器动作
```

语法说明如下。

- *触发器名*：触发器的名称，触发器在当前数据库中必须具有唯一的名称。如果要在某个特定数据库中创建触发器，触发器名称前面应该加上对应数据库的名称。
- *触发时间*：触发器触发的时刻，有 AFTER 和 BEFORE 两个选项，分别表示触发器是在激活它的语句之前或之后触发。如果想要在激活触发器的语句执行之后执行几个或更多的改变，通常使用 AFTER 选项；如果想要验证新数据是否满足使用要求，则使用 BEFORE 选项。
- *触发事件*：指明了激活触发程序的语句的类型。*触发事件* 可以是下述值之一。
  - INSERT：将新行插入表时激活触发器，例如，使用 INSERT、LOAD DATA 和 REPLACE 语句时。
  - UPDATE：更改数据时激活触发器，例如，使用 UPDATE 语句时。
  - DELETE：从表中删除某一行数据时激活触发器，例如，使用 DELETE 和 REPLACE 语句时。
- *表名*：与触发器相关的表名，在该表上发生触发事件才会激活触发器。同一个表不能拥有两个具有相同触发时刻和事件的触发器。例如，对于某一表，不能有两个 BEFORE UPDATE 触发器，但可以有一个 BEFORE UPDATE 触发器和一个 BEFORE INSERT 触发器，或一个 BEFORE UPDATE 触发器和一个 AFTER UPDATE 触发器。
- FOR EACH ROW：这个声明用来指定受触发事件影响的每一行都要激活对应的触发器动作。例如，使用一条语句向一个表中添加一组行，触发器会对每一行执行相应的触发器动作。
- *触发器动作*：包含触发器激活时将要执行的语句。如果要执行多个语句，可使用 BEGIN…END 语句块。这样，就能使用存储过程中允许的相同语句。

触发器不能返回任何结果到客户端，也不能调用将数据返回客户端的存储过程。为了防止触发器返回结果，不要在触发器的定义中包含 SELECT 语句。

先以一个最简单的例子来说明触发器的使用方法。

【例 8-21】 在 members 表上创建一个触发器，每次进行插入操作时，都将用户变量 str 的值设为“一个用户已添加”。

```
CREATE TRIGGER members_insert AFTER INSERT
   ON members FOR EACH ROW
      SET @str = '一个用户已添加';
```

向 members 表中插入一行数据。

```
INSERT INTO members
   VALUES('E0111','王五','男','000000','15011112233',NULL);
```

查看 str 的值，如图 8-10 所示。

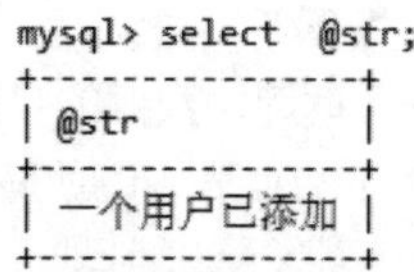

图 8-10 members_insert 触发器的执行结果

MySQL 触发器中的 SQL 语句可以关联表中的任意列。但不能直接使用列名作为标识，否则会使系统混淆，因为激活触发器的语句可能已经修改、删除或添加了新的列名，但列的旧名却同时存在，所以必须用“NEW.*列名*”或“OLD.*列名*”这样的语法进行标识。“NEW.*列名*”用来引用新行的一列，“OLD.*列名*”用来引用更新或删除它之前的已有行的一列。

对于 INSERT 语句，只有 NEW 是合法的；对于 DELETE 语句，只有 OLD 才合法；而 UPDATE 语句可以与 NEW 或 OLD 同时使用。

【例 8-22】 创建一个触发器，当删除 book 表中某图书的信息时，同时将 sell 表中与该图书有关的数据全部删除。

```
DELIMITER $$
CREATE TRIGGER book_del AFTER DELETE
   ON Book FOR EACH ROW
BEGIN
   DELETE FROM sell WHERE 图书编号 = OLD.图书编号;
END$$
DELIMITER ;
```

因为是删除 book 表中的记录后才执行触发器程序去删除 sell 表中的记录，此时 book 表中的对应记录已经删除，所以只能用“OLD.图书编号”来表示这个已经删除的记录的图书编号；在 sell 表中使用“WHERE 图书编号=OLD.图书编号”查找要删除的记录。

现在验证一下触发器的功能。

```
DELETE FROM book WHERE 图书编号 = 'Tw.1283';
```

使用 SELECT 语句查看 sell 表中的情况。

```
SELECT * FROM sell WHERE 图书编号 = ' Tw.1283';
```

这时可以发现，图书编号为“Tw.1283”的图书在 sell 表中的所有信息都被删除了。

【例 8-23】 创建一个触发器，当修改 sell 表中的订购册数时，如果修改后的订购册数小于 5 本，触发器将对应的折扣修改为 1，否则修改为 0.8。

```
DELIMITER $$
CREATE TRIGGER sell_update BEFORE UPDATE
```

```
    ON sell FOR EACH ROW
BEGIN
    IF NEW.订购册数 < 5 THEN
        UPDATE book SET 折扣 = 1 WHERE 图书编号 = NEW.图书编号;
ELSE
        UPDATE book SET 折扣 = 0.8 WHERE 图书编号 = NEW.图书编号;
    END IF;
END$$
DELIMITER ;
```

因为是修改了 sell 表中的记录后才执行触发器程序去修改 book 表中的记录，此时 sell 表中的对应记录已经修改了，所以只能用"NEW.图书编号"来表示这个修改后的记录的图书编号；在 book 表中使用"WHERE 图书编号=NEW.图书编号"查找要修改的记录。

现在验证触发器的功能。

```
UPDATE sell SET 订购册数 = 4
  WHERE 图书编号 = 'TP.2525'  AND 用户号 = 'C0132';
```

使用如下 SELECT 语句查看 book 表中的情况，结果如图 8-11 所示。

```
SELECT 图书编号,折扣 FROM book WHERE 图书编号 = 'TP.2525';
```

```
+----------+------+
| 图书编号 | 折扣 |
+----------+------+
| TP.2525  | 1.00 |
+----------+------+
```

图 8-11　sell_update 触发器的执行结果（一）

再次验证触发器的功能。

```
UPDATE sell SET 订购册数=40
    WHERE 图书编号 = 'TP.2525' AND 用户号 = 'C0132';
```

同样使用如下 SELECT 语句查看 book 表中的情况，结果如图 8-12 所示。

```
SELECT 图书编号, 折扣 FROM book WHERE 图书编号 = 'TP.2525';
```

```
+----------+------+
| 图书编号 | 折扣 |
+----------+------+
| TP.2525  | 0.80 |
+----------+------+
```

图 8-12　sell_update 触发器的执行结果（二）

当触发器涉及对触发表自身的更新操作时，只能使用 BEFORE 触发器，而 AFTER 触发器将不被允许。

【例 8-24】创建一个触发器，实现当向 sell 表中插入一行数据时，根据订购册数对 book 表进行修改。如果订购册数大于 10，则 book 表中的折扣在原折扣的基础上再打九五折，否则折扣不变。

```
DELIMITER $$
CREATE TRIGGER sell_ins AFTER INSERT
    ON sell FOR EACH ROW
BEGIN
    IF NEW.订购册数 > 10 THEN
        UPDATE book SET 折扣 = 折扣 * 0.95 WHERE 图书编号 = NEW.图书编号;
    END IF;
END$$
DELIMITER ;
```

现在验证一下触发器的功能。

先查询没有插入记录之前图书编号为“TP.6625”的图书的折扣。

```
SELECT 图书编号,书名,折扣 FROM book WHERE 图书编号 = 'TP.6625';
```

执行结果如图 8-13 所示。

图书编号	书名	折扣
TP.6625	JavaScript编程	1.00

图 8-13　触发器 sell_ins 被触发前的执行结果

向 sell 表中插入一行记录。

```
INSERT INTO sell
    VALUES(11,'B0022', 'TP.6625', 42, 30, '2023-03-05', NULL, NULL, NULL);
```

使用 SELECT 语句查看 book 表中该图书的情况。

```
SELECT 图书编号,书名,折扣 FROM book
    WHERE 图书编号 = 'TP.6625';
```

执行结果如图 8-14 所示。

图书编号	书名	折扣
TP.6625	JavaScript编程	0.95

图 8-14　触发器 sell_ins 被触发后的执行结果

8.4.2　删除触发器

和其他数据库对象一样，使用 DROP 语句即可将触发器从数据库中删除。

语法格式如下。

```
DROP TRIGGER 触发器名
```

语法说明如下。

触发器名：要删除的触发器的名称。

删除触发器 members_ins。

```
DROP TRIGGER members_ins;
```

8.5　事件

事件（event）是 MySQL 在相应的时刻调用的过程式数据库对象。一个事件可调用一次，也可周期性地启动；它由一个特定的线程来管理，这个线程叫作事件调度器。

事件和触发器类似，都是在某些事情发生的时候启动的。当在数据库中执行某条 SQL 语句的时候，触发器就启动了，而事件是根据调度事件来启动的。由于它们较为相似，因此事件也被称为临时性触发器。

事件完成了原先只能由操作系统的计划任务来执行的工作，而且 MySQL 的事件调度器可以精确到每秒执行一个任务，这在一些对实时性要求较高的环境下非常实用，而操作系统的计划任务（如 Linux 下的 CRON 或 Windows 下的任务计划）只能精确到每分钟执行一个。某些对数据的定时性操作可以不再依赖外部程序，而直接使用数据库本身提供的功能。

8.5.1 创建事件

事件基于特定时间周期触发，从而执行某些任务。

语法格式如下。

```
CREATE EVENT 事件名 ON SCHEDULE 时间调度 DO 触发事件
```

语法说明如下。

- *时间调度*：用于指定事件何时发生或每隔多久发生一次，可以有以下取值。
  - AT *时间点* [+INTERVAL *时间间隔*] 表示事件在指定的时间点发生，如果后面加上时间间隔，则表示在这个时间间隔后发生。
  - EVERY *时间间隔* [STARTS *时间点* [+INTERVAL *时间间隔*]
    [ENDS *时间点* [+INTERVAL *时间间隔*]

表示事件在指定的时间区间内每隔多长时间发生一次。其中，STARTS 用于指定开始时间，ENDS 用于指定结束时间。

- *触发事件*：包含激活时将要执行的语句。

一条 CREATE EVENT 语句创建一个事件。每个事件由两个主要部分组成，第一部分是事件调度（*时间调度*），表示事件何时启动和按什么频率启动；第二部分是事件动作（*触发事件*），这是事件启动时执行的代码，它可以是一条简单的 SQL 语句，也可以是一个存储过程或 BEGIN…END 语句块（这两种情况允许执行多条 SQL 语句）。

【例 8-25】创建一个事件，每隔 1 分钟将 sell 表中的 1 号订单的订购册数加 1。该事件开始于当前时间，结束于当天 24 点。

```
DELIMITER $$
CREATE EVENT event_update ON SCHEDULE EVERY 1 MINUTE
STARTS CURDATE() + INTERVAL 1 MINUTE
DO
  BEGIN
      UPDATE sell set 订购册数 = 订购册数 + 1 where 订单号 = 1;
  END$$
DELIMITER;
```

查看事件执行结果，如图 8-15 所示。

```
mysql> select 订单号,订购册数 ,now() from sell where 订单号=1;
+--------+----------+---------------------+
| 订单号 | 订购册数 | now()               |
+--------+----------+---------------------+
|      1 |       14 | 2023-11-18 18:36:35 |
+--------+----------+---------------------+
1 row in set (0.07 sec)

mysql> select 订单号,订购册数 ,now() from sell where 订单号=1;
+--------+----------+---------------------+
| 订单号 | 订购册数 | now()               |
+--------+----------+---------------------+
|      1 |       15 | 2023-11-18 18:37:10 |
+--------+----------+---------------------+
1 row in set (0.07 sec)
```

图 8-15　查看事件 event_update 的执行结果

8.5.2 事件调度器设置

一个事件可以是活动（打开）的或停止（关闭）的，活动意味着事件调度器将检查事件声明是否必须调用；停止意味着事件声明存储在目录中，但事件调度器不会检查它是否应该调用。在一个事件创建之后，它立即变为活动的，一个活动的事件可以被执行一次或者多次。

MySQL 事件调度器 EVENT_SCHEDULER 负责调用事件，这个事件调度器不断地监视一个事件是否要调用；要创建事件，必须打开事件调度器。可以用“select @@EVENT_SCHEDULER;”命令来查看事件调度器的状态，ON 表示开启，OFF 表示关闭，如图 8-16 所示。

```
mysql> select @@EVENT_SCHEDULER;
+-------------------+
| @@EVENT_SCHEDULER |
+-------------------+
| ON                |
+-------------------+
```

图 8-16　查看事件调度器的状态

事件调度器的相关命令如下。

开启事件调度器：SET GLOBAL EVENT_SCHEDULER=1;。

临时关闭某事件：ALTER EVENT ***事件名*** DISABLE。

关闭 event_update 事件：ALTER EVENT event_update DISABLE;。

再次启动某事件：ALTER EVENT ***事件名*** ENABLE。

再次启动 event_update 事件：ALTER EVENT event_update ENABLE;。

删除某事件：DROP EVENT ***事件名*** 。

删除 event_update 事件：DROP EVENT event_update;。

查看事件：SHOW EVENTS;。

【商业实例】Petstore 数据库编程

1. 存储过程

创建存储过程，比较两个订单的订单总价，若前者比后者高就输出 0，否则输出 1；然后调用该存储过程比较“20130411”“20130414”两个订单的订单总价，并输出结果。

（1）创建存储过程。

```
DELIMITER $$
CREATE PROCEDURE cp(in id1 int,in id2 int,out bj int)
BEGIN
   DECLARE tp1,tp2 decimal(10,2);
   SELECT totalprice into tp1 FROM orders WHERE ordered = id1;
   SELECT totalprice into tp2 FROM orders WHERE ordered = id2;
   IF tp1>id2 THEN set bj = 0;
   ELSE
      SET bj = 1;
   END IF;
END$$
DELIMITER ;
```

（2）调用存储过程并输出结果。

```
CALL cp('20130411',' 20130414',@bj);
SELECT @bj;
```

2. 存储函数

（1）创建一个存储函数 SP_NUM，返回商品总数，调用该存储函数并输出结果。

① 创建存储函数 SP_NUM。

```
CREATE FUNCTION SP_NUM()
```

```
    RETURNS Integer
   DETERMINISTIC
RETURN ( SELECT count( * ) FROM product);
```

② 调用存储函数，输出结果。

```
SELECT SP_NUM( );
```

（2）创建一个存储函数，比较某商品的市场价格和当前价格，如果相同则返回“YES”，若不同则返回“NO”。调用该存储函数分别比较“燕雀”“狮子犬”“玉米锦蛇”的价格，并输出结果。

① 创建存储函数 JG_CP。

```
DELIMITER $$
CREATE FUNCTION JG_CP (spn varchar(30))
    RETURNS char(10)
   DETERMINISTIC
BEGIN
    DECLARE lp,up decimal(10,2);
    SELECT listprice,unitcost INTO  lp,up FROM product WHERE name = spn;
    IF lp = up THEN RETURN 'YES';
    ELSE
        RETURN 'NO';
    END IF;
END$$
DELIMITER ;
```

② 调用存储函数，输出结果。

```
SELECT JG_CP('燕雀'),JG_CP('狮子犬'),JG_CP('玉米锦蛇');
```

3. 触发器

（1）创建触发器 usr_del，在 account 表中删除用户信息的同时将 orders 表中与该用户有关的数据全部删除。

① 创建触发器 usr_del。

```
DELIMITER $$
CREATE TRIGGER usr_del AFTER DELETE
    ON account FOR EACH ROW
BEGIN
    DELETE FROM orders WHERE userid = OLD.userid;
END$$
DELIMITER ;
```

② 验证一下触发器的功能。

注意，如果设置触发器的表创建了外键约束，验证前需设置，使外键约束不起作用，语句如下。

```
SET FOREIGN_KEY_CHECKS = 0;
```

- 查询删除用户“u0002”之前的 orders 表数据，如图 8-17 所示。

```
SELECT * FROM orders;
```

orderid	userid	orderdate	totalprice	status
20130411	u0001	2020-04-11 15:07:34	500.00	0
20130412	u0002	2020-05-09 15:08:11	305.60	0
20130413	u0003	2020-06-15 15:09:00	212.40	0
20130414	u0003	2020-07-16 15:09:30	120.45	1
20130415	u0004	2020-04-02 15:10:05	120.30	0

图 8-17　删除用户“u0002”之前的 orders 表数据

- 将 account 表中的用户“u0002”删除。

```
DELETE FROM account WHERE userid = 'u0002';
```

- 查看删除用户“u0002”之后 orders 表中的数据，如图 8-18 所示。

```
SELECT * FROM orders;
```

从图中可以看到 orders 表中与用户“u0002”有关的数据已全部删除。

```
+----------+--------+---------------------+------------+--------+
| orderid  | userid | orderdate           | totalprice | status |
+----------+--------+---------------------+------------+--------+
| 20130411 | u0001  | 2020-04-11 15:07:34 | 500.00     |      0 |
| 20130413 | u0003  | 2020-06-15 15:09:00 | 212.40     |      0 |
| 20130414 | u0003  | 2020-07-16 15:09:30 | 120.45     |      1 |
| 20130415 | u0004  | 2020-04-02 15:10:05 | 120.30     |      0 |
+----------+--------+---------------------+------------+--------+
```

图 8-18 删除用户“u0002”之后 orders 表中的数据

（2）创建触发器 ord_upd，实现以下功能：当向 lineitem 表中插入一行数据时，根据订单号对 orders 表的订单总价进行修改，将新插入的商品的金额加入订单总价中。

① 创建触发器 ord_upd。

```
DELIMITER $$
CREATE TRIGGER ord_upd  AFTER INSERT
   ON lineitem FOR EACH ROW
BEGIN
   DECLARE tp decimal(10,2);
   DECLARE id int(11) ;
   SELECT quantity * unitprice INTO tp FROM lineitem
      WHERE ordered = NEW.orderid and itemid = NEW.itemid;
   SELECT orderid INTO id FROM orders WHERE ordered = NEW.orderid;
IF id > 0 THEN
   UPDATE orders SET totalprice = totalprice + tp WHERE ordered = NEW.orderid;
END IF;
END$$
DELIMITER;
```

② 验证触发器的功能。

- 查看向 lineitem 表中插入数据之前的 orders 表数据，如图 8-19 所示。

```
SELECT * FROM orders;
```

```
+----------+--------+---------------------+------------+--------+
| orderid  | userid | orderdate           | totalprice | status |
+----------+--------+---------------------+------------+--------+
| 20130413 | u0003  | 2020-06-15 15:09:00 | 212.40     |      0 |
| 20130414 | u0003  | 2020-07-16 15:09:30 | 120.45     |      1 |
| 20130415 | u0004  | 2020-04-02 15:10:05 | 120.30     |      0 |
| 20130411 | u0001  | 2020-04-11 15:07:34 | 700.00     |      0 |
+----------+--------+---------------------+------------+--------+
```

图 8-19 向 lineitem 表中插入数据之前的 orders 表数据

- 向 lineitem 表中插入一行数据。

```
INSERT INTO lineitem ( orderid ,itemid ,quantity ,unitprice)
   VALUES ( 20130414, 'FL-DSH-01', 2, 80);
```

- 查看向 lineitem 表中插入数据之后的 orders 表数据，如图 8-20 所示。

```
SELECT * FROM orders;
```

```
+----------+--------+---------------------+------------+--------+
| orderid  | userid | orderdate           | totalprice | status |
+----------+--------+---------------------+------------+--------+
| 20130413 | u0003  | 2020-06-15 15:09:00 | 212.40     |      0 |
| 20130414 | u0003  | 2020-07-16 15:09:30 | 280.45     |      1 |
| 20130415 | u0004  | 2020-04-02 15:10:05 | 120.30     |      0 |
| 20130411 | u0001  | 2020-04-11 15:07:34 | 700.00     |      0 |
+----------+--------+---------------------+------------+--------+
```

图 8-20 向 lineitem 表中插入数据之后的 orders 表数据

注意　**框内数据发生变化，插入记录之后，totalprice=120.45+2×80=280.45。**

（3）创建一个触发器，当修改 product 表中商品的市场价格（listprice）时，触发器将修改 lineitem 表中对应商品的当前价格。

① 创建触发器 item_upd。

```
DELIMITER $$
CREATE TRIGGER item_upd  AFTER UPDATE
   ON product FOR EACH ROW
BEGIN
   DECLARE lp decimal(10,2);
SELECT listprice INTO lp FROM product
WHERE productid = OLD.productid ;
UPDATE lineitem SET unitprice = lp WHERE itemid = OLD.productid;
END$$
DELIMITER ;
```

② 验证触发器的功能。

- 查看修改 product 表数据之前的 lineitem 表数据，如图 8-21 所示。

```
SELECT * FROM lineitem;
```

orderid	itemid	quantity	unitprice
20130411	FI-SW-01	10	18.50
20130411	FI-SW-02	12	16.50
20130412	K9-BD-01	2	120.00
20130412	K9-PO-02	1	220.00
20130413	K9-DL-01	1	130.00
20130414	FL-DSH-01	2	80.00
20130414	RP-SN-01	2	125.00
20130415	AV-SB-02	2	50.00

图 8-21　修改 product 表数据之前的 lineitem 表数据

- 将 product 表中商品号（productid）为“K9-DL-01”的商品的市场价格改为 250 元。

```
UPDATE product SET listprice = 250.00 WHERE productid = 'K9-DL-01';
```

- 查看修改 product 表数据之后的 lineitem 表数据，结果如图 8-22 所示。

```
SELECT * FROM lineitem;
```

注意　**框内的数据由修改前的 130.00 变为 250.00。**

orderid	itemid	quantity	unitprice
20130411	FI-SW-01	10	18.50
20130411	FI-SW-02	12	16.50
20130412	K9-BD-01	2	120.00
20130412	K9-PO-02	1	220.00
20130413	K9-DL-01	1	250.00
20130414	FL-DSH-01	2	80.00
20130414	RP-SN-01	2	125.00
20130415	AV-SB-02	2	50.00

图 8-22　修改 product 表数据之后的 lineitem 表数据

4. 事件

创建一个事件，每隔1分钟将表product中的金鱼的数量加1，该事件开始于当前时间。

（1）创建事件event_update。

```
CREATE EVENT event_update ON SCHEDULE EVERY 1 MINUTE
   STARTS CURDATE() + INTERVAL 1 MINUTE
DO
   UPDATE product set qty = qty + 1 where name = '金鱼';
```

（2）验证事件触发的功能。

图8-23中显示了事件event_update每分钟触发一次，product表中的金鱼的数量qty每分钟加1。

```
mysql> select now() ,qty from product where name='金鱼';
+---------------------+-----+
| now()               | qty |
+---------------------+-----+
| 2020-10-20 11:25:53 | 101 |
+---------------------+-----+
1 row in set (0.07 sec)

mysql> select now() ,qty from product where name='金鱼';
+---------------------+-----+
| now()               | qty |
+---------------------+-----+
| 2020-10-20 11:26:06 | 102 |
+---------------------+-----+
1 row in set (0.07 sec)
```

图8-23　事件event_update每分钟触发一次

【综合实训】LibraryDB数据库编程

一、实训目的

（1）掌握存储过程的功能与作用，并学会其使用方法。

（2）掌握存储函数的功能与作用，并学会其使用方法。

（3）掌握触发器的功能与作用，并学会其使用方法。

（4）掌握事件的功能与作用，并学会其使用方法。

二、实训内容

1. 存储过程

（1）创建存储过程，给定书号，到库存表中统计其数量，并用此数量修改图书表中该书的数量。调用该存储过程，修改书号为“A0120”的图书的数量。

（2）创建存储过程，按读者编号，逐条检查借阅表中该读者的借阅情况：还书日期为空记录，借阅天数=系统日期-借阅日期，如果借阅天数<15天，则输出“正常”；15天≤借阅天数≤30天，则输出“通知还书”；借阅天数>30天，则输出“逾期”。调用该存储过程，查看读者编号为“0001”的读者的借阅情况。

2. 存储函数

（1）创建一个存储函数，返回图书表中所有图书的金额总和。

（2）创建一个存储函数，给定读者姓名，判断其类别，若是学生，则返回其可借天数，若不是则返回“-1”。

3. 触发器

（1）创建触发器，在读者表中删除某读者的记录的同时将借阅表中与该读者有关的借阅数据全部删除。

（2）创建触发器，当向借阅表中插入一行数据时，将库存表中该条码的图书的库存状态改为“借出”。

（3）创建触发器，若修改借阅表中借阅状态为“已还”，则同时修改库存表中的库存状态为“在馆”。

4. 事件

（1）创建一个事件，每隔 1 分钟将图书表中《MySQL 数据库》的数量加 1 本，该事件开始于系统当前时间。

（2）通过查询《MySQL 数据库》的数量检验事件的触发结果。

（3）临时关闭该事件。

单元小结

- 为了方便用户编程，MySQL 增加了一些语言元素，这些语言元素不是为标准 SQL 所包含的内容，包括常量、变量、运算符、函数及流程控制语句等。
- 过程式对象是由 SQL 和过程式语句组成的代码片段，是存放在数据库中的一段程序。MySQL 过程式对象有存储过程、存储函数、触发器和事件。
- 存储过程是存放在数据库中的一段程序。存储过程可以由程序、触发器或另一个存储过程用 CALL 语句调用。
- 存储函数与存储过程很相似，但存储函数一经定义，只能像系统函数一样被直接引用，而不能用 CALL 语句来调用。
- 触发器虽然也是存放在数据库中的一段程序，但触发器不需要调用，当有操作影响到触发器保护的数据时，触发器会自动启动来保护表中的数据，以保证数据库中数据的完整性。

理论练习

一、选择题

1. 当数据库表被修改时，能自动执行的数据库对象是（　　）。

A. 存储过程　　B. 触发器

C. 视图　　D. 其他数据库对象

2. 触发器主要针对（　　）语句创建。

A. SELECT、INSERT、DELETE　　B. INSERT、UPDATE、DELETE

C. SELECT、UPDATE、INSERT　　D. INSERT、UPDATE、CREATE

3. 在 WHILE 循环语句中，如果循环体语句条数多于一条，必须使用（　　）。

A. BEGIN…END　B. CASE…END　C. IF…THEN　D. GOTO

4. 下列（　　）语句用于删除存储过程。

A. CREATE PROCEDURE　　B. CREATE TABLE

C. DROP PROCEDURE　　D. 其他

5. 在 MySQL 中已定义存储过程 AB，带有一个参数@stname varchar(20)，正确的执行方法为（　　）。

A. EXEC AB ?吴小雨　　B. SELECT AB(吴小雨)
C. CALL AB ('吴小雨')　　D. 前面 3 种都可以

6. 为了使用输出参数，需要在 CREATE PROCEDURE 语句中指定关键字（　　）。
A. IN　　B. OUT　　C. CHECK　　D. DEFAULT

7. 如果要从数据库中删除触发器，应该使用的 SQL 语句为（　　）。
A. DELETE TRIGGER　　B. DROP TRIGGER
C. REMOVE TRIGGER　　D. DISABLE TRIGGER

8. 已知员工和员工亲属两个关系，当员工调出时，应该从员工关系中删除该员工的元组，同时在员工亲属关系中删除对应的亲属元组。可使用哪种触发器实现？（　　）
A. INSTEAD OF DELETE　　B. INSTEAD OF DROP
C. AFTER DELETE　　D. AFTER UPDATE

9. MySQL 中用于求当前日期的函数是（　　）。
A. YEAR　　B. CURDATE　　C. COUNT　　D.SUM

10. MySQL 调用存储过程时，需要（　　）调用该存储过程。
A. 直接使用存储过程的名字　　B. 在存储过程前加 CALL 关键字
C. 在存储过程前加 EXEC 关键字　　D. 在存储过程前加 USE 关键字

二、分析应用题

在网络强国和数字中国战略的指引下，我国紧抓数字文明新机遇，新型基础设施建设成效显著，关键核心技术不断创新，信息技术融合应用加速落地，网络安全保障能力持续提升，国际交流合作不断拓展，网络治理体系建设获得丰硕成果。总体来看，我国互联网行业蓬勃发展，持续创新和规范运营正在成为行业发展追求的目标，我国互联网朝着健康、规范、可持续的方向发展。表 8-2 中的数据来源于中国互联网络信息中心（China Internet Network Information Center，CNNIC）发布的近两年我国互联网发展主要成果数据，请编写一个存储过程，采用游标，逐条计算各项指标的年增长量和年增长率。

表 8-2　2021 年～2022 年中国互联网发展成果对比

分项指标	2021 年	2022 年	年增长量	年增长率
5G 基站（万）	142.5	231.2		
数据中心机架（万）	520	650		
数字经济总量（万亿元）	45.5	50.2		
云计算产业规模（亿元）	3229	4550		
人工智能产业规模（亿元）	4041	5080		

【实战演练】SchoolDB 数据库编程

1. 变量 x=12.54，y=-10.63456，请用 MySQL 函数完成以下计算。
（1）求 x 和 y 的最大整数值和四舍五入后的整数值。
（2）求 y 分别保留 2 位小数和 4 位小数的值。

2. 设有字符串 s1='ABCDEFG'，s2='yxz'，请用 MySQL 函数完成以下运算。
（1）返回 s1 最左边的 3 个字符和最右边的 3 个字符。

（2）分别删除字符串 s2 的首部空格、尾部空格、所有空格。

（3）返回字符串 s1 从第 3 个字符开始的 4 个字符。

（4）比较 s1 和 s2 两个字符串。

3．显示当前日期、当前时间、当前年，以及当前日期减 10 天的日期。

4．存储过程。

（1）创建存储过程 show_jj，根据当前系统时间判断季节，1～3 月为“春季”，4～6 月为“夏季”，7～9 月为“秋季”，10～12 月为“冬季”，并将结果存入变量 season 中。调用该存储过程，显示结果。

（2）创建存储过程 sum_n，输入整数 n，求 $1+2+\cdots+n$，并将结果存入变量 rs 中。调用该存储过程，分别求 n=10、n=100 的结果。

（3）创建存储过程 kc_xg，使用游标逐条修改 course 表中指定学期的每门课程的学时（加 5 学时），但要保证每门课的学时不超过 65 学时，超过的按 65 学时算。调用该存储过程，修改第 2 学期的课程的学时。

5．创建一个存储函数 F_kc，给定课程号，返回 course 表中该课程的课程名称。调用该函数，显示“11003”课程的课程名称。

6．创建触发器。

（1）创建触发器，在 course 表中删除课程信息的同时将 score 表中与该课程有关的记录全部删除。

（2）创建触发器，当向 student 表中插入一行数据时，将 class 表中对应的班级的人数加 1。

（3）创建触发器，当将 student 表中学生的民族改为少数民族时，score 表中该学生的所有成绩加 1 分。

7．创建事件。

（1）创建一个事件 event_up，每隔 1 分钟将表 course 中“11003”课程的学分加 1 分。

（2）查看事件调度器，并开启事件调度器。

（3）删除事件 event_up。

单元9 数据安全

09

问题引入

对任何企业而言，数据库系统中存储的数据的安全性都是至关重要的，特别是对于高新技术企业，核心技术参数和商业数据直接关系到公司的生存和发展。数据库中的数据是由多用户共享的，我们可以想象一下，如果全班同学的所有成绩都存放在一个学生成绩表中，怎么保证每个同学只能看到自己的成绩而不能修改分数，怎么保证英语老师只能修改英语成绩而不能修改数据库基础课程的成绩呢？MySQL 提供了有效的数据访问、多用户数据共享、数据备份与恢复等数据安全机制。本单元将从用户和权限管理入手探讨如何保证数据库中数据的安全。

学习目标

- 知识点
  - 理解用户与权限管理机制。
  - 了解数据备份与恢复的常用方法。
  - 了解事务和多用户管理机制。
- 技能点
  - 能运用图形化管理工具和命令行方式创建和管理用户。
  - 能运用图形化管理工具和命令行方式授予和回收权限。
  - 能运用图形化管理工具完成数据的备份与恢复。
- 素养点
  - 加强数据安全法教育，提高学生的数据安全意识。
  - 加强科技自立自强教育，激发学生的创新创造活力。

思维导图

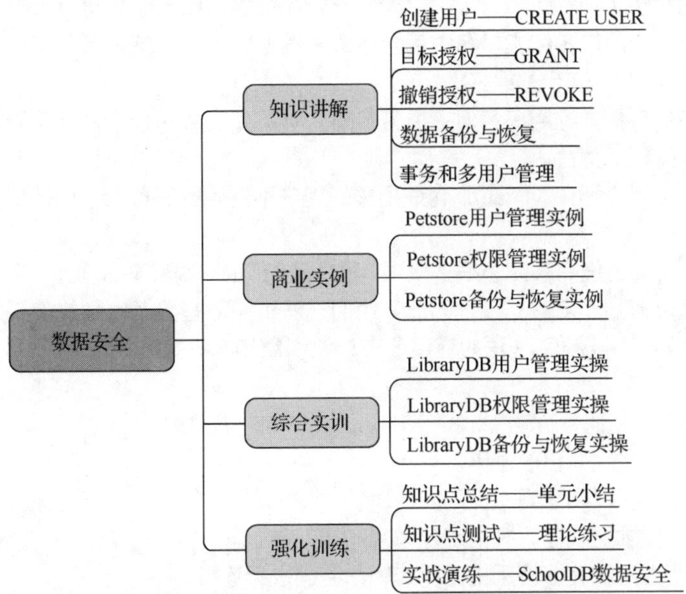

相关知识

9.1 用户和数据权限管理

用户要访问 MySQL 数据库，必须先拥有登录 MySQL 服务器的用户名和密码。登录服务器后，MySQL 允许用户在其权限内使用数据库资源。MySQL 的安全系统很灵活，它允许用户以多种不同的方式创建和设置权限。MySQL 的用户信息存储在 MySQL 自带的 MySQL 数据库的 user 表中。

v9-1 添加用户

9.1.1 添加和删除用户

1. 添加用户

使用 CREATE USER 语句可以添加一个或多个用户，该语句有很多设置，下面从最简单的开始介绍。最基本的语法格式如下。

```
CREATE USER 用户名 [IDENTIFIED BY '密码']
```

语法说明如下。

- *用户名*：格式为 user_name@host_name。其中 user_name 为用户名，host_name 为主机名。主机名部分如果省略，则默认为“%”。
- *密码*：使用 IDENTIFIED BY 子句可以为用户设定一个密码。

CREATE USER 语句用于创建新的 MySQL 用户。使用 CREATE USER 语句会在系统自带的 MySQL 数据库的 user 表中添加一条新记录。要使用 CREATE USER 语句，必须拥有 MySQL 数据库的全局 CREATE USER 权限。如果用户已经存在，则会出现错误。

【例 9-1】添加一个新的用户“usr1”，密码为“123456”。

```
CREATE USER usr1@localhost IDENTIFIED BY '123456';
```

用户名的后面声明了“localhost” 关键字。这个关键字指定创建用户所使用的 MySQL 服务器来自主机。如果一个用户名和主机名中包含特殊符号（如“_”）或通配符（如“%”），则需要用单引号将其引起来。“%”表示一组主机。

如果两个用户具有相同的用户名但主机名不同，MySQL 会将它们视为不同的用户，允许为这两个用户分配不同的权限集合。

如果没有输入密码，那么 MySQL 允许相关的用户不使用密码登录。但是从安全的角度来看并不推荐这种做法。

刚创建的用户可能还没有被赋予很多权限，虽然他们可以登录 MySQL，但不能使用 USE 语句将任何现有数据库设置为当前数据库，因此，他们无法访问那些数据库中的表，只允许做不需要特殊权限的操作。例如，用 SHOW 语句查询所有存储引擎和字符集的列表。

2. 密码管理

MySQL 支持以下密码管理功能。

- 密码过期，要求定期更改密码。
- 密码重用限制，以防止再次使用旧密码。
- 密码验证，要求更改密码并指定要替换的当前密码。
- 双密码，使客户端能够使用主密码或辅助密码进行连接。
- 密码强度评估，要求使用强密码。
- 随机密码生成，作为手动指定管理员密码的替代方法。
- 密码失败跟踪，启用临时用户锁定后，连续输入多次错误的密码将导致登录失败。

使用 CREATE USER 语句时，可以定义用户的密码管理机制，语法格式如下。

```
CREATE USER 用户名 [IDENTIFIED BY '密码'] [密码选项]
```

其中*密码选项*如下。

```
PASSWORD EXPIRE [DEFAULT | NEVER | INTERVAL n DAY]
| PASSWORD HISTORY {DEFAULT |n}
| PASSWORD REUSE INTERVAL {DEFAULT | n DAY}
| PASSWORD REQUIRE CURRENT [DEFAULT | OPTIONAL]
| FAILED_LOGIN_ATTEMPTS n
| PASSWORD_LOCK_TIME {n | UNBOUNDED}
```

下面通过一些实例来说明常用的密码管理机制。

【例 9-2】创建一个用户“usr2”，初始密码为“123”。将密码标记为过期，使用户在第一次连接到服务器时必须设置一个新密码。

```
CREATE USER usr2@localhost IDENTIFIED BY '123' PASSWORD EXPIRE;
```

【例 9-3】创建一个用户“usr3”，给定的初始密码为“123”。要求每 180 天设置一个新密码，并启用密码失败跟踪，这样连续输入 3 次不正确的密码就会导致临时用户被锁定两天。

```
CREATE USER usr3@localhost IDENTIFIED BY '123'
PASSWORD EXPIRE INTERVAL 180 DAY
FAILED_LOGIN_ATTEMPTS 3 PASSWORD_LOCK_TIME 2;
```

要修改某个用户的登录密码，可以使用 SET PASSWORD 语句。

语法格式如下。

```
SET  PASSWORD [FOR 用户名]= '新密码'
```

语法说明如下。

- 不加 FOR *用户名* 表示修改当前用户的密码；加了 FOR *用户名* 表示修改当前主机上特定用户的密码。
- *用户名* 的值必须以 user_name@host_name 的格式给定。

【例 9-4】将用户“usr1”的密码修改为“queen”。

```
SET PASSWORD FOR usr1@localhost = 'queen';
```

3．删除用户

DROP USER 语句用于删除一个或多个 MySQL 用户，并取消其权限。

语法格式如下。

```
DROP USER 用户名1 [,用户名2] …
```

语法说明如下。

要使用 DROP USER 语句，必须拥有 MySQL 数据库的全局 CREATE USER 权限或 DELETE 权限。

【例 9-5】删除用户“usr1”。

```
DROP USER usr1@localhost;
```

注意 从 MySQL 8.0.22 开始，如果要删除的任何用户被命名为任何存储对象的 DEFINER 属性，DROP USER 的执行将失败并返回错误；也就是说，如果删除用户会导致存储对象成为孤立对象，则该语句的执行将失败。

4．修改用户名

使用 RENAME USER 语句可以修改一个已经存在的 MySQL 用户的名字。

语法格式如下。

```
RENAME USER 旧用户名 TO 新用户名 [,…]
```

语法说明如下。

旧用户名 为已经存在的 MySQL 用户的名字。*新用户名* 为新的 MySQL 用户名。

要使用 RENAME USER 语句，必须拥有 MySQL 数据库的全局 CREATE USER 权限或 UPDATE 权限。如果旧用户不存在或者新用户名已存在，则会出现错误。

RENAME USER 语句用于对原有的 MySQL 用户进行重命名，可以一次给多个用户更名。

【例 9-6】将用户“usr2”“usr3”的名字分别修改为“user1”“user2”。

```
RENAME USER
    usr2@localhost TO user1@localhost,
    usr3@localhost TO user2@localhost;
```

9.1.2 权限分类

新的用户不能访问属于其他用户的表，也不能立即创建自己的表，新用户必须被授权。可以授予的权限有以下几组。

v9-2 权限分类

（1）列权限：和表中的一个具体列相关。例如，使用 UPDATE 语句更新表 book 中“图书编号”列的值的权限。

（2）表权限：和一个具体表中的所有数据相关。例如，使用 SELECT 语句查询表 book 的所有数据的权限。

（3）数据库权限：和一个具体的数据库中的所有表相关。例如，在已有的 Bookstore 数据库中创建新表的权限。

（4）用户权限：和 MySQL 所有数据库相关。例如，删除已有的数据库或者创建一个新的数据库的权限。

v9-3 授予权限

1. 授予权限

给某用户授予权限可以使用 GRANT 语句。使用 SHOW GRANTS 语句可以查看当前用户拥有什么权限。

语法格式如下。

```
GRANT  权限1[(列名列表1)] [,权限2 [(列名列表2)]] …
ON [目标] {表名 | * | *.* | 库名.*}
TO 用户1 [IDENTIFIED BY [PASSWORD] '密码1']
   [,用户2 [IDENTIFIED BY [PASSWORD] '密码2']] …
[WITH 权限限制1 [权限限制2] …]
```

语法说明如下。

- ***权限*** 为权限的名称，如 SELECT、UPDATE 等，给不同的对象授予的***权限***的值也不相同。
- ON 关键字后面给出的是要授予权限的数据库名或表名。***目标***可以是 TABLE、FUNCTION 或 PROCEDURE。
- TO 子句用来设定用户和密码。
- WITH ***权限限制***将在后面单独讨论。

GRANT 语句功能强大，下面进行介绍。

（1）授予表权限。

授予表权限时，***权限***可以是以下值。

- SELECT：授予用户使用 SELECT 语句访问特定表的权限。用户也可以在视图定义中包含该表，但用户必须对视图定义中指定的每个表（或视图）都具有 SELECT 权限。
- INSERT：授予用户使用 INSERT 语句向一个特定表中添加行的权限。
- DELETE：授予用户使用 DELETE 语句从一个特定表中删除行的权限。
- UPDATE：授予用户使用 UPDATE 语句修改特定表中值的权限。
- REFERENCES：授予用户创建一个外键来参照特定表的权限。
- CREATE：授予用户使用特定的名字创建一个表的权限。
- ALTER：授予用户使用 ALTER TABLE 语句修改表的权限。
- INDEX：授予用户在表上定义索引的权限。
- DROP：授予用户删除表的权限。
- ALL 或 ALL PRIVILEGES：授予用户以上所有权限。

在授予表权限时，ON 关键字后面跟表名或视图名。

【例 9-7】授予用户 user1 在 book 表上的 SELECT 权限。

```
USE Bookstore;
GRANT SELECT
   ON book
      TO user1@localhost;
```

这里假设是在 root 用户中输入了这些语句，这样用户 user1 就可以使用 SELECT 语句来查询 book 表，而不用管是谁创建的这个表。

（2）授予列权限。

对于列权限，***权限***的值只能取 SELECT、INSERT 和 UPDATE。权限后面需要加上***列名列表***。

【例 9-8】授予用户 user1 在 book 表的“图书编号”列和“书名”列上的 UPDATE 权限。

```
USE Bookstore;
GRANT UPDATE(图书编号, 书名)
ON  book
   TO  user1@localhost;
```

验证：以 user1 登录。

```
USE Bookstore;
UPDATE Book SET 书名 = '计算机应用基础Ⅱ'
   WHERE 图书编号 = 'TP.2462';
```

执行结果为修改成功。

验证：以 user1 登录。

```
UPDATE Book SET 出版社 = '中国青年出版社'
   WHERE 图书编号 = 'TP.2462';
```

执行结果为没有权限修改。

（3）授予数据库权限。

表权限适用于一个特定的表，MySQL 还提供针对整个数据库的权限。例如，在一个特定的数据库中创建表和视图的权限。授予数据库权限时，***权限***可以是以下值。

- SELECT：授予用户使用 SELECT 语句访问特定数据库中所有表和视图的权限。
- INSERT：授予用户使用 INSERT 语句向特定数据库中所有表添加行的权限。
- DELETE：授予用户使用 DELETE 语句删除特定数据库中所有表的行的权限。
- UPDATE：授予用户使用 UPDATE 语句更新特定数据库中所有表的值的权限。
- REFERENCES：授予用户创建指向特定数据库中的表的外键的权限。
- CREATE：授予用户使用 CREATE TABLE 语句在特定数据库中创建新表的权限。
- ALTER：授予用户使用 ALTER TABLE 语句修改特定数据库中所有表的权限。
- INDEX：授予用户在特定数据库中的所有表上定义和删除索引的权限。
- DROP：授予用户删除特定数据库中所有表和视图的权限。
- CREATE TEMPORARY TABLES：授予用户在特定数据库中创建临时表的权限。
- CREATE VIEW：授予用户在特定数据库中创建新视图的权限。
- SHOW VIEW：授予用户查看特定数据库中已有视图的视图定义的权限。
- CREATE ROUTINE：授予用户为特定的数据库创建存储过程和存储函数的权限。
- ALTER ROUTINE：授予用户更新和删除数据库中已有的存储过程和存储函数的权限。
- EXECUTE ROUTINE：授予用户调用特定数据库的存储过程和存储函数的权限。
- LOCK TABLES：授予用户锁定特定数据库的已有表的权限。
- ALL 或 ALL PRIVILEGES：授予用户以上所有权限。

在 GRANT 语法格式中，授予数据库权限时，ON 关键字后面可以接“*”或“***库名***.*”，“*”表示针对当前数据库中的所有表；“***库名***.*”表示针对某个数据库中的所有表。

【例 9-9】授予 user1 对 Bookstore 数据库中的所有表的 SELECT 权限。

```
GRANT SELECT
   ON  Bookstore.*
      TO  user1@localhost;
```

这个权限适用于该数据库中所有已有的表，以及此后添加到 Bookstore 数据库中的任何表。

【例 9-10】授予 user1 在 Bookstore 数据库中所有的数据库权限。

```
USE Bookstore;
GRANT  ALL
   ON  *
      TO user1@localhost;
```

和表权限类似，用户被授予一项数据库权限不意味着拥有另一项权限。即使用户被授予创建新表和视图的权限，用户也不能访问它们，要访问它们，还需要单独被授予 SELECT 权限或更多权限。

（4）授予用户权限。

最有效率的权限就是用户权限，授予数据库权限的所有语句也可以定义在用户权限上。例如，为用户授予 CREATE 权限，这个用户既可以创建一个新的数据库，也可以在所有的数据库（而不是特定的数据库）中创建新表。

授予用户权限时，***权限***还可以是以下值。

- CREATE USER：授予用户创建和删除用户的权限。
- SHOW DATABASES：授予用户使用 SHOW DATABASES 语句查看所有已有的数据库的定义的权限。

在 GRANT 语法格式中，授予用户权限时，ON 子句中使用“*.*”，表示针对所有数据库的所有表。

【例 9-11】授予 user2 对所有数据库中的所有表的 CREATE、ALTER、DROP 权限。

```
GRANT  CREATE ,ALTER ,DROP
   ON  *.*
      TO  user2@localhost;
```

除管理员外，其他用户也可以被授予创建新用户的权限。

【例 9-12】授予 user2 创建新用户的权限。

```
GRANT  CREATE  USER
   ON  *.*
      TO  user2@localhost;
```

2. 权限的转移

GRANT 语句的最后可以使用 WITH 子句，如果指定***权限限制***为 GRANT OPTION，则 TO 子句中指定的所有用户都有把自己所拥有的权限授予其他用户的权限，而不管其他用户是否拥有该权限。

【例 9-13】授予 user2 在 book 表上的 SELECT 权限，并允许其将该权限授予其他用户。

首先，在 root 用户下授予 user2 用户在 sell 表上的 SELECT 权限。

```
GRANT SELECT
   ON  Bookstore.sell
   TO  user2@localhost
   WITH GRANT OPTION;
```

接着，以用户 user2 的身份登录 MySQL，登录后，因在例 9-12 中授予了 user2 创建新用户的权限，所以此处可以创建 user3 用户，并将查询 sell 表的这个权限传递给 user3。

```
CREATE USER user3@localhost IDENTIFIED BY '123456';
GRANT SELECT
   ON  Bookstore.sell
      TO user3@localhost;
```

3. 回收权限

要回收一个用户的权限，但不从 USER 表中删除该用户，可以使用 REVOKE 语句，这条语句和 GRANT 语句格式相似，但具有相反的效果。要使用 REVOKE 语句，用户必须拥有 MySQL 数据库的全局 CREATE USER 权限或 UPDATE 权限。

语法格式如下。

```
REVOKE  权限1[(列名列表1)] [,权限2 [(列名列表2)]] …
ON  {表名 | * | *.* | 库名.*}
FROM 用户1  [,用户2 ]…
```

或如下。

```
REVOKE ALL PRIVILEGES, GRANT OPTION FROM 用户1 [,用户2 ]…
```

第一种格式用来回收某些特定的权限，第二种格式用来回收该用户的所有权限。

REVOKE 语句的其他语法含义与 GRANT 语句相同。

【例 9-14】回收用户 user2 在 sell 表上的 SELECT 权限。

```
REVOKE  SELECT
    ON  Bookstore.sell
        FROM  user2@localhost;
```

【例 9-15】回收用户 user2 的所有权限。

```
REVOKE ALL PRIVILEGES, GRANT OPTION
        FROM  user2@localhost;
```

使用上面的语句可以回收 user2 用户的所有全局、数据库、表、列、程序的权限，但不从 mysql.user 系统表中删除该用户的记录。要完全删除用户，可以使用 DROP USER 语句。

9.1.3 使用图形化管理工具管理用户与权限

除了命令行方式，也可以通过图形化管理工具来管理用户与权限，下面以图形化管理工具 Navicat for MySQL 为例说明管理用户与权限的具体步骤。

1. 添加和删除用户

打开 Navicat for MySQL，以 root 用户建立连接（方法参见 3.4.1 小节），连接后出现图 3-15 所示的窗口。单击“用户”按钮，进入图 9-1 所示的用户管理操作界面。

（1）新建用户

单击“新建用户”按钮，在图 9-2 所示的新建用户界面中填写用户名、主机和密码，单击“保存”按钮，即可完成新用户的创建。

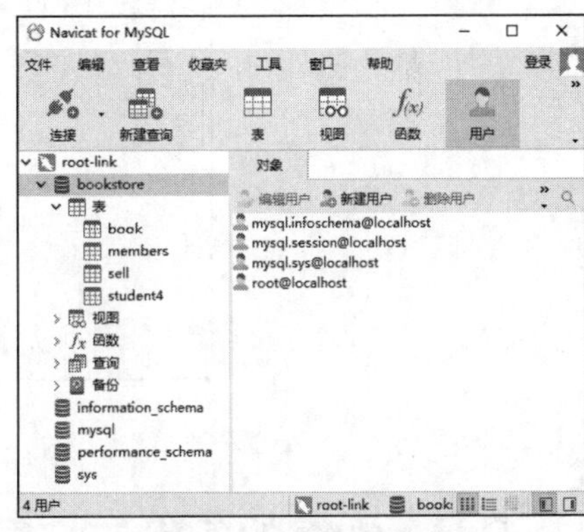

图 9-1 用户管理操作界面

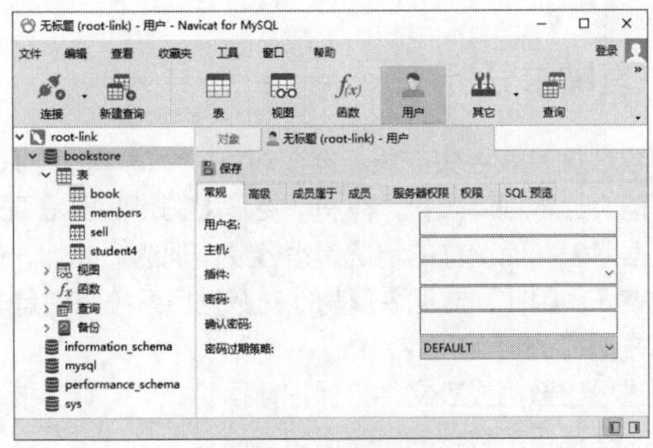

图 9-2 新建用户界面

（2）管理用户

在图 9-1 所示的用户管理操作界面右侧的用户列表中选择需要操作的用户，单击窗格工具栏中的“编辑用户”“删除用户”按钮，可分别进行用户的编辑和删除操作。编辑用户界面如图 9-3 所示。

2. 权限设置

单击图 9-3 右侧窗格中的“服务器权限”或“权限”选项卡，即可对该用户进行权限设置，如图 9-4 所示。

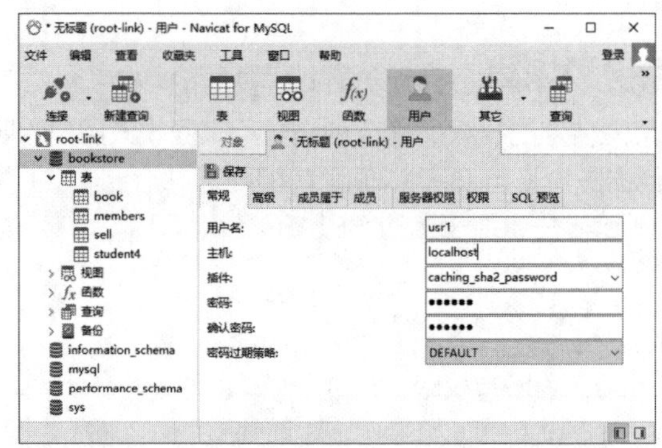

图 9-3　编辑用户界面

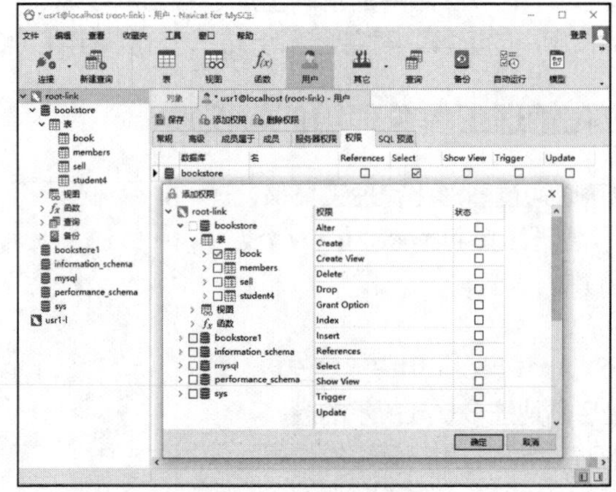

图 9-4　权限设置界面

9.2 数据的备份与恢复

9.2.1 备份和恢复需求分析

有多种因素可能会导致数据库表丢失或服务器崩溃，一个简单的 DROP TABLE 或 DROP DATABASE 语句，就可能会让数据库表化为乌有。更危险的是 DELETE * FROM table_name 语句，其可以轻易清空数据库表，而这样的情况是很容易出现的。此外，病毒、人为破坏、自然灾害等也都有可能造成数据破坏。因此，数据恢复功能对数据库系统来说是非常重要的。MySQL 有下述 3 种保证数据安全的方法。

（1）数据库备份：通过导出数据或表文件来保护数据。

（2）二进制日志文件：保存更新数据的所有语句。

（3）数据库复制：MySQL 的内部复制功能建立在两个或两个以上的服务器之间，通过设定它们之间的主从关系实现，其中一个作为主服务器，其他的作为从服务器。

数据库恢复就是当数据库出现故障时，将备份的数据库加载到系统，使数据库恢复到备份时的正确状态。

恢复是与备份相对应的系统维护和管理操作，系统进行恢复操作时，先执行一些系统安全性的检查，包括检查所要恢复的数据库是否存在、数据库是否发生变化及数据库文件是否兼容等，然后根据所采用的数据库备份类型采取相应的恢复措施。

9.2.2 数据库备份和恢复

1. 使用 SQL 语句备份和恢复表数据

用户可以使用 SELECT … INTO OUTFILE 语句把表数据导出到一个文本文件中，并用 LOAD DATA INFILE 语句恢复数据。但是这种方法只能导出或导入数据，而不能导出或导入表的结构，如果表的结构损坏，则必须先恢复原来表的结构。

语法格式如下。

```
SELECT * FROM 表名 INTO OUTFILE '文件名' 输出选项
        | DUMPFILE '文件名'
```

其中，***输出选项***如下。

```
[FIELDS
        [TERMINATED BY 'string']
        [[OPTIONALLY] ENCLOSED BY 'char']
        [ESCAPED BY 'char' ]
]
[LINES  TERMINATED BY 'string' ]
```

语法说明如下。

（1）使用 OUTFILE 关键字时，可以在***输出选项***中加入以下两个自选子句，它们的作用是决定数据行在文件中存放的格式。

- FIELDS 子句：在 FIELDS 子句中有 TERMINATED BY、[OPTIONALLY] ENCLOSED BY 和 ESCAPED BY 3 个亚子句，如果指定了 FIELDS 子句，则这 3 个亚子句中至少要指定一个。TERMINATED BY 亚子句用来指定字段值之间的符号，例如，“TERMINATED BY ','” 指定了逗号作为两个字段值之间的标识。ENCLOSED BY 亚子句用来指定标注文件中的字符值的符号，例如，“ENCLOSED BY '"'” 表示文件中的字符值放在双引号之间，若加上 OPTIONALLY 关键字，则表示所有值都放在双引号之间。ESCAPED BY 亚子句用来指定转义字符，例如，“ESCAPED BY '*'” 将“*”指定为转义字符，以取代默认的“\”，因此空格将表示为“*N”。
- LINES 子句：在 LINES 子句中使用 TERMINATED BY 指定一行结束的标识，如“LINES TERMINATED BY '?'” 表示一行以“?”作为结束标识。

（2）如果 FIELDS 和 LINES 子句都不指定，则默认声明以下子句。

```
FIELDS TERMINATED BY '\t' ENCLOSED BY '' ESCAPED BY '\\'
LINES TERMINATED BY '\n'
```

如果使用 DUMPFILE 而不是使用 OUTFILE，导出的文件里的所有行都彼此紧挨着放置，值和行之间没有任何标记，形成一个很长的值。

SELECT … INTO OUTFILE 语句的作用是将表中 SELECT 语句选中的行写入一个文件中，文件名是文件的名称。文件默认在服务器主机上创建，并且文件名不能是已经存在的文件名（否则可能将原文件覆盖）。如果要将该文件写入一个特定的位置，则要在文件名前加上具体的路径。在文件中，数据行以一定的形式存放，空值用“\N”表示。

LOAD DATA INFILE 语句是 SELECT … INTO OUTFILE 语句的补充，该语句可以将一个文件中的数据导入数据库中。

语句格式如下。

```
LOAD DATA INFILE '文件名.txt'
INTO TABLE 表名
[FIELDS
    [TERMINATED BY 'string']
```

```
        [[OPTIONALLY] ENCLOSED BY 'char']
        [ESCAPED BY 'char' ]
    ]
    [LINES
        [STARTING BY 'string']
        [TERMINATED BY 'string']
    ]
```

语法说明如下。

- *文件名*：待载入的文件名，该文件中保存了待存入数据库的数据行。输入文件可以手动创建，也可以使用其他程序创建。载入文件时可以指定文件的绝对路径，如“D:/file/myfile.txt”，服务器会根据该路径搜索文件；若不指定路径，如“myfile.txt”，服务器会在默认数据库的数据库目录中读取文件。若文件为“./myfile.txt”，则服务器直接在数据目录下读取文件，即 MySQL 的 data 目录。出于安全考虑，当读取位于服务器中的文本文件时，文件必须位于数据库目录中，或者是全体可读的。

> **注意**　**这里使用正斜杠（/）指定 Windows 路径名称，而不是使用反斜杠。**

- *表名*：需要导入数据的表名，该表在数据库中必须存在，表结构必须与导入文件的数据行一致。
- FIELDS 子句：此处的 FIELDS 子句和 SELECT … INTO OUTFILE 语句的 FIELDS 子句类似，用于指定字段之间和数据行之间的符号。
- LINES 子句：TERMINATED BY 亚子句用来指定一行结束的标识；STARTING BY 亚子句则用来指定一个前缀，导入数据行时，忽略行中两个前缀之前的内容。如果某行不包括该前缀，则整行被跳过。

注意，MySQL 8.0 对通过文件导入与导出做了限制，默认不允许。执行 MySQL 命令“SHOW VARIABLES LIKE "secure_file_priv";”查看配置信息，如果 value 值为 NULL，则不允许通过文件导入与导出；如果有文件夹目录，则只允许修改目录下的文件（子目录也不行）；如果为空，则不限制目录。可使用如下语句修改 MySQL 配置文件 my.ini。

```
Secure-file-priv =''
```

修改完配置文件后，重启 MySQL，MySQL 将不限制目录。

【例 9-16】备份 Bookstore 数据库的 members 表中的数据到 D 盘下的 myfile1.txt 文件中，数据格式采用系统默认格式。

```
USE Bookstore;
SELECT * FROM  members
    INTO OUTFILE 'D:/myfile1.txt';
```

用写字板打开 D 盘下的 myfile1.txt 文件，数据如图 9-5 所示。

```
A0012   赵宏宇  男      080100  13601234123     2023-03-04 18:23:45
A3013   张凯    男      080100  13611320001     2023-01-15 09:12:23
B0022   王林    男      080100  12501234123     2023-01-12 08:12:30
B2023   李小冰  女      080100  13651111081     2023-01-18 08:57:18
C0132   张莉    女      123456  13822555432     2022-09-23 00:00:00
C0138   李华    女      123456  13822551234     2022-08-23 00:00:00
D1963   张三    男      222222  51985523        2022-01-23 08:15:45
```

图 9-5　采用默认数据格式导出的 members 表的数据

【例 9-17】备份 Bookstore 数据库的 members 表中的数据到 D 盘下的 myfile2.txt 文件中，要求字段值如果是字符就用双引号标注，字段值之间用逗号隔开，每行以“#”为结束标识。

```
USE Bookstore;
SELECT * FROM  members
    INTO OUTFILE 'D:/myfile2.txt'
        FIELDS  TERMINATED BY ','
            OPTIONALLY ENCLOSED BY '"'
        LINES TERMINATED BY '#';
```

导出成功后查看 D 盘下的 myfile2.txt 文件，如图 9-6 所示。

```
"A0012","赵宏宇","男","080100","13601234123","2023-03-04 18:23:45"#
"A3013","张凯","男","080100","13611320001","2023-01-15 09:12:23"#
"B0022","王林","男","080100","12501234123","2023-01-12 08:12:30"#
"B2023","李小冰","女","080100","13651111081","2023-01-18 08:57:18"#
"C0132","张莉","女","123456","13822555432","2022-09-23 00:00:00"#
"C0138","李华","女","123456","13822551234","2022-08-23 00:00:00"#
"D1963","张三","男","222222","51985523","2022-01-23 08:15:45"#
```

图 9-6　采用特定数据格式导出的 members 表的数据

【例 9-18】将 D 盘的 myfile1.txt 文件中的数据恢复到 Bookstore 数据库的 member_copy1 表中。

先创建 member_copy1 表的结构。

```
CREATE TABLE member_copy1 LIKE members;
```

然后使用 LOAD DATA 命令将 D 盘的 myfile1.txt 文件中的数据恢复到 Bookstore 数据库的 member_copy1 表中。

```
LOAD DATA INFILE 'D:/myfile1.txt'
    INTO TABLE member_copy1;
```

【例 9-19】将 D 盘的 myfile2.txt 文件中的数据恢复到 Bookstore 数据库的 member_copy2 表中。

在导入数据时，必须根据文件中数据行的格式指定对应的符号。例如，myfile2.txt 文件中字段值是以逗号隔开的，导入数据时一定要使用 TERMINATED BY ','子句指定逗号为字段值之间的分隔符，与 SELECT … INTO OUTFILE 语句相对应。

```
CREATE TABLE member_copy2 LIKE members;
LOAD DATA INFILE 'D:/myfile2.txt'
    INTO TABLE member_copy2
        FIELDS  TERMINATED BY ','
                OPTIONALLY ENCLOSED BY '"'
            LINES TERMINATED BY '#';
```

2. 使用图形化管理工具进行备份和恢复

除了命令行方式，用户还可以通过图形化管理工具来进行数据备份和恢复操作。本书主要介绍通过 Navicat for MySQL 进行数据备份和恢复的方法。

（1）数据备份

打开 Navicat for MySQL，以 root 用户建立连接（方法参见 3.4.1 小节），连接后出现图 3-15 所示的窗口。在“连接”窗格中单击要备份的数据库，单击“备份”按钮，进入图 9-7 所示的数据备份操作界面。

在工具栏中单击“新建备份”按钮，出现图 9-8 所示的“新建备份”窗口，在“对象选择”选项卡下选择需要备份的对象，在“高级”选项卡下可以设定备份名称，默认以备份建立的时间命名，设置完成后单击“备份”按钮，开始备份。

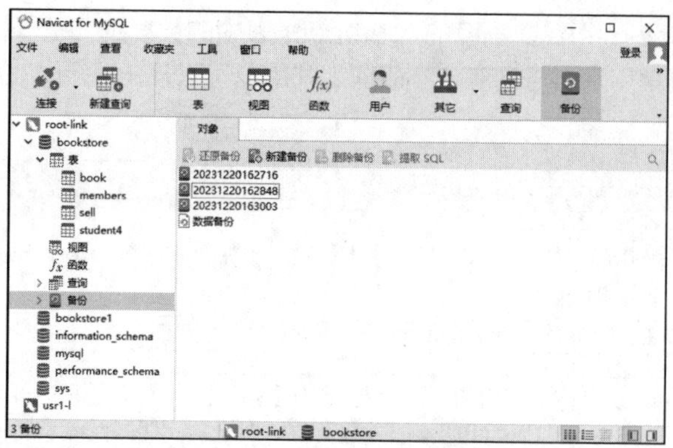

图 9-7　数据备份操作界面

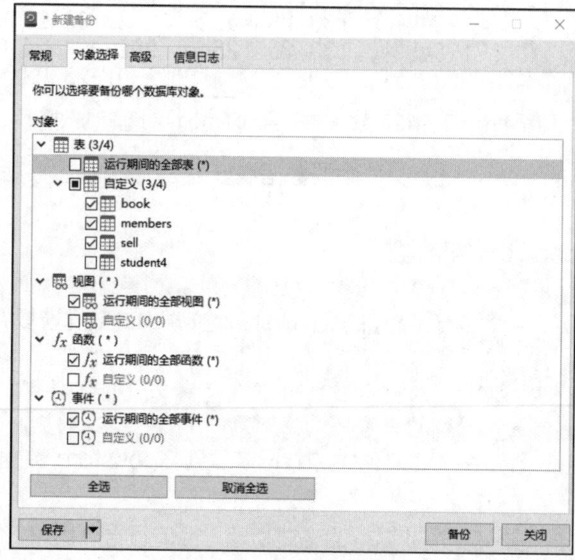

图 9-8　“新建备份”窗口

（2）数据恢复

数据备份成功以后，将在图 9-7 所示的操作界面右侧的窗格中列出，选择要恢复的备份，单击工具栏中的“还原备份”按钮，出现“还原备份”窗口，在“对象选择”选项卡下选择需要还原的对象，单击“开始”按钮，开始还原。

对于过时的备份，单击工具栏中的“删除备份”按钮，即可将其删除。

如果要将备份数据恢复到其他服务器，单击工具栏中的“提取 SQL”按钮，将备份转换为 SQL 代码文件，即可在其他服务器上通过运行 SQL 文件来恢复数据。

9.2.3　MySQL 日志

在实际的操作中，用户和系统管理员不可能随时备份数据，并且当数据丢失或数据库文件损坏时，使用备份文件只能恢复到备份文件创建的时间点，而对在这之后更新的数据就无能为力了。解决这个问题的办法就是使用 MySQL 二进制日志。

MySQL 有几种不同的日志文件，它们可以帮助用户了解内部发生的事情。表 9-1 列出了 MySQL 日志文件及其说明。

表 9-1 MySQL 日志文件及其说明

日志文件	说明
错误日志	记录启动、运行或停止 mysqld 时出现的问题
查询日志	记录建立的客户端连接和执行的语句
更新日志	记录更改数据的语句。不推荐使用该日志
二进制日志	记录所有更改数据的语句，并在数据库复制中起到重要作用
慢日志	记录所有执行时间超过 long_query_time 设置值的查询或执行时不使用索引的查询

1. 二进制日志

二进制日志记录了所有的 DDL 和 DML 语句，但不包括 SELECT、SHOW 语句。在 MySQL 8.0 中，默认二进制日志是开启的。可以使用“show variables like '%log_bin%';”查看二进制日志的相关信息，如图 9-9 所示。

```
mysql> show variables like '%log_bin%';
+---------------------------------+-----------------------------------------------------------------+
| Variable_name                   | Value                                                           |
+---------------------------------+-----------------------------------------------------------------+
| log_bin                         | ON                                                              |
| log_bin_basename                | C:\ProgramData\MySQL\MySQL Server 8.0\Data\DESKTOP-G47U0HJ-bin       |
| log_bin_index                   | C:\ProgramData\MySQL\MySQL Server 8.0\Data\DESKTOP-G47U0HJ-bin.index |
| log_bin_trust_function_creators | OFF                                                             |
| log_bin_use_v1_row_events       | OFF                                                             |
| sql_log_bin                     | ON                                                              |
+---------------------------------+-----------------------------------------------------------------+
```

图 9-9 查看二进制日志的相关信息

2. 使用 mysqlbinlog 查看二进制日志

日志是以二进制方式存储的，不能直接读取，需要通过二进制日志查询工具 mysqlbinlog 来检查和处理二进制日志文件。

语法格式如下。

```
mysqlbinlog [选项] 日志文件名…
```

日志文件名：二进制日志的文件名。

通过命令行方式运行 mysqlbinlog 时，要正确设置 mysqlbinlog.exe 命令所在位置的路径。

例如，运行以下命令可以查看“DESKTOP-G47U0HJ-bin.000012”的内容。

```
mysqlbinlog  -v DESKTOP-G47U0HJ-bin.000012
```

【例 9-20】数据备份与恢复举例。

数据备份过程如下。

（1）星期一下午 1 点进行了数据库 Bookstore 的完全备份，备份文件为 file.sql。

（2）从星期一下午 1 点开始启用日志，bin_log.000001 文件保存了星期一下午 1 点以后的所有更改。

（3）星期三下午 1 点时数据库崩溃。

现要将数据库恢复到星期三下午 1 点时的状态。

恢复步骤如下。

（1）将数据库恢复到星期一下午 1 点时的状态。

（2）使用以下命令将数据库恢复到星期三下午 1 点时的状态。

```
mysqlbinlog bin_log.000001
```

注意

上面的例子演示了数据备份和恢复的过程，初学者应该认识到数据安全的重要性，制定定期备份数据库的方案，并确保该方案能够正确恢复数据，以防数据丢失或损坏。

由于日志文件要占用很大的硬盘空间，因此要及时将没用的日志文件删除。以下 SQL 语句用于删除所有的二进制日志文件，删除之后，日志文件将从 binlog.000001 开始编号。

```
Mysql > RESET MASTER;
```

如果要删除部分日志文件，可以使用 PURGE MASTER LOGS 语句。

语法格式如下。

```
PURGE {MASTER | BINARY} LOGS TO '日志文件名'
```

或如下。

```
PURGE {MASTER | BINARY} LOGS BEFORE '日期'
```

语法说明如下。

- BINARY 和 MASTER 是同义词。
- 第一个语句用于删除*日志文件名*中指定的日志文件。
- 第二个语句用于删除时间在*日期*之前的所有日志文件。

【例 9-21】删除 2023 年 12 月 16 日星期一下午 1 点之前的所有日志文件。

```
PURGE MASTER LOGS BEFORE '2023-12-16 13:00:00';
```

9.3 事务和多用户管理

9.3.1 事务

在 MySQL 环境中，事务由作为一个单独单元的一个或多个 SQL 语句组成。事务中的每个 SQL 语句都是互相依赖的，而且单元作为一个整体是不可分割的。如果事务中的任何一个语句执行失败，整个事务就会回滚（撤销），所有被影响的数据将返回到事务开始以前的状态。因此，只有事务中的所有语句都成功地执行，才能说这个事务被成功地执行。

使用一个简单的例子来帮助理解事务。向公司添加一名新的雇员的过程由 3 个基本步骤组成：在雇员数据库中为雇员创建一条记录、为雇员分配部门、建立雇员的工资记录。如果这 3 步中的任何一步失败，如为新雇员分配的雇员 ID 已经被其他人使用或输入工资系统的值太大，系统就必须撤销在失败之前进行的所有操作，删除所有的不完整记录，以免导致数据不一致和计算错误。

前面的 3 步构成了一个事务。任何一步的失败都会导致整个事务被撤销，系统将返回到以前的状态，如图 9-10 所示。

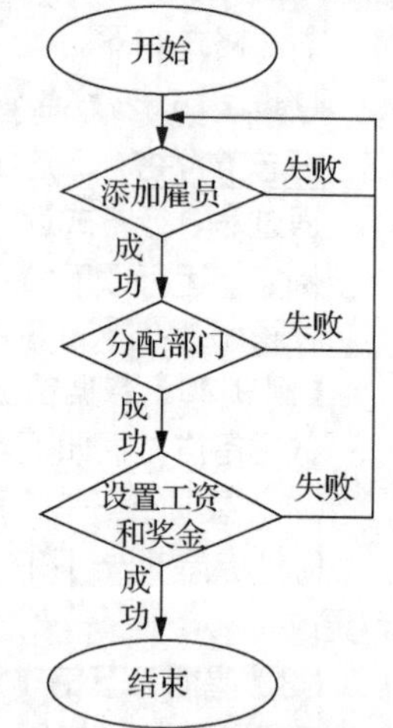

图 9-10 添加雇员事务流程

1. 事务和 ACID 属性

每个事务的处理都必须满足 ACID 原则，即原子性（A）、一致性（C）、隔离性（I）和持久性（D）。

（1）原子性

原子性意味着每个事务都必须被认为是一个不可分割的单元。假设一个事务由两个或多个任务组成，其中的语句必须同时执行成功才能认为事务是执行成功的。如果事务失败，系统将会返回执行事务以前的状态。

在添加雇员这个例子中，原子性指如果没有创建雇员对应的工资表和部门记录，就不可能向雇员表中添加雇员。

在一个原子操作中，如果事务中的任何一个语句执行失败，前面执行的语句都将撤销，以保证数据的整体性没有受到影响。在一些关键系统中这一点尤其重要，现实世界的应用程序（如金融系统）执行数据输入或更新操作时，必须保证不出现数据丢失或数据错误，以保证数据的安全性。

（2）一致性

不管事务是完全成功完成还是中途失败，一致性都保证了数据库从不返回一个未处理完的事务。参照前面的例子，一致性是指如果添加雇员的事务失败而需要从系统中删除该雇员，则和该雇员相关的其他数据，包括分配的部门、设置的工资和奖金数据也要被删除。

在 MySQL 中，一致性主要由 MySQL 的日志机制处理，它记录了数据库的所有变化，为事务恢复提供了跟踪记录。如果系统在事务处理中途发生错误，MySQL 将使用这些日志来判断事务是否已经完全成功地执行，是否需要返回。

（3）隔离性

隔离性是指每个事务在它自己的空间发生，且和发生在系统中的其他事务隔离，而且事务的结果只有在它完全被执行时才能看到。在这样的一个系统中即使同时发生了多个事务，隔离性原则总能保证某个特定事务在完全完成之前，其结果是看不见的。当系统支持多个同时存在的用户和连接时，这就尤其重要。如果系统不遵循这个基本原则，大量数据就可能被破坏，如每个事务的空间可能很快地被其他冲突事务所侵犯。获得绝对隔离性的唯一方法是保证在任意时刻只能有一个用户访问数据库。这种特性通过锁机制实现。

（4）持久性

事务完成后，其所做的修改对数据的影响是永久的，即使系统重启或出现故障，数据都可以恢复。MySQL 通过保存一个记录事务过程中系统变化的二进制事务日志文件来实现持久性。如果遇到硬件被破坏或系统突然关闭，在系统重启时，使用最后的备份和日志文件就可以很容易地恢复丢失的数据。

2. 事务处理

前面介绍了事务的基本知识，那么，MySQL 是如何处理事务的呢？

在 MySQL 中，当一个会话开始时，系统变量 AUTOCOMMIT 的值为 1，即自动提交功能是打开的，用户每执行一条 SQL 语句，该语句对数据库的修改就立即被提交为持久性修改并保存到磁盘上，一个事务也就结束了。因此，用户必须关闭自动提交功能，事务才能由多条 SQL 语句组成。使用如下语句可以关闭自动提交功能。

```
SET @@AUTOCOMMIT = 0;
```

执行此语句后，必须明确地指示每个事务的终止，事务中的 SQL 语句对数据库所做的修改才能成为持久性修改。

下面将具体介绍如何处理一个事务。

（1）开始事务

当一个应用程序的第一条 SQL 语句，或者 COMMIT 或 ROLLBACK 语句后的第一条 SQL 语句执行后，一个新的事务也就开始了。另外还可以使用 START TRANSACTION 语句来显式地启动一个事务，其格式如下。

```
START TRANSACTION
```

（2）结束事务

COMMIT 语句是提交语句，它使得自从事务开始以来执行的所有数据修改都成为持久性修改，它也标志一个事务的结束。

MySQL 使用的是平面事务模型，因此是不允许存在嵌套的事务的。在第一个事务里使用 START TRANSACTION 命令后，当第二个事务开始时，第一个事务被自动提交。

（3）撤销事务

ROLLBACK 语句是撤销语句，它撤销事务所做的修改，并结束当前事务。

（4）回滚事务

除了撤销整个事务，用户还可以使用 ROLLBACK TO 语句使事务回滚到某个点，在这之前需要使用 SAVEPOINT 语句来设置一个保存点，ROLLBACK TO SAVEPOINT 语句会向已命名的保存点回滚一个事务。如果在保存点被设置后，当前事务对数据进行了更改，则这些更改会在回滚中被撤销。

下面通过一个实例来说明事务的处理过程。

【例 9-22】开启一个事务，将 Members 表中张三的密码更改为“111111”，再回滚事务，查看其结果。

```
SET @@AUTOCOMMIT = 0; #关闭自动提交功能，开启事务
SELECT 密码 AS 事务前密码 FROM Bookstore.Members WHERE 姓名 = '张三';
BEGIN;
UPDATE Bookstore.Members SET 密码='111111' WHERE 姓名 = '张三';
SELECT 密码 AS 事务中密码 FROM Bookstore.Members WHERE 姓名 = '张三';
ROLLBACK;
SELECT 密码 AS 事务后密码 FROM Members WHERE 姓名 = '张三';
```

事务处理结果如图 9-11 所示，从结果可以看到，虽然在事务中将密码修改为了“111111”，但因为 ROLLBACK 回滚了事务，撤销了之前的修改，所以事务结束后，密码还是和事务处理前一致。

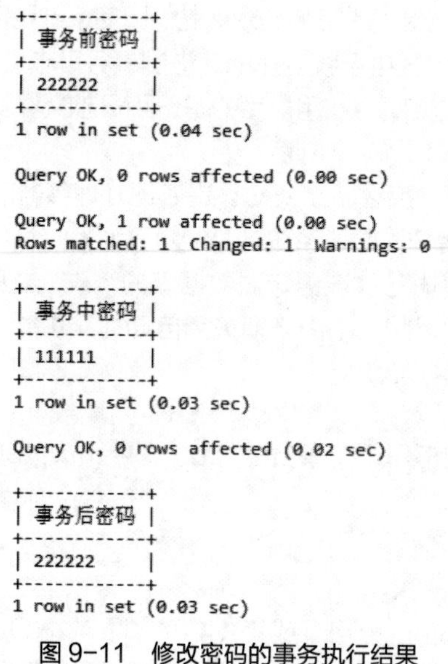
```
+------------+
| 事务前密码 |
+------------+
| 222222     |
+------------+
1 row in set (0.04 sec)

Query OK, 0 rows affected (0.00 sec)

Query OK, 1 row affected (0.00 sec)
Rows matched: 1  Changed: 1  Warnings: 0

+------------+
| 事务中密码 |
+------------+
| 111111     |
+------------+
1 row in set (0.03 sec)

Query OK, 0 rows affected (0.02 sec)

+------------+
| 事务后密码 |
+------------+
| 222222     |
+------------+
1 row in set (0.03 sec)
```

图 9-11　修改密码的事务执行结果

9.3.2　多用户与锁定机制

当多个用户同时访问同一数据库对象时，在一个用户更改数据的过程中，可能有其他用户发起更改请求，为保证数据的一致性，需要对并发操作进行控制，因此产生了“锁”。

锁定是实现数据库并发控制的主要手段，它可以防止用户读取正在由其他用户更改的数据，并可以防止多个用户同时更改相同数据。如果不使用锁定，则数据库中的数据可能在逻辑上不正确，并且对数据的查询可能会产生意想不到的结果。具体地说，锁定可以防止丢失更新、脏读、不可重复读和幻读。

丢失更新（lost update）指当两个或多个事务选择同一行，然后基于最初选定的值更新该行时，由于每个事务都不知道其他事务的存在，所以最后的更新将重写由其他事务所做的更新，这将导致

数据丢失。

脏读（dirty read）指一个事务正在访问数据，而其他事务正在更新该数据，但尚未提交，此时就会发生脏读问题，即第一个事务所读取的数据是“脏”（不正确）数据，它可能会引起错误。

当一个事务多次访问同一行而且每次读取不同的数据时，会出现不可重复读（unrepeatable read）问题。不可重复读与脏读有相似之处，因为该事务也是正在读取其他事务正在更改的数据。当一个事务访问数据时，另外的事务也访问该数据并对其进行修改，就会发生由于第二个事务对数据进行修改而使第一个事务两次读到的数据不一样的情况，这就是不可重复读。

当一个事务对某行执行插入或删除操作，而该行属于某个事务正在读取的行的范围时，会出现幻读（phantom read）问题。事务第一次读的行范围显示的其中一行已不存在于第二次读或后续读中，因为该行已被其他事务删除。同样，由于其他事务的插入操作，事务的第二次读或后续读显示的其中一行不存在于第一次读中。

MySQL 数据库由于其自身架构的特点，存在多种数据存储引擎，每种存储引擎所针对的应用场景特点都不太一样。为了满足特定应用场景的需求，每种存储引擎的锁定机制都是为各自所面对的特定场景而优化设计的，因此各存储引擎的锁定机制也有较大区别。

MySQL 各存储引擎主要使用 3 种类型（级别）的锁定机制：表级锁定、行级锁定和页级锁定。

1. 表级（table-level）锁定

表级别的锁定是 MySQL 各存储引擎中颗粒度最大的锁定机制。该锁定机制最大的特点是实现逻辑非常简单，带来的系统负面影响最小。所以获取锁和释放锁的速度很快。由于表级锁定一次会将整个表锁定，因此可以很好地避免死锁问题。

当然，锁定颗粒度大所带来的最大负面影响就是出现锁定资源争用的概率也会更高，这会导致并发度大打折扣。

使用表级锁定的主要是 MyISAM、MEMORY、CSV 等一些非事务性存储引擎。

2. 行级（row-level）锁定

行级锁定最大的特点就是锁定对象的颗粒度很小，是目前各大数据库管理软件所实现的锁定中颗粒度最小的。由于锁定颗粒度很小，因此发生锁定资源争用的概率也很小，能够给予应用程序尽可能强的并发处理能力，从而可以提高某些需要高并发应用的系统的整体性能。

虽然行级锁定在并发处理能力上面有较大的优势，但是也因此带来了不少弊端。由于锁定资源的颗粒度很小，所以每次获取锁和释放锁需要做的事情也更多，带来的消耗自然也就更大了。此外，行级锁定也最容易发生死锁。

使用行级锁定的主要是 InnoDB 存储引擎。

3. 页级（page-level）锁定

页级锁定是 MySQL 中比较独特的一种锁定级别，在其他数据库管理软件中也不太常见。页级锁定的特点是锁定颗粒度介于行级锁定与表级锁定之间，所以获取锁所需要的资源开销、其所能提供的并发处理能力也同样是介于这二者之间。另外，页级锁定和行级锁定一样，会发生死锁。

在数据库实现资源锁定的过程中，随着锁定资源颗粒度的减小，锁定相同数据量的数据所需要消耗的内存空间是越来越大的，实现算法也会越来越复杂。不过，随着锁定资源颗粒度的减小，应用程序的访问请求遇到锁等待的可能性也会降低，系统整体的并发度也会提升。

【商业实例】Petstore 数据安全

1. 用户管理

（1）创建 Petstore 数据库管理用户“a0001”、商业用户“s0001”和顾客用户“u0001”，密码均为“123456”。

```
CREATE USER
    a0001@localhost IDENTIFIED BY '123456',
    s0001@localhost IDENTIFIED BY '123456',
    u0001@localhost IDENTIFIED BY '123456';
```

（2）将用户“a0001”的密码改为“admin123”。

```
SET PASSWORD FOR a0001@localhost = 'admin123';
```

2. 权限管理

（1）授予用户“u0001”对Petstore数据库中product表的SELECT操作权限。

```
USE petstore;
GRANT SELECT ON product  TO u0001@localhost;
```

（2）授予用户“u0001”对Petstore数据库中account表的“姓名”列和“地址”列的UPDATE权限。

```
USE petstore;
GRANT UPDATE(fullname, address) ON account TO u0001@localhost;
```

（3）授予用户“a0001”对所有库的所有操作权限。

```
GRANT  ALL  ON  *.*  TO  a0001@localhost;
```

（4）授予用户“s0001”对Petstore数据库中所有表的SELECT操作权限，并允许其将该权限授予其他用户。

```
GRANT  SELECT  ON  petstore.*  TO  s0001@localhost
    WITH GRANT OPTION;
```

（5）回收用户“u0001”对Petstore数据库中account表的UPDATE操作权限。

```
REVOKE  UPDATE  ON  petstore.account   FROM  u0001@localhost;
```

3. 备份与恢复

（1）备份Petstore数据库orders表中的数据到D盘。要求字段值如果是字符就用双引号标注，字段值之间用逗号隔开，每行以“？”为结束标识。

```
SELECT * FROM orders INTO OUTFILE 'D:/orders.txt'
    FIELDS  TERMINATED BY ',' OPTIONALLY ENCLOSED BY '"'
    LINES TERMINATED BY '?';
```

（2）将第（1）步的备份文件orders.txt中的数据导入bk_orders表中。

```
CREATE TABLE bk_orders LIKE orders ;
LOAD DATA INFILE  'D:/orders.txt' INTO TABLE  bk_orders
    FIELDS  TERMINATED BY ',' OPTIONALLY ENCLOSED BY '"'
    LINES TERMINATED BY '?';
```

【综合实训】LibraryDB数据安全

一、实训目的

（1）掌握创建和管理数据库用户的方法。

（2）掌握授予与回收权限的方法。

（3）掌握备份与恢复数据库的方法。

二、实训内容

1. 用户管理

（1）创建数据库用户“user1”“user2”，密码为“123”。

（2）将用户“user2”的名称改为“user3”。

（3）将用户“user3”的密码改为“123456”。

（4）删除用户“user3”。

2. 权限管理

（1）授予用户“user1”对 LibraryDB 数据库中读者表的 SELECT 操作权限。

（2）授予用户“user1”对 LibraryDB 数据库中借阅表的插入、修改、删除操作权限。

（3）授予用户“user1”对 LibraryDB 数据库的所有操作权限。

（4）授予用户“user2”对 LibraryDB 数据库中的库存表的 SELECT 操作权限，并允许其将该权限授予其他用户。

（5）回收用户“user1”对 LibraryDB 数据库中读者表的 SELECT 操作权限。

3. 数据备份和恢复

（1）备份 LibraryDB 数据库中库存表的数据到 D 盘。要求字段值如果是字符就用双引号标注，字段值之间用逗号隔开，每行以“？”为结束标识。

（2）将第（1）题中的备份数据导入 c_kc 表中。

单元小结

- 数据库中的数据被合理访问和修改是数据库系统正常运行的基本特征。MySQL 提供了有效的数据访问安全机制。用户要访问 MySQL 数据库，必须拥有登录 MySQL 服务器的用户名和密码。使用 CREATE USER 语句可以创建新用户，并设置相应的登录密码。登录服务器后，MySQL 允许用户在其权限内使用数据库资源。
- MySQL 的对象权限分为列权限、表权限、数据库权限和用户权限 4 个级别，给对象授予权限可以使用 GRANT 语句，回收权限可以使用 REVOKE 语句。
- 有多种因素可能会导致数据库表的丢失或服务器的崩溃，数据备份与恢复是保证数据安全性的重要手段。MySQL 提供了数据库备份、二进制日志文件和数据库复制等功能，当数据库出现故障时，可以将数据库恢复到备份时的正确状态。
- 当多个用户同时访问同一数据库对象时，一个用户在更改数据的过程中可能有其他用户同时发起更改请求，为保证数据的一致性，需要应用事务和锁定机制来对并发操作进行控制。

理论练习

一、选择题

1. 当数据库损坏时，数据库管理员可通过何种方式恢复数据库？（　　）

   A. 事务日志文件　B. 主数据文件　C. DELETE 语句　D. 联机帮助文件

2. 下列选项不属于表的操作权限的是（　　）。

   A. EXECUTE　B. UPDATE　C. SELECT　D. DELETE

3. 用于数据库恢复的重要文件是（　　）。

   A. 数据库文件　B. 索引文件　C. 日志文件　D. 备注文件

4. 向用户授予操作权限的 SQL 语句是（　　）。

   A. CREATE　B. REVOKE　C. SELECT　D. GRANT

5. GRANT 和 REVOKE 语句用来维护数据库的（　　）。

   A. 完整性　B. 可靠性　C. 安全性　D. 一致性

6. 事务日志用来保存（ ）。
   A. 程序运行过程　　B. 程序的执行结果
   C. 对数据的更新操作　　D. 数据操作
7. 数据库备份的作用是（ ）。
   A. 保障安全性　　B. 一致性控制　　C. 故障后的恢复　　D. 数据的转储
8. 下列 SQL 语句中，（ ）不是数据定义语句。
   A. CREATE TABLE　　B. CREATE VIEW
   C. DROP VIEW　　D. GRANT
9. 回收用户操作权限的 SQL 语句是（ ）。
   A. CREATE　　B. REVOKE　　C. SELECT　　D. GRANT
10. 修改用户密码的 SQL 语句是（ ）。
   A. CREATE　　B. REVOKE　　C. SET PASSWORD　　D. GRANT

二、分析应用题

数据共享提高了数据的使用效率，但同时，数据的安全性也不容忽视。《中华人民共和国数据安全法》的发布，标志着国家在鼓励数据依法合理、有效利用的同时，立法保障数据的安全、有序、自由流动，促进以数据为关键要素的数字经济发展。数据安全管理是数据库管理系统中一个非常重要的组成部分，是数据库中数据被合理访问和修改的基本保证。

请根据 MySQL 的数据安全机制，回答以下几个问题。

（1）MySQL 数据安全性控制有哪些措施?

（2）MySQL 二进制日志文件保存哪些数据?

（3）事务的 ACID 原则是什么?

【实战演练】SchoolDB 数据安全

1. 用户与权限管理

（1）创建用户“king1”“king2”，密码分别为“ken1”“ken2”。

（2）授予用户“king1”在 SchoolDB 数据库的 student 表上的 SELECT 权限。

（3）授予用户“king2”在 class 表上的 SELECT、UPDATE 权限。

（4）授予用户“king1”对 SchoolDB 数据库中所有表的 SELECT 权限。

（5）授予用户“king2”对 SchoolDB 数据库的所有权限。

（6）回收用户“king2”对 class 表的 DELETE 权限。

2. 备份与恢复

备份 SchoolDB 数据库中 course 表的数据到 D 盘，要求字段值如果是字符就用双引号标注，字段值之间用逗号隔开，每行以“? ”为结束标识。最后将备份的数据导入一个和 course 表结构一样的空表 backup_c 中。